连续时间金融模型的非参数统计分析

陈萍 冯予 赵慧秀 蔡井伟 著

科学出版社

北京

内容简介

本书系统介绍了连续时间金融模型的非参数统计推断方法及其应用,主要包括一维扩散模型、时变扩散模型、多维扩散模型及随机波动率模型的非参数估计与模型设定检验问题的研究,并简要介绍了这些统计方法在投资目标设计与管理、动态金融风险度量以及期权定价等金融问题中的应用.

本书可作为统计学、金融数学和金融工程类的理论研究者及金融分析师的参考资料,也可作为相关专业研究生的教材. 配书光盘提供了书中介绍的各种方法的 MATLAB 实现,可作为金融实证工作者的实用工具.

图书在版编目(CIP)数据

连续时间金融模型的非参数统计分析/陈萍等著. —北京:科学出版社,2014.12

ISBN 978-7-03-042579-9

Ⅰ.①连… Ⅱ.①陈… Ⅲ.①金融-经济模型-非参数统计-统计分析 Ⅳ.①F830.49

中国版本图书馆 CIP 数据核字(2014) 第 272741 号

责任编辑: 李 欣 / 责任校对: 钟 洋
责任印制: 赵 博 / 封面设计: 陈 敬

科学出版社 出版

北京东黄城根北街 16 号
邮政编码: 100717
http://www.sciencep.com

北京中科印刷有限公司印刷
科学出版社发行 各地新华书店经销

*

2015 年 1 月第 一 版 开本:720×1000 1/16
2025 年 7 月第四次印刷 印张:12
字数: 228 000

定价: 89.00 元
(如有印装质量问题,我社负责调换)

前　言

　　在金融工程中, 投资的期望收益和风险预测的研究倍受关注. 投资收益及风险与基础资产价格、证券条款及投资组合策略有直接关系. 正确描述基础资产价格的波动规律, 找出在资产价格与基本经济变量如状态变量、结构参数、风险价值之间的函数关系, 对于衍生证券的定价乃至项目风险的评估起着决定性的作用. 有观点认为, 引发全球金融危机的美国次贷危机的罪魁祸首之一就是对衍生产品风险评估的失误. 而要正确地评估衍生产品风险, 首先必须正确地描述这种衍生产品的变化规律, 对其未来的发展趋势有充分的预期. 为此, 基础变量如股票价格、组合资产价值的动态规律的正确描述是至关重要的.

　　基础资产价格运动规律的描述一般分离散与连续两类模型. 由于连续时间模型便于分析上的处理, 在许多情形下, 这类模型常能导出解析解或通过偏微分方程解得, 故在研究中经常采用. 连续时间模型通常用随机微分方程来描述, 目前常用的有三类: 一般扩散模型、时变扩散模型以及随机波动率模型.

　　资产价格波动规律建模的基本问题是模型选取与模型参数的估计问题. 在已有的研究文献中, 模型类型的选取一般采用实证法, 通过比较几种指定的备选模型, 选择其中与观察数据拟合程度最好的, 其结果往往受到备选模型种类和参数估计技术的限制, 在较一般的模型限制条件下, 提出统一的模型选取准则是非常必要的.

　　许多学者研究了给定模型参数统计推断问题, 例如 Aït-Sahalia 在 1996 年通过对欧元存款利率数据的实证分析, 拒绝了金融分析中常用的 Vasicek 模型、CIR 模型及 CKLS 模型这些具有线性漂移项的模型, 提出了非线性漂移项的猜想. 而 Stanton 在 1997 年对美国国库券日收益数据的漂移函数采用非参数估计, 通过图示法显示出漂移函数的非线性性. 另一方面, 范剑青等在 2003 年利用广义似然比检验法对美国国库券的周收益数据对漂移函数进行了检验, 指出漂移项的非线性并不显著. 洪永淼等于 2005 年利用非参数检验法对美国国债数据进行检验, 拒绝了包括线性与非线性漂移的所有备选模型的假设. 除此之外, 注意到经济条件是随时变动的, 带有时变漂移或扩散的模型的研究也提上了日程, 一些学者如范剑青, Roberto, Yoichi 等, 分别用经验似然或数值模拟的方法研究了时变扩散模型的参数估计问题.

　　尽管有许多关于参数化的连续时间金融模型的研究, 但没有哪种结论占绝对上风. 其原因之一就是实证分析所选用的模型, 几乎都假定为漂移系数或扩散系数表达形式已知的参数化扩散类模型. 在对市场状况了解不充分的情况下, 参数模型适应性较弱的缺陷就凸显出来,一旦模型选择失误,则可能对金融决策造成误导.从这一角度来看,连续时间模型的非参数统计分析是非常必要的.

目前,关于连续时间模型,特别是由一维扩散过程所描述的模型非参数估计方面的文章有很多,但尚没有一本系统阐述各类连续时间模型非参数统计推断的书.有鉴于此,作者根据多年从事相关领域研究工作所积累的大量资料,将散见于大量文献中的相关成果加以提炼并结合本人的研究成果撰成此书.本书重点考虑连续时间模型的非参数统计推断问题,但为了知识体系的完整性,也介绍了一些典型的参数模型的统计推断方法.为通俗起见,本书在正文中以叙述原理和方法为主,必要的证明放在各章附录中.

在本书的完稿之际,我们要感谢所有关心和支持我们写作的人士,首先要感谢上海交通大学的叶中行教授、南京大学的王金德教授、东南大学的林金官教授、复旦大学的朱仲义教授,他们对本书的写作提出了重要的指导意见.在本书的撰写过程中,在材料整理、数据搜集、编程以及书稿校对等方面,作者得到了他的学生,特别是曹玲玲、徐鹏飞、王骏、季潇等的大力帮助,在此深表感谢.

本书的撰写及出版获国家社会科学基金 (09BTJ004)、国家自然科学基金 (11271189, 11201229) 资助,特此感谢.

作 者

2014 年 9 月

目 录

第 1 章 绪论 ······ 1
1.1 投资目标设计与管理 ······ 1
1.2 动态金融风险度量 ······ 2
1.3 期权定价问题 ······ 3
1.4 本书概要 ······ 5
参考文献 ······ 7

第 2 章 一些常用的非参数估计方法简介 ······ 9
2.1 核估计法 ······ 11
2.1.1 密度函数的核估计 ······ 11
2.1.2 回归函数的核估计 ······ 13
2.1.3 密度及其泛函的导数的估计 ······ 14
2.1.4 带宽的选择 ······ 15
2.1.5 分位数的核估计 ······ 16
2.2 局部多项式估计法 ······ 16
2.2.1 回归函数的局部多项式估计 ······ 16
2.2.2 局部多项式密度估计 ······ 18
2.3 小波估计法 ······ 19
2.3.1 正交序列法 ······ 20
2.3.2 Besov 空间与小波 ······ 21
2.3.3 回归函数与密度函数的小波估计 ······ 23
2.4 多元回归函数的非参数估计 ······ 24
2.5 基于 Copula 函数的非参数密度估计及模型检验 ······ 28
2.5.1 Copula 函数的定义及性质 ······ 28
2.5.2 基于 Copula 函数的非参数密度估计 ······ 32
参考文献 ······ 33

第 3 章 几个典型连续时间金融模型的统计推断 ······ 35
3.1 几个典型的连续时间金融模型及其参数估计 ······ 35
3.1.1 几何 Brown 运动 (GBM) ······ 35
3.1.2 Vasicek 模型 ······ 36
3.1.3 Cox-Ingersoll-Ross 模型 ······ 38

  3.1.4 方差常弹性模型 ·· 40
 3.2 几个典型的连续时间模型样本轨道的模拟 ·································· 43
  3.2.1 几何 Brown 运动 ·· 43
  3.2.2 Vasicek 模型 ··· 44
  3.2.3 Cox-Ingersoll-Ross 模型 ·· 44
  3.2.4 CEV 模型 ·· 45
 3.3 连续时间金融模型设定检验 ·· 45
  3.3.1 广义残差拟合优度检验 ·· 46
  3.3.2 几种检验法有限样本性质的比较分析 ·································· 49
  3.3.3 实证分析 —— 上证指数和个股价格的模型设定检验 ············ 52
 参考文献 ·· 53

第 4 章 一维扩散模型非参数统计分析 ·· 55
 4.1 扩散系数的非参数估计 ··· 55
  4.1.1 扩散系数的非参数估计模型 ··· 56
  4.1.2 扩散系数的核估计 ··· 60
  4.1.3 扩散系数的局部多项式估计 ··· 61
  4.1.4 扩散系数的小波估计 ·· 62
 4.2 漂移系数的非参数估计 ··· 66
  4.2.1 漂移系数的非参数估计模型 ··· 66
  4.2.2 漂移系数的核估计 ··· 68
  4.2.3 漂移系数的局部多项式估计 ··· 69
  4.2.4 漂移系数的小波估计 ·· 70
 4.3 风险中性密度 (SPD) 的非参数估计 ·· 72
  4.3.1 基于标的资产价格的非参数估计 ·· 73
  4.3.2 基于期权价格的非参数估计 ··· 74
  4.3.3 估计量的改进 ·· 78
 4.4 一维扩散模型下期权的非参数定价 ·· 81
  4.4.1 欧式期权的非参数定价 ·· 81
  4.4.2 风险中性测度下标的资产价格的模拟 ·································· 83
  4.4.3 美式期权的非参数定价 ·· 85
 附录 ·· 89
 参考文献 ·· 95

第 5 章 时变扩散模型非参数统计分析 ·· 98
 5.1 时变扩散系数的非参数估计 ·· 98
  5.1.1 时变扩散系数的非参数估计模型 ·· 98

目录

   5.1.2 时变扩散系数的核估计 ··· 101
   5.1.3 时变扩散系数的局部多项式估计 ······························· 102
   5.1.4 时变扩散系数的小波估计 ··· 104
  5.2 时变扩散模型设定检验 ··· 107
   5.2.1 设定模型的广义残差拟合优度检验 ··························· 107
   5.2.2 时变性的非参数检验 ··· 113
  5.3 实证分析——上证指数时变性的检验 ···································· 114
 附录 ··· 118
 参考文献 ··· 126

第 6 章 多维扩散模型非参数统计分析 ·· 127
  6.1 漂移向量与扩散矩阵的非参数估计模型 ································ 128
   6.1.1 扩散矩阵的非参数估计模型 ····································· 128
   6.1.2 漂移向量的非参数估计模型 ····································· 133
  6.2 漂移向量与扩散矩阵的核估计及其修正 ································ 136
  6.3 多维扩散模型的检验 ·· 142
  6.4 基于模型统计推断的动态金融风险度量 ································ 146
   6.4.1 动态金融风险度量 ··· 146
   6.4.2 动态金融风险度量值的估计 ····································· 148
 附录 ··· 151
 参考文献 ··· 153

第 7 章 随机波动率模型的统计分析 ·· 155
  7.1 随机波动率模型的非参数估计 ·· 156
   7.1.1 波动率样本的构造 ··· 156
   7.1.2 基于随机设计非参数回归模型的波动率估计 ············· 160
  7.2 随机波动率模型的检验 ·· 163
  7.3 随机波动率模型下衍生证券的半参数定价 ··························· 166
   7.3.1 CIR 随机波动率模型下的衍生证券定价 ···················· 166
   7.3.2 实证分析——DELL 公司衍生证券价格分析 ············· 167
 参考文献 ··· 169

索引 ··· 171
配书光盘使用说明 ·· 174

第1章 绪　　论

在金融投资决策中，投资的期望收益和证券价格波动规律的研究是倍受关注的. 投资收益及风险与基础资产价格、证券条款及投资组合策略有直接关系. 正确描述基础资产价格的波动规律，找出在资产价格与基本经济变量如状态变量、结构参数、风险价值之间的函数关系，对于投资目标设计与管理、项目风险的评估、衍生证券的定价等金融投资决策问题的解决起着决定的作用. 本章将通过几个实际问题说明连续时间金融模型的统计分析在金融中的应用.

1.1 投资目标设计与管理

投资组合管理是投资界一个永不过时的话题. 1952 年, 美国经济学家、金融学家、诺贝尔奖获得者哈里·马可维茨 (Markowitz Harry)[1] 第一次提出了优化一个组合中个人投资的资产来实现较大的组合收益. 在此基础上, 衍生出许多基于投资组合价值的问题. 投资目标设计与管理问题就是一例[2].

为简明扼要, 假定市场中仅有一种股票和一种债券. 债券是无风险的, 它的价格 $S_t^{(0)}$ 随时间 t 以指数的形式增长：

$$dS_{(t)}^{(0)} = S_{(t)}^{(0)} r_t dt, \quad S_{(0)}^{(0)} = 1, \tag{1.1.1}$$

其中 r_t 是债券的利率. 为简单起见, 这里取 $r_t = r$ 为常数. 股票是有风险的, 它的价格 S_t 按如下几何 Brown 运动变化：

$$dS_t = S_t(\sigma dB_t + \mu dt), \quad S_0 \text{已知}, \tag{1.1.2}$$

式中 μ, σ 为常数, B_t 为 Brown 运动.

今设一个自融资金且无消费的投资者, 他在时间 $[0, T]$ 的策略是：t 时刻将他的财产 Y_t 元中 Z_t 元买股票, $Y_t - Z_t$ 元买债券. 则容易推出他的财产 Y_t 满足下列倒向随机微分方程：

$$dY_t = f(Y_t, Z_t) dt - Z_t dB_t, \quad t \in [0, T], \tag{1.1.3}$$

其中

$$f(y, z) = ry + (\mu - r) z + (R - r)(y - z), \tag{1.1.4}$$

而 R 是市场的贷款利率, 它一般比 r 大.

利用方程 (1.1.3)，我们可以方便地根据倒向随机微分方程的理论和计算方法为投资者进行投资目标设计与管理. 例如, 若他计划在将来 T 时刻使自己的资产达到 ξ 元, 则可以建立满足方程 (1.1.3) 和终端条件 $Y_T = \xi$ 的倒向随机微分方程, 获得唯一解 (Y_t, Z_t). 其具体含义是: 投资者若要在 T 时刻达到目标 ξ, 则必须在 0 时刻投入 Y_0 元, 并且他在 $[0,T]$ 的投资策略也随之确定了: 在 t 时刻需用 Z_t 元来买股票, $Y_t - Z_t$ 元来买债券.

应该注意到, 上述问题解决的前提是 (1.1.2) 与 (1.1.4) 式中的参数 r, R, μ, σ 的值已知, 而这些参数是需要根据无风险资产 $P_0(t)$ 以及风险资产 S_t 的市场价格来估计的. 换言之, 投资目标设计与管理问题的解决需建立在关于风险资产市场价格的连续时间模型统计推断的基础之上. 另一方面, 关于股票价格的几何 Brown 运动假设在很多情形下也与实际脱节, 且在实际中, 风险资产有可能是多维的, 需要用更一般的模型, 如一维或多维扩散模型、时变扩散模型、随机波动率模型等描述它们的演化规律. 所有这些模型的统计推断问题将在本书第 3~6 章具体讨论.

1.2 动态金融风险度量

在开放的金融市场环境下, 金融风险的度量与防范已成为金融工作者最关心的问题之一. 在完备的金融市场中, 任何负债 C 在一有限时间段内都能够得到完全保值, 代理人用足够大的初始资本 x 在市场中交易, 时刻 t 投资在股票上的数量 π_t, 使他的财富 $X_t^{\pi,x}$ 在终端时刻 $t = T$ 无风险地为负债 C 保值, 即

$$X_T^{x,\pi} \geqslant C \text{ a.s.} \tag{1.2.1}$$

考虑一个含有债券和 d 支股票的金融市场, 债券价格 $S_t^{(0)}$ 满足方程 (1.1.1), 股票价格为 $S_t = (S_t^{(1)}, \cdots, S_t^{(d)})$, 满足如下随机微分方程[3]:

$$dS_t^{(i)} = S_t^{(i)} \left[b_i(t)dt + \sum_{j=1}^{d} \sigma_{ij}(t) dB_t^{(j)} \right], \quad S_0^{(i)} = s_i > 0, \quad i = 1, \cdots, d, \tag{1.2.2}$$

其中 $B_t = (B_t^{(1)}, \cdots, B_t^{(d)})'$ 是 d 维标准 Brown 运动.

在上述市场模型下, 代理人从初始资产 x 开始投资, 在每个时刻 $t \in [0,T]$, 选择投资组合策略 $\pi_t = (\pi_t^{(1)}, \cdots, \pi_t^{(d)})$, 即投资于第 i 种股票的股数为 $\pi_t^{(i)}$, 并将剩余资产投资于货币市场, 则投资组合价值 $X_t^{x,\pi}$ 满足:

$$dX_t^{x,\pi} = \left[X_t^{x,\pi} - \sum_{j=1}^{d} \pi_t^{(i)} S_t^{(i)} \right] r_t dt + \sum_{j=1}^{d} \pi_t^{(i)} S_t^{(i)} \left[b_i(t)dt + \sum_{j=1}^{d} \sigma_{ij}(t) dB_t^{(j)} \right]. \tag{1.2.3}$$

根据无套利定价理论, 使 (1.2.1) 式成立的最少的初始资金为负债 C 的贴现在风险中性测度下的期望:

$$C(0) \triangleq \tilde{E}\left[\frac{C}{S_T^{(0)}}\right] > 0. \tag{1.2.4}$$

上式表明, 若取初始资本 $x = C(0)$, 并在市场上采用最优的投资组合策略进行投资, 则组合资产在 T 时刻的价值恰好等于负债 C.

现假定代理人不能 (或不愿) 在初始时刻就拿出资金 $C(0)$ 为负债 C 完全保值, 比如拿出 x 使 $0 \leqslant x < C(0)$, 这时债务 C 对代理人来说是真正的风险, 那么怎样为这种风险定价呢? 有许多作者提出了不同的定价方法, 其中一种合理的风险度量函数是净损失贴现值在风险中性测度下的期望[3]:

$$V_0(x, C) = \inf_{\pi \in A(x)} \tilde{E}\left(\frac{C - X_T^{x,\pi}}{S_T^{(0)}}\right)^+, \tag{1.2.5}$$

其中 $A(x)$ 是初始投资为 x 的所有容许投资组合集. 利用随机控制理论的值函数, 可以定量地描述这类动态风险.

需要注意到, 上述问题解决的前提是模型 (1.1.1), (1.2.2) 中无风险利率 r、漂移率向量 $b(\cdot)$、波动率矩阵 $\sigma(\cdot)$ 已知. 这就需要根据债券与股票价格的历史数据对它们进行估计. 我们将在第 5 章讨论这个问题.

1.3 期权定价问题

期权是一种选择权, 投资者在支付了一定金额的权力金 (期权价格) 之后, 就拥有在预先规定的时间 (到期日) 之前按预先规定价格 (敲定价) 购买或出售一定数量基础资产的权利. 期权定价的高低直接影响到买卖双方的盈亏状况, 是期权交易的核心问题. 期权的定价决策包括两个方面, 一是正确地描述基础资产的价格运动规律, 二是根据给定的基础资产的价格运动规律, 针对期权的种类进行定价, 即确定期权在任意时刻 t 的价值.

关于基础资产价格运动规律的描述, 一般分离散与连续两类模型. 由于连续时间模型便于分析上的处理, 在许多情形下, 这类模型常能导出解析解或通过偏微分方程解得, 故在研究中经常采用. 例如, 假定基础资产价格服从风险中性测度下的广义几何 Brown 运动:

$$dS_t = S_t(\sigma_t dW_t + r_t dt), \quad S_0 = s_0, \tag{1.3.1}$$

其中, W_t 为风险中性测度下的标准 Brown 运动, r_t 为无风险利率过程, σ_t 为波动率过程, 它可以是常数、时间 t 的函数, 或者是股票价格 S_t 的函数, 甚至是随机过程.

在模型 (1.3.1) 下, 考虑支付函数为 $h(x)$, 到期日为 T 的欧式期权. 设 t 时刻基础股票的价格为 x, 则期权在 t 时刻的价值 $v(t,x)$ 满足终值条件为 $v(T,x) = h(x)$ 的广义 Black-Scholes 方程:

$$\frac{\partial v(t,x)}{\partial t} + \frac{1}{2}\sigma_t^2 x^2 \frac{\partial^2 v(t,x)}{\partial x^2} + r_t(x\frac{\partial v(t,x)}{\partial x} - v(t,x)) = 0. \quad (1.3.2)$$

通过解偏微分方程 (1.3.2), 就可以在任何时刻 t 给出期权的风险中性价格. 易见, 解决期权定价问题的前提是无风险利率和波动率已知. 这仍然需要根据股票市场价格或期权市场价格的历史数据对它们进行统计推断.

从以上分析可见, 正确地描述基础资产价格的波动规律是解决各类金融问题的前提. 在许多文献中, 经常假定基础资产价格服从漂移率与波动率都是常数的几何 Brown 运动, 这往往能使所研究的问题有显式解, 但人们很快就发现, 这种假设在很多情况下并不能与实际市场很好地吻合, 例如, 一系列关于股票波动的实证分析表明波动率参数不是常数[4-6]. 为此, 有许多研究者根据实际市场提出了各种改进方案, 得到了一些在某方面更加符合实际市场状况的修正模型. 例如, Cox 和 Ross[7], Geske[8] 用具有价格依赖型波动率的扩散过程描述股票价格. 也有人提出经济条件随时变动, 因此有必要设想资产的瞬时期望收益以及瞬时波动率既依赖于时间, 也与指定的状态变量如股票或债券的价格水平有关, 这意味着基础状态变量应该是一个时变的扩散过程. 文献中提出了各种各样描述时变情形的模型, 假设了各种表明时间相依性的参数[9-11], 均假设存在某种时变函数作为模型的参数. 此外, Johnson 和 Shanno[12], Hull 和 White[13,14] 等认为, 波动率不仅受基础股票现价的影响, 还会受到市场中其他因素的影响, 因而将之看作一个随机过程, 提出了随机波动率模型.

尽管有许多关于金融数据漂移函数与扩散函数形态的研究, 但没有哪种结论占绝对上风. 这其中的原因之一是, 文献中提到的所有备选模型都假定漂移与扩散系数的函数表达形式已知, 仅含有某些未知参数. 尽管关于函数形式的解释在一定角度似乎与市场状况相吻合, 但可能还有一些未考虑到的因素对数据产生影响. 解决这一问题的方案之一就是考虑适应面更广的非参数模型. 例如, 将基础资产价格表示为一维扩散过程或者说是如下随机微分方程的解[15-17]:

$$dS_t = \mu(S_t)dt + \sigma(S_t)dB_t, \quad (1.3.3)$$

其中, 函数 $\mu(\cdot)$ 和 $\sigma^2(\cdot)$ 分别是该过程的漂移系数与扩散系数. 我们需要根据特定基础资产的市场数据对扩散系数和漂移系数作出估计, 并且还需对模型设定的正确性进行检验. 由于我们对扩散系数与漂移系数的函数形式不作特别的限定, 因而所考虑的问题是非参数的.

有些场合,用一维扩散过程描述基础资产价格的演化并不能满足问题的需要,例如,当考虑投资组合的收益问题、组合衍生证券的定价问题时,往往用多维扩散方程描述基础资产价值的演化过程. 当市场具有时间变动特性时,需考虑时变扩散过程. 有些基础资产价格与股票价格以外的某些因素有关,需要用随机波动率模型描述其演化规律.

本书将结合前面提到的一些金融问题的背景,对一维扩散模型、多维扩散模型、时变扩散模型、随机波动率模型的非参数统计推断问题展开系统的研究,建立统一的非参数估计与检验问题研究框架,给出漂移系数、扩散系数、边缘密度和转移概率密度的估计及检验方法,并举例说明这些方法在投资目标设计与管理、动态金融风险度量以及期权定价等问题中的具体应用.

1.4 本书概要

本书的主要工作是讨论连续时间模型的非参数统计推断问题,但为了让读者掌握必要的非参数统计知识,我们在第 2 章简单介绍了一些独立同分布场合下常用的非参数估计方法,包括核估计法、局部多项式估计、小波估计、多元回归函数非参数估计的降维方案以及基于 Copula 函数的非参数密度估计,为本书后续章节的讨论提供必要的预备知识. 为了对我们所提出的非参数法的效率进行评估,还需了解一些模型的参数推断方法. 我们在第 3 章对几个常用连续时间金融模型的参数统计推断问题进行了讨论,包括模型的参数估计、样本轨道模拟和模型设定检验三部分. 其中关于 CEV 模型的参数估计、各类模型的轨道模拟,以及基于广义残差的拟合优度检验法,包括了作者的最新工作[18,19].

第 4~7 章是本书的主体,讨论各类模型的非参数统计推断问题. 其中大部分内容来源于作者近年来的研究成果,许多结果为我们近期所得. 为了知识体系的完整,也对散见于大量文章中的一些重要成果进行了综述.

第 4 章讨论一维扩散模型的非参数统计推断问题. 尽管已有大量的文献讨论有关一维扩散系数和漂移系数估计问题[20-23],但文献中对于扩散系数和漂移系数样本的构造原理都没有详尽的阐述,只是根据漂移为 $\mu(\cdot)$、扩散为 $\sigma(\cdot)$ 的一维扩散过程 X_t,满足 $E^x(X_t-x)=t\mu(x)+o(t), E^x(X_t-x)^2=t\sigma(x)+o(t)$ 的性质,将 $X_{t_{i+1}}-X_{t_i}(i=1,\cdots,n)$ 近似看作是漂移的样本,而将 $(tX_{t_{i+1}}-X_{t_i})^2(i=1,\cdots,n)$ 近似看作是 σ^2 的样本. 这种近似误差有多大,误差的形式是什么,没有现成的结论. 搞清这些问题对于进一步建立漂移系数和扩散系数的非参数估计模型、分析估计量的极限性质和收敛速度是很有必要的. 该章首先根据我们的前期研究成果[24],利用 Itô 扩散的性质,将漂移系数和扩散系数的样本表示成带有系统误差的回归模型,并讨论了系统误差的 L^r 上界以及随机误差项的 L^r 收敛速度,建立了漂移系数与扩散系数非参数估计的通用模型. 这种模型有如下三个优点: 第一, 估计模型包括非参数回归、系统误差和随机误差三项, 形式简洁, 易于应用. 第二, 将误差项分为由样本构造引起的系统误差和随机误差两项, 便于分类研究估计量的极限性质, 同时也便于以后分别通过改进样本构造或改进平滑方法以提高估计精度. 第三, 这种研究思路不但适用于一维扩散, 也可以拓展到多维、时变、随机波动率等场合. 我们在这种框架下构造了扩散系数与漂移系数的核估计、局部多项式估计及小波估计, 并给出了这些方法在风险中性密度估计、衍生证券定价等金融问题中的应用[25-28].

第 5 章包括讨论时变扩散模型的非参数统计推断问题, 对我们近年来对时变扩散模型的非参数统计推断的研究成果做了系统介绍[29,30]. 首先将上一章给出的一维扩散过程非参数估计模型推广到时变情形, 建立了时变扩散系数非参数估计的通用模型. 然后采用 "分时段" 估计法构造了时变扩散系数的核估计、局部多项式估计和小波估计, 给出了估计量的大样本性质, 并参考大样本性质提出了时变扩散系数估计量构造中时变参数的选择方案. 通过模拟试验演示了这种选择方案的估计效果. 这种 "分时段" 的方法虽然仅适用于随时间变化不剧烈的情形, 但在一定程度上解决了时变扩散过程非参数估计中两个变量却仅有一条样本轨道的难题. 最后, 本章还讨论时变扩散模型设定检验问题, 对上证指数的时变性进行了实证分析. 我们发现, 直接用几何 Brown 运动描述大盘指数或个股价格都是不合适的, 但加入一定时变性的分段几何 Brown 运动却可以很好地拟合上证指数以及一些个股的演化过程.

第 6 章讨论多维扩散模型的非参数统计分析问题. 首先将第 4 章给出的一维扩散过程非参数估计模型推广到多维情形, 建立了漂移向量与扩散矩阵非参数估计的通用模型[31], 在这一通用模型下考虑漂移向量与扩散矩阵的核估计法, 并提出为克服维数灾难, 用加性模型拟合漂移向量和扩散矩阵的改进方案, 并举例说明了该方案的可行性. 然后将一维扩散模型设定检验法推广到多维情形, 并通过模拟试验说明了这种推广的可行性. 最后, 利用本章所介绍的方法, 对第 1 章提到的动态金融风险度量问题给出了完整的解决方案.

第 7 章总结了我们在随机波动率模型的非参数统计推断方面的一些工作[32-36]. 随机波动率模型统计推断的困难在于波动率是不可观察的, 为此, 我们首先提出了通过小波分析重构波动率过程轨道的方案, 并通过模拟试验对几种波动率轨道重构方案进行了对比, 显示了我们这一方案的优越性. 在此基础上, 讨论了基于随机设计非参数回归模型的波动率估计法, 它将随机波动率看作由市场面因素引起的, 在一定程度上解释了驱动随机波动率过程的随机源的部分信息. 本章还将一维扩散模型设定的广义残差拟合优度检验法推广到随机波动率模型, 通过模拟试验分析了 CIR 随机波动率模型设定下检验的水平, 并将以上分析应用于一个期权定价的实证研究.

为了便于应用, 配合本书各章节的理论分析, 我们编写了一些典型方法的 MAT-

LAB 程序, 涉及到 "样本轨道模拟函数" "典型模型的参数估计函数" "扩散过程的非参数估计函数" "模型设定检验函数" "样本数据处理函数" 以及 "期权的非参数定价函数" 六个部分. 这些程序调用方便, 运算快捷. 对于实际工作者, 即使对 MATLAB 知之甚少, 或者数学程度较低, 无法理解书中的理论分析, 只要按照操作说明进行操作, 就可以通过直接调用功能函数的方式实现对模型的统计分析.

参 考 文 献

[1] Markowitz H. Portfolio selection[J]. Journal of Finance, 1952, 7(1): 77-91.
[2] 彭实戈. 倒向随机微分方程及其应用 [J]. 数学进展, 1997, 26(2): 97-112.
[3] Cvitanic J, Karatzas I. On dynamic measures of risk[J]. Finance and Stochastics, 1999, 3: 451-482.
[4] Blattberg R C and Gonedes N J. A Comparison of the stable and student distributions as statistical models for stock prices[J]. J. Business, 1974, 47: 244-280.
[5] Rubinstein M. Nonparametric test of alternative option pricing models using all reported trades and quotes on the 30 most active CBOE option classes from Aug. 23, 1976 though Aug. 31, 1978[J]. J. Finance, 1985, 40: 455-480.
[6] Scott L O. Option pricing when the variance changes randomly: theory. estimation and an application[J]. J. Financial Quant. Annl., 1987, 22: 419-438.
[7] Cox J C, Ross S A. The Valuation of options for alternatives stochastic processes[J]. J. Financial Econ., 1976, 3:145-166.
[8] Geske R. The valuation of compound options[J]. J. Financial Econ, 1979, 7:63-81.
[9] Ho T S Y and Lee S B. Term structure movements and pricing interest rate contingent claims[J]. J. Finance, 1986, 41: 1011-1029.
[10] Black F, Derman E and Toy W. A one-factor model of interest rates and its application to treasury bond options[J]. J. Finan. Analysts, 1990, 46: 33-39.
[11] Black F and Karasinski P. Bond and option pricing when short rates are lognormal[J]. J. Finan. Analysts, 1991, 47: 52-59.
[12] Johnson H, and Shanno D. Option pricing when the variance is changing[J]. J. Financial Quant. Annl., 1987, 22: 143.
[13] Hull J, and White A. The pricing of options on assets with stochastic volatility[J]. J. Finance, 1987, 42: 281-300.
[14] Hull J and White A. An analysis of the bias in option pricing with stochastic volatility[J]. Adv. Futures Opt. Res., 1988, 3: 29-61.
[15] Ait-sahalia Y. Nonparametric pricing of interest rate derivative securities[J]. Econometrica, 64: 527-560.
[16] Ait-Sahalia Y. Testing continuous-time models of the spot interest rate[J]. Review of Financial Studies,1996, 9: 385-426.

[17] Stanton R. A nonparametric model of term structure dynamics and the market price of interest rate risk[J]. Journal of Finance, 1997, 52: 1973-2002.

[18] 陈萍, 杨孝平. Cox-Ingersoll-Ross 模型的统计推断 [J]. 应用概率统计, 2005,21(3): 285-292.

[19] Zhao H and Lin J G. The large sample properties of the solutions of general estimating equations[J]. Journal of Systems Science and Complexity, 2012, 25: 1-14.

[20] Prakasa Rao B L S. Statistical inference for diffusion type processes[G]. New York: Oxford University Press Inc., 1999: 225-256.

[21] Spokoiny V G. Adaptive drift estimation for nonparametric diffusion model[J]. Annals of Statistics, 2000, 28,(3): 815–836.

[22] Bandi F M and Phillips P C B. Fully nonparametric estimation of scalar diffusion models[J]. Econometrica, 2003, 71(1): 241-283.

[23] Fan J and Zhang C. A re-examination of diffusion estimators with applications to financial model validation[J]. Journal of the American Statistical Association, 2003, 98: 118-134.

[24] 陈萍, 杨孝平. 资产方程的非参数估计 [J]. 南京理工大学学报, 2004, 28(2): 208-211.

[25] Chen P. Nonparametric estimation of the diffusion coefficient under the linear growth condition[J]. 南京大学数学半年刊, 2005, 22(2): 292-298.

[26] 陈萍, 杨孝平. 资产方程扩散系数的小波估计 [J]. 工程数学学报, 2004,21(2): 212-216.

[27] 陈萍, 杨孝平, 王金德. 扩散系数小波估计的强相合性 [J]. 数学年刊 (A), 2005,26(5):675-682.

[28] 陈萍, 叶中行, 杨孝平. 基础股票有分红及配股的期权定价与套期保值 [J]. 高校应用数学学报, 2004,19(3): 363-368.

[29] 陈萍, 王金德. 时变扩散模型中扩散系数的小波估计 [J]. 中国科学 (A 辑), 2007, 37(6): 719-732.

[30] 马雷, 陈萍. 时变扩散模型中扩散系数的核估计 [J]. 应用概率统计, 2012, 28(5): 489-498.

[31] 陈萍, 冯予. 漂移向量与扩散矩阵的非参数估计模型 [J]. 数学年刊, 2011, 32(4):497-506.

[32] 陈萍. 随机波动率模型的统计推断及其衍生证券的定价 [D]. 南京理工大学博士论文, 2004.

[33] 陈萍, 杨孝平. 完备的随机波动率模型的统计推断 [J]. 应用数学学报, 2005, 28(4): 652-658.

[34] Chen P, Wang J D. Application in stochastic volatility models of nonlinear regression with stochastic design[J]. Appl. Stoch. Mod. Bus. Ind, 2010, 26: 142-156.

[35] 陈萍, 杨孝平. 有随机波动率及定期分红和配股时美式看涨期权的定价 [J]. 应用概率统计, 2005, 21(1): 81-87.

[36] 刘广应, 陈萍, 杨洋. Ornstein-Uhlenbeck 随机波动率模型的参数估计 [J]. 经济数学, 2007, 24(3): 248-253.

第2章 一些常用的非参数估计方法简介

为了研究连续时间金融模型的统计推断问题,我们先回顾一下独立同分布场合下概率密度及其泛函有关的非参数估计方法.

通常来说,一个典型的统计推断过程由五个步骤构成:假定分布族、抽样、计算统计量和抽样分布、进行估计和检验、评价模型.假定分布族是对实际问题的数学描述,它是统计推断的基础.样本被视为从分布族的某个参数族抽取出来的总体的代表,而未知的仅仅是总体分布具体的参数值,这样推断问题就转化为对分布族若干个未知参数的推断问题,用样本对这些参数做出估计或者进行某种形式的假设检验,这类推断方法称为参数方法.然而在许多实际问题中,人们往往对总体的分布形式知之甚少,很难对总体的分布形式和统计模型做出明确的假定.比如,人为控制因素不多情况下的大部分经济和社会问题,数据的分布形式和数据之间的关系常常是不能任意假定,最多只能对总体的分布做出类似于连续型分布或者关于某点对称等一般性的假定.这种不假定总体分布的具体形式,尽量从数据 (或样本) 本身获得所需要的信息,通过推断方法而获得结构关系,并逐步建立对事物的数学描述和统计模型的方法称为非参数方法.

非参数统计学是统计学中的一个重要分支,相对于参数统计而言,非参数统计有以下两个突出的特点:

首先,非参数统计方法对总体分布的假定相对较少,因而有广泛的适用性,推断结果一般有较好的稳健性,即不会产生由于总体分布的一些变化而导致的大的结论性错误.在经典的统计框架中,正态分布一直是最引人注目的,但如果模型通不过正态性检验,样本量不足固然是一个可能的原因,但另外一个潜在的原因则是模型假定本身存在问题.如果是后者,那么就可能通过改变方法,不是盲目地增加样本量而达到分析目的.

其次,非参数统计可以处理所有类型的数据.我们知道,统计数据按照数据类型可以分为两大类:定性数据 (包括类别数据和顺序数据)、定量数据 (包括等距数据和比例数据).拿检验来说,一般而言,参数统计主要针对后一类定量数据,如果所收集到的数据不符合参数统计模型的假定,比如:数据只有顺序,没有大小,则很多参数模型无能为力,此时只能尝试非参数方法.即便对于定量数据而言,应用参数统计推断也未必都有理想的结果,如果将这些数据转化为顺序数据,用非参数方法分析,甚至可能获得更好的结果.

当然，非参数方法也有一些缺点，如果人们对总体有充分的了解且足以确定其分布类型，非参数方法就不如参数方法具有更强的针对性，有效性可能会差一些．另外，非参数统计方法在小样本的时候，可能涉及更多不常见的统计分布表，因而会给一些使用者带来不便．然而后面这个问题并非本质，因为大多数统计软件中都有现成的函数可以方便计算这些分布，网络上也有内嵌式函数模块，供用户使用．

本章主要介绍回归函数和密度函数的非参数估计方法．回归模型是数理统计中发展较早、理论丰富、应用性强的重要模型．20 世纪 70 年代以前主要研究的是参数回归模型，由于参数回归模型对回归函数提供了大量信息，因此当我们假设的模型与实际情况相符合时，模型所做出的推断结果有较高精度，反之模型所做出的推断可能就很差．为此，人们寻找到一种新的模型：非参数回归模型．非参数回归的研究始于 20 世纪 70 年代，由于模型中回归函数的形式可以是任意的，因此非参数回归模型在实际问题中有广泛应用．

一般非参数回归模型表示为

$$Y_i = m(x_i) + \varepsilon_i, \quad i = 1, \cdots, n, \tag{2.0.1}$$

$\varepsilon_i (i = 1, \cdots, n)$ 为独立随机误差序列，且 $E(\varepsilon_i) = 0, E(\varepsilon_i^2) = \sigma^2 < \infty$．

根据解释变量的设计方式，回归模型可分为以下两类：

固定的设计模型，即 $X_1, X_2, \cdots, X_n$ 为固定设计点，回归函数 $m(\cdot)$ 为未知函数．

随机设计模型，即 $(X_i, Y_i)(i = 1, \cdots, n)$ 为来自总体 (X, Y) 的独立同分布的样本，回归函数为 $m(x) = E(Y|X = x)$．

由于非参数回归模型中回归函数 $m(\cdot)$ 的形式可以是任意的，且对随机向量 (X, Y) 的分布限制较少，因此在实际中有广泛的应用．在上述模型中回归函数 $m(\cdot)$ 的估计问题称为回归函数的非参数估计问题，针对这一问题，Stone[1] 在 1977 年提出了权函数方法，并在理论上论述了该方法的一些优良性．在过去的几十年里，权函数方法在理论研究和实际应用中得到了很大发展．权函数估计法是指在估计 $m(x) = E(Y|X = x)$ 时，让每一个样本都起一定的作用，但其作用的大小与样本 X_i 到点 x 的某种意义下的距离有关，即与 x 的距离越近赋予的权越大．一般说来，权函数估计法有两个性质，即矩相合性和强相合性．此外，近年来又有人陆续证明了权函数估计法的渐近正态性、强收敛速度等性质．实践中经常使用的权函数估计法包括核估计、局部多项式估计等．

2.1 核估计法

2.1.1 密度函数的核估计

直方图是最基本的非参数密度估计. 以一元为例, 假定有观察数据 $\{x_1,\cdots,x_n\}$, 记 $I_1,\cdots,I_k$ 为数据覆盖的区域 $(a,b)\,(a<\min(x_i)\leqslant\max(x_i)<b)$ 上的 k 组不相交的等间隔分划, 令 n_i 表示 I_i 中观察数据的个数, 则直方图密度估计为

$$\hat{p}(x)=\begin{cases}\dfrac{n_i}{nh_n}, & x\in I_i, i=1,\cdots,k,\\ 0, & \text{其他},\end{cases}$$

式中, h_n 既是归一化的参数, 又表示每一组的组距, 称为带宽或窗宽; 由于位于同一组内所有点的直方图密度估计均相等, 因而直方图所对应的分布函数 $\hat{F}_{h_n}(x)$ 是单调增的阶梯函数. 这与经验分布函数 $F_n(x)$ 形状类似. 事实上, 当分组间隔 h_n 缩小到每组中最多只有一个数据时, 直方图的分布函数就是经验分布函数, 即

$$h_n\to 0, \text{ 有 } \hat{F}_{h_n}(x)\to F_n(x).$$

核密度估计的原理和直方图有些类似. 核估计也计算某一点周围样本点的个数, 只不过是对于近处的样本点考虑多一些, 对于远处的考虑少一些 (或者甚至不考虑).

为了让读者对核估计原理有所了解, 本节简要介绍文献 [2] 中核估计法的引入过程及其基本性质.

设 $X_1,\cdots,X_n$ 是总体 $F(x)$ 的独立同分布的观测样本, 要估计密度函数 $f(x)$. 因为 $f(x)=F'(x)$, 很自然地想到对充分小的 h, $[F(x+h)-F(x-h)]/2h$ 逼近于 $f(x)$. 以 I_A 表示集合 A 的示性函数, 则基于观测样本的经验分布函数为 $F_n(x)=\sum_{i=1}^{n}I_{\{X_i\leqslant x\}}/n$. 令 $h_n\downarrow 0$, 可以考虑用

$$f_n(x)=[F_n(x+h_n)-F_n(x-h_n)]/2h_n \tag{2.1.1}$$

作为 $f(x)$ 的估计. 这里 $f_n(x)$ 表示落在区间 $(x-h_n,x+h_n]$ 中样本点的个数与区间长之比. 这个估计称为 $f(x)$ 的忠实估计.

由于 $nF_n(x)$ 服从参数为 n 和 $F(x)$ 的二项式分布, 故有

$$E[f_n(x)]=\{E[F_n(x+h_n)]-E[F_n(x-h_n)]\}/2h_n$$
$$=\{F(x+h_n)-F(x-h_n)\}/2h_n\to f(x),$$

进一步可证

$$E[f_n(x) - f(x)]^2 \approx \frac{f(x)}{2h_n} + \left(\frac{h_n^4}{36}\right)[f^{(2)}(x)]^2 + o\left(\frac{1}{nh_n} + h_n^4\right).$$

这就给出了序列 h_n 的最佳选择. 若对于某个常数 k, 及 $\alpha > 0$, 取 $h_n = kn^{-\alpha}$, 则当 $\alpha = \frac{1}{3}$ 时均方误差最小, 且 $k = \left\{\frac{9}{2}f(x)/\left|f^{(2)}(x)\right|^2\right\}^{\frac{1}{5}}$.

选择 k 和 α 满足上述条件, 则

$$E[f_n(x) - f(x)]^2 \approx \frac{5}{4} 9^{-\frac{1}{5}} 2^{\frac{4}{5}} f(x)^{\frac{4}{5}} \left|f^{(2)}(x)\right|^{\frac{2}{5}} n^{-\frac{4}{5}}.$$

令

$$K(x) \begin{cases} \frac{1}{2}, & x \in [-1, 1), \\ 0, & 否则. \end{cases}$$

则 $f_n(x)$ 可写成如下形式:

$$f_n(x) = \frac{1}{nh_n} \sum_{i=1}^{n} K\left(\frac{x - X_i}{h_n}\right). \tag{2.1.2}$$

在 (2.1.2) 式中取 $K(\cdot)$ 为任一有界对称密度函数, 则得出一类一般的非参数估计形式 —— 核估计, 其中 $K(\cdot)$ 称为核函数. 可以看出, 核函数是一种权函数; 该估计利用数据点 x_i 到 x 的距离 $(x - x_i)$ 来决定 x_i 在估计点 x 处的密度时所起的作用. 如果核函数取标准正态密度函数 $\phi(\cdot)$, 则离 x 点越近的样本点, 加的权也越大. 上面积分等于 1 的条件是使得 $f_n(\cdot)$ 是一个积分为 1 的密度. (2.1.2) 式中的 h_n 称为带宽. 一般来说, 带宽取得越大, 估计的密度函数就越平滑, 但偏差可能会比较大. 如果 h_n 选得太小, 估计的密度曲线和样本拟合得较好, 但可能很不光滑. 一般选择的原则为使得均方误差最小为宜. 有许多方法选择 h_n, 比如交叉验证法、直接插入法[2], 在各个局部取不同的带宽, 或者估计出一个光滑的带宽函数 $\hat{h}(x)$ 等等.

上述思想可以很容易引申到条件密度的估计, 设 $\{(X_i, Y_i), i = 1, \cdots, n\}$ 是二维随机变量 (X, Y) 的独立同分布样本, 条件密度 $f_{Y|X}(y|x)$ 的核估计的自然形式应为

$$\widehat{f}(y|x) = \frac{\widehat{f}(y, x)}{\widehat{f}(x)}, \tag{2.1.3}$$

其中 $\widehat{f}(x) = \frac{1}{na}\sum_{i=1}^{n} K\left(\frac{X_i - x}{a}\right)$, $\widehat{f}(y, x) = \frac{1}{nab}\sum_{i=1}^{n} K\left(\frac{X_i - x}{a}\right) K\left(\frac{Y_i - y}{b}\right)$ 分别

是边缘密度 $f(x)$ 与联合密度 $f(y,x)$ 的核估计. 文献 [3] 将其进行修正, 给出了条件密度估计的 NW 估计, 其表达式为

$$\widehat{f}_{\mathrm{NW}}(y|x) = \sum_{i=1}^{n} w_i^{\mathrm{NW}}(x) K_{h_2}(Y_i - y), \qquad (2.1.4)$$

其中 $w_i^{\mathrm{NW}}(x) = \dfrac{K_{h_1}(X_i - x)}{\sum\limits_{j=1}^{n} K_{h_1}(X_j - x)}$, h_1, h_2 是两个适当的带宽.

NW 估计形式更加简明, 且估计量非负, 并且关于 Y 的积分等于 1, 在条件密度非参数估计中应用较为广泛.

2.1.2 回归函数的核估计

设 $(x_1,y_1),\cdots,(x_n,y_n)$ 是二维总体 (X,Y) 的简单随机样本, 记 (X,Y) 的概率密度为 $f(x,y)$. Y 关于 X 的条件均值或回归记作

$$m(x) = E(Y|X=x) = \int_{-\infty}^{\infty} y \frac{f(x,y)}{f_X(x)} dy.$$

在许多统计问题中, 我们可能不知道 $m(x)$ 的具体形式, 需要根据样本 $(x_1,y_1),\cdots,(x_n,y_n)$, 用非参数方法估计 $m(x)$. 一种思路是把 $m(x)$ 看作密度函数的泛函, 通过密度函数的核估计构造 $m(x)$ 的估计量.

仍然沿用文献 [2] 的作法, 设 $H(x,y)$ 是一个二元密度函数, 记

$$K(x) = \int_{-\infty}^{\infty} H(x,y) dy, \quad L(y) = \int_{-\infty}^{\infty} H(x,y) dx,$$

且设对所有的 x 有 $K(x) > 0$.

设 $n \to \infty$ 时 $h_n \to 0$, 则有

$$f_n(x,y) = (nh_n^2)^{-1} \sum_{j=1}^{n} H[(x-X_j)/h_n, (y-Y_j)/h_n]$$

与

$$g_n(x) = (nh_n)^{-1} \sum_{j=1}^{n} K[(x-X_j)/h_n] = \int_{-\infty}^{\infty} f_n(x,y) dy.$$

可分别作为 $f(x,y)$ 和 $f_X(x)$ 的估计, 且

$$m_n(x) = \int_{-\infty}^{\infty} y \frac{f_n(x,y)}{g_n(x)} dy = \frac{h_n \sum\limits_{j=1}^{n} M\left(\dfrac{x-X_j}{h_n}\right)}{\sum\limits_{j=1}^{n} K\left(\dfrac{x-X_j}{h_n}\right)} + \frac{\sum\limits_{j=1}^{n} Y_j K\left(\dfrac{x-X_j}{h_n}\right)}{\sum\limits_{j=1}^{n} K\left(\dfrac{x-X_j}{h_n}\right)}, \qquad (2.1.5)$$

其中 $M(x) = \int_{-\infty}^{\infty} yH(x,y)dy$.

当 $m_n(x) < \infty$ 时, $m_n(x)$ 就是回归函数 $m(x)$ 的估计. 假设

$$H(x,y) = K(x)L(y), \quad \int_{-\infty}^{\infty} yL(y)dy = 0,$$

则 $M(x) = 0$, 且式 (2.1.2) 可表示为

$$m_n(x) = \frac{\sum_{j=1}^{n} Y_j K\left(\frac{x-X_j}{h_n}\right)}{\sum_{j=1}^{n} K\left(\frac{x-X_i}{h_n}\right)}. \tag{2.1.6}$$

这就是 Nadaraya-Watson 形式的核估计. 关于 $m_n(\cdot)$ 的大样本性质, 有如下命题:

定理 2.1.1 设 f 为正的二维连续概率密度, 存在常数 $C > 0$, 使得 $f(x,y) \leqslant C(1+x^2+y^2)^{-\frac{5}{2}}, -\infty < x,y < \infty$. 又设 $m(x), f_X(x)$ 二阶连续可微, 且对某常数 $C > 0, K(x) \leqslant C(1+x^2)^{-3} -\infty < x < \infty$. 取 $h_n \approx O\left(n^{-\frac{1}{5}}\right)$, 则

$$|m_n(x) - m(x)| = O_p\left(n^{-\frac{2}{5}}\right). \tag{2.1.7}$$

注 当 f 或 m 在区间 $[a,b]$ 上有有限支撑时, 边界区域观察数据的非对称性使得标准核估计值在数据边界产生较大的偏倚, 可采用边界修正核加以弥补. 一个边界修正核的例子是[7]

$$K_h(x) \equiv \begin{cases} h^{-1}k\left(\frac{x}{h}\right) \Big/ \int_{-(x/h)}^{1} k(u)du, & x \in [a, a+h), \\ h^{-1}k\left(\frac{x}{h}\right), & x \in [a+h, b-h], \\ h^{-1}k\left(\frac{x}{h}\right) \Big/ \int_{-1}^{(1-x)/h} k(u)du, & x \in (b-h, b]. \end{cases} \tag{2.1.8}$$

对于 $x \in [a, a+h) \cup (b-h, b]$, 该核密度估计值在整个 $[a,b]$ 支撑集上是渐近无偏的.

2.1.3 密度及其泛函的导数的估计

设总体 X 的概率密度 $f(x)$ 存在 p 阶导数 $f^{(p)}(x)$, $X_1, \cdots, X_n$ 是 X 的简单随机样本. 要根据 $X_1, \cdots, X_n$ 估计 $f^{(p)}(x)$. 一种自然的方法是根据 $f(x)$ 的核估计 $f_n(x)$ 构造 $f^{(p)}(x)$ 的估计量 $f_n^{(p)}(x)$, 即假定核函数 $K(x)$ 有 p 阶导数 $K^{(p)}(x)$, 则

$$f_n^{(p)}(x) = \frac{1}{nh_n^{p+1}} \sum_{i=1}^{n} K^{(p)}\left(\frac{x-X_i}{h_n}\right). \tag{2.1.9}$$

文献 [2] 给出了此估计量的收敛速度.

定理 2.1.2 设概率密度 $f(x)$ 及其导数 $f^{(i)}(x), i = 1, \cdots, p+1$ 均为有界函数, 核函数 $K(x)$ 满足如下条件:

(i) $\int_{-\infty}^{\infty} |x| K(x) dx < \infty.$

(ii) $K^{(s)}(x)$ 为连续的有界变差函数, $s = 0, 1, \cdots, p.$

取 $h_n = \left(n^{-1} \log \log n\right)^{\frac{1}{2p+4}}$, 则

$$\sup_x \left| f_n^{(p)}(x) - f^{(p)}(x) \right| = O \left(n^{-1} \log \log n\right)^{\frac{1}{2p+4}} \quad \text{a.s.}$$

易见, 随着阶数 p 的增大, 估计量 $f_n^{(p)}(x)$ 的收敛性也越来越差, 这种现象称之为 "导数灾难".

2.1.4 带宽的选择

在各种权函数估计法中, 带宽 h 起着相当重要的作用, 如果带宽选得过大, 与 $X = x$ 距离较远的观测点也参与了估计, 这会造成估计量的偏差较大; 如果带宽选得太小, 参与局部估计的样本点数过少, 会造成估计量的方差较大, 因而寻求合适的带宽是权函数估计的最重要的任务之一.

Shibata[4] 提出, 如果用一个一般的函数 $D(h)$ 表示测量估计的精度, 若

$$\frac{D(\hat{h})}{D(h)} \to 1, \quad \text{a.s.} \tag{2.1.10}$$

则我们认为带宽的选择是渐近最优的. 其中 $\hat{h}$ 为利用某种规则所估计出的带宽, h 为各种测量距离的函数 $D(h)$ 最小意义下的真实带宽. 例如, 考虑 $D(h)$ 为均方误差 (MSE) 来测量估计的精确程度, 即

$$D(h) = \frac{1}{n} \sum_{i=1}^n (\hat{m}(X_i) - m(X_i))^2.$$

另一种常用的方法是交叉核实法. 其基本思想是对每个局部观测点 X_i, 首先在样本中剔除该观察值 (X_i, Y_i), 然后将剩下的 $n-1$ 个观察值在 X_i 处进行局部回归, 局部回归的一个明显好处就是常数项 $\beta_{0,-i}$ 的估计 $\hat{\beta}_{0,-i}$ 刚好就是 Y_i 的拟合值, 最后, 通过比较交叉核实函数

$$CV(h) = \frac{1}{n} \sum_{i=1}^n (Y_i - \hat{m}_{n,-i}(X_i))^2, \tag{2.1.11}$$

选择使 $CV(h)$ 达到最小的带宽 h. 文献 [5] 指出, 在一些比较一般的条件下, 按照最小化 $CV(h)$ 的原则选取出来的带宽是渐近最优的带宽.

具体到 Nadaraya-Watson 形式的核估计,参照定理 2.1.1,取 $h_n \approx O\left(n^{-\frac{1}{5}}\right)$,再结合以上分析,就可确定出最优带宽. 而对于密度函数导数的核估计,文献 [6] 指出 $f_n^{(p)}(x)$ 在均方意义下的最优带宽为 $n^{-1/(2p+5)}$. 特别, $f_n'(x)$ 的最优带宽为 $n^{-\frac{1}{7}}$.

2.1.5 分位数的核估计

设 $X_1, \cdots, X_n$ 是连续型总体 X 的简单随机样本, X 的分布函数为 $F(x)$, 令 $G(x) = P\{X > x\}$. 则 $F(x)$ 的上 λ 分位数定义为 $G(x)$ 的反函数 $G^{-1}(\lambda) = \inf\{x \in R | G(x) \geqslant \lambda\}$. 设 $X_1, \cdots, X_n$ 的顺序统计量为 $X_{(1)} \leqslant X_{(2)} \leqslant \cdots \leqslant X_{(n)}$, 称 $X_{([n\lambda])}$ 为 $F(x)$ 的样本分位数. (其中 $[n\lambda]$ 表示 $n\lambda$ 取整). 许多文献用 $X_{([n\lambda])}$ 作为 $G^{-1}(\lambda)$ 的估计量. 但这种估计比较粗糙. 在 $F(x)$ 绝对连续的条件下, 文献 [8] 利用核估计的构造原理, 提出了两个关于分位数的光滑非参数估计量:

$$S_n(\lambda) = \frac{1}{nh_n}\sum_{i=1}^{n} X_{(i)} K\left(\frac{\left(\frac{i}{n}\right) - \lambda}{h_n}\right) \tag{2.1.12}$$

或

$$T_n(\lambda) = \frac{1}{h_n}\sum_{i=1}^{n} X_{(i)} \int_{(i-1)/n}^{i/n} K\left(\frac{\left(\frac{i}{n}\right) - \lambda}{h_n}\right) dt, \tag{2.1.13}$$

其中 $K(\cdot)$ 为核函数, h_n 为带宽, 满足 $n \to \infty$ 时 $h_n \to 0$. 可证当 $K(x) = I_{\{|x|<1\}}$, 且 $h_n = 1/n$ 时, $S_n(\lambda) = X_{([n\lambda])}$, 且在适当的正则条件下, $S_n(\lambda), T_n(\lambda)$ 均满足渐近正态性.

2.2 局部多项式估计法

2.2.1 回归函数的局部多项式估计

核估计有边界偏倚和设计偏倚的不足, 空间适应性较差, 本节将要引进的局部多项式回归可以减少这些麻烦. 与核估计相比, 局部多项式估计具有较好的小样本性质[9].

考虑回归函数 $m(x) = E(Y|X=x)$ 的估计问题. 设 $m(x)$ 在 x_0 处的 $p+1$ 阶导数存在, 对 x_0 邻域中的值 x, 运用 Taylor 展开, 有

$$m(x) \approx \sum_{k=0}^{p} \beta_k(x_0)(x-x_0)^k, \tag{2.2.1}$$

其中 $\beta_k(x_0) = \dfrac{m^{(k)}(x_0)}{k!}$. 这说明, 在 x_0 附近可以用关于 x_0 的多项式逼近 $m(x)$,

2.2 局部多项式估计法

并且用 $m(x)$ 对 $(x_0 - x)$ 各次幂的回归估计系数 β_k. 为了保证所估计的系数反映的是 "x_0 附近" 的局部性质, 直观上我们应该采用加权回归, 对靠近 x_0 的点赋予较大的权重. 为达到这个目的, 自然想到用核函数 $K(\cdot)$ 进行加权. 类似于 2.1 节, 给定带宽 h, 取 $K_h(x) = K(x/h_n)$. 于是, 可通过局部最小加权二乘估计来确定多项式 (2.2.1), 最小化下式:

$$\sum_{i=1}^{n} \left\{ Y_{t_i} - \sum_{j=1}^{p} \beta_j (X_{t_i} - x_0)^j \right\}^2 K_h(X_{t_i} - x_0). \tag{2.2.2}$$

将问题 (2.2.2) 的解表示为 $\hat{\beta}_j, j = 0, \cdots, p$, 从 (2.2.1) 的 Taylor 展开式可知, $\hat{m}^{(v)}(x_0) = \nu! \hat{\beta}_\nu$ 为 $\hat{m}^{(v)}(x_0)$ 的估计, $\nu = 0, 1, \cdots, p$. 用矩阵来表示, 令

$$X = \begin{pmatrix} 1 & (X_1 - x_0) & \cdots & (X_1 - x_0)^p \\ \vdots & \vdots & & \vdots \\ 1 & (X_n - x_0) & \cdots & (X_n - x_0)^p \end{pmatrix}, \quad y = \begin{pmatrix} Y_1 \\ \vdots \\ Y_n \end{pmatrix}, \quad \hat{\beta} = \begin{pmatrix} \hat{\beta}_0 \\ \vdots \\ \hat{\beta}_p \end{pmatrix}.$$

进一步, 将权函数的 $n \times n$ 对角矩阵表示为 W, 即令 $W = \text{diag}\{K_h(X_i - x_o)\}$, 则加权最小二乘问题 (2.2.2) 可写成

$$\min_{\beta} (y - X\beta)^{\mathrm{T}} W (y - X\beta), \tag{2.2.3}$$

其中, $\beta = (\beta_0, \cdots, \beta_p)^{\mathrm{T}}$, 则加权最小二乘问题 (2.2.2) 的解表示为

$$\hat{\beta} = (X^{\mathrm{T}} W X)^{-1} X^{\mathrm{T}} W y, \tag{2.2.4}$$

$m(x_0)$ 的估计量为 $\hat{m}(x_0) = \hat{\beta}_0$.

特别, 当 $p = 0$ 时, 得到 $m(x_0)$ 的局部常数估计为

$$\hat{m}(x) \equiv \frac{\sum_{i=1}^{n} K_h(x_i - x) y_i}{\sum_{i=1}^{n} K_h(x_i - x)},$$

它刚好是上节关于回归函数的核估计. 这给了关于核估计的一个有意思的解释: 它是由局部加权最小二乘得到的局部常数估计. 这意味着利用一个 p 阶的局部多项式而不是一个局部常数有可能改进估计量的性能.

当 $p = 1$ 时, 得到 $m(x_0)$ 的局部线性估计为

$$\hat{m}(x_0) = \frac{\sum_{i=1}^{n-1} K_h(X_i - x_0) \{S_{n,2} - (X_i - x_0) S_{n,1}\} Y_i}{\sum_{i=1}^{n-1} K_h(X_i - x_0) \{S_{n,2} - (X_i - x_0) S_{n,1}\}}, \tag{2.2.5}$$

其中

$$S_{n,j}(x) = \sum_{i=1}^{n-1} \frac{1}{h_{n,T}} K\left(\frac{X_i - x}{h_{n,T}}\right)(X_i - x)^j. \qquad (2.2.6)$$

注 在局部多项式回归中,带宽 h 的选择仍起着关键性的作用. 太大的带宽会导致严重的模型偏差, 反之则将引起回归函数的过于参数化, 至于 h 的具体选择方法仍可沿用上一节核估计法中使用的准则. 另外, 局部多项式阶数 p 以及核函数 K 的选择也是要考虑的问题, 关于这一方面的讨论详见文献 [9].

与常用的平滑方法, 如核估计、小波平滑、样条平滑等相比, 局部多项式估计具有偏差和方差的联合比较优势. 此外还适用于随机和固定设计两类模型. 它还可以几乎不存在边界效应, 即不必选取特殊的边界核函数就可以自动调节边界误差到区间内的误差阶数. 这种适用于边界拟合的性质在高维数据中的意义特别明显. 同时它的计算使用的是最小平方准则, 这就为我们做进一步的统计分析带来了方便.

2.2.2 局部多项式密度估计

回归函数的核估计经常会遇到边界偏倚的问题, 可以利用局部多项式来减轻这种偏倚, 这对核密度估计也是一样. 文献 [10] 给出了如下局部似然密度估计法.

对数似然通常定义为 $\Gamma(f) = \sum_{i=1}^{n} \log f(X_i)$, 把这个定义作如下推广是很方便的:

$$\Gamma(f) = \sum_{i=1}^{n} \log f(X_i) - n\left[\int f(u)du - 1\right].$$

当 f 积分为 1 时, 第二项为零. 将上述全局函数局部化, 得到如下局部对数似然:

$$\Gamma_x = \sum_{i=1}^{n} K\left(\frac{X_i - x}{h}\right) \log f(X_i) - n\left[\int K\left(\frac{u - x}{h}\right) f(u)du - 1\right]. \qquad (2.2.7)$$

我们希望用在 x 邻域的一个多项式来近似 $\log f(u)$. 于是, 记 $\log f(u) \approx P_x(a, u)$, 这里,

$$P_x(a, u) = a_0 + a_1(x - u) + \cdots + a_p \frac{(x-u)^p}{p!},$$

将其代入 (2.2.7) 式, 就得到局部多项式对数似然为

$$\Gamma_x(a) = \sum_{i=1}^{n} K\left(\frac{X_i - x}{h}\right) P_x(a, X_i) - n \int K\left(\frac{u - x}{h}\right) e^{P_x(a,u)} du.$$

设 $\hat{a} = (\hat{a}_0, \cdots, \hat{a}_p)^{\mathrm{T}}$ 为 $\Gamma_x(a)$ 最大值点, 局部似然密度估计为

$$\hat{f}_n(x) = e^{P_x(\hat{a}, x)} = e^{\hat{a}_0}, \qquad (2.2.8)$$

当 $p=0$ 时，$\hat{f}_n$ 就化简为核密度估计.

利用以上分析，也可以考虑条件密度 $f(y|x)$ 的局部多项式估计. 假设 $f(y|x)$ 的高阶导数存在，通过令 $h_2 \to 0$，$E\{K_{h_2}(Y-y)|X=x\} \to f(y|x)$ 来构造二者之间的联系，其中 K 是非负核密度函数，并且 $K_h(y) = K(y|h)/h$，上式左边是 $X=x$ 时随机变量 $K_{h_2}(Y-y)$ 的回归函数，我们对条件密度估计提出了一种直接估计方法，即将 $E\{K_{h_2}(Y-y)|X=z\} \approx f(y|z)$ 在点 x 处进行 Taylor 展开得到

$$\begin{aligned}\{K_{h_2}(Y-y)|X=z\} &\approx f(y|z)\\ &= f(y|x) + \dot{f}(y|x)'(z-x) + \frac{1}{2}(z-x)'\ddot{f}(y|x)(z-x)\\ &= a_0 + a_1(z-x) + a_2 \mathrm{vec}\left\{(z-x)(z-x)'\right\}.\end{aligned}$$

通过最小化

$$\sum \left\{K_{h_2}(Y_i-y) - \sum_{j=0}^r a_j(z-x)_j\right\}^2 K_{h_1}(X_i-x), \qquad (2.2.9)$$

得 $f(y|x)$ 的估计量为 $\widehat{f}_{LL}(y|x) = \widehat{a}_0$，文献 [11] 给出了 $\widehat{f}_{LL}(y|x)$ 的具体表达为

$$\widehat{f}_{LL}(y|x) = \sum_{i=1}^n w_i^{LL}(x) K_{h_2}(Y_i-y), \qquad (2.2.10)$$

其中

$$w_i^{LL}(x) = \frac{K_{h_1}(X_i-x)\{T_{n,2} - (X_i-x)T_{n,1}\}}{T_{n,0}T_{n,2} - T_{n,1}^2},$$

$$T_{n,j} = \sum_{i=1}^j W_h(X_i-x)(x-X_i)^j \quad (j=0,1,2).$$

2.3 小波估计法

核估计与局部多项式估计都是局部化的估计方法，它们用较少的参数对回归函数作局部拟合，通过调节带宽 h 控制模型拟合的复杂性. 非参数回归的另一种思路是用大量的未知参数进行全局拟合. 以小波估计为代表的正交序列法就是这种参数化方法的例子. 小波变换是一种同时在时域与频域表示函数的工具，基于小波的非参数统计方法是由 Donoho et al. [12] 在 1998 年首先提出的. 小波法有许多优良的统计性质，如它具有空间适应性，即可以迅速地适应函数曲线的变化，且对于很大一类光滑性未知的函数具有接近 Minimax 收敛速度. 本节从正交序列法开始，简要介绍一些后续章节中将要用到的小波理论及其 Besov 空间中小波估计的主要结论.

2.3.1 正交序列法

考虑固定设计模型的非参数回归问题

$$Y_i = m(x_i) + \varepsilon_i, \quad i = 1, \cdots, n, \tag{2.3.1}$$

其中 $x_i = i/n$, $\varepsilon_i, i = 1, \cdots, n$ 独立同正态分布, $m \in L^2(0,1)$. 设 $\{e_i, i = 1, 2, \cdots\}$ 是 $L^2(0,1)$ 的一组完备正交基:

$$\int_0^1 e_i(x)e_j(x)\,dx = \delta_{ij} = \begin{cases} 1, & i = j, \\ 0, & i \neq j, \end{cases}$$

则 $m(x)$ 有正交展开: $m(x) = \sum\limits_{j=1}^{\infty} a_j e_j(x)$, 其中系数 $a_j = \int m(x)e_j(x)\,dx$. 注意到 $\lim\limits_{n \to \infty} \sum\limits_{i=1}^{n} m(x_i)e_j(x_i) = \int m(x)e_j(x)\,dx$. 于是, 自然可以构造 a_j 的正交序列估计为

$$\hat{a}_j = \frac{1}{n}\sum_{i=1}^{n} Y_i e_j(x_i), \tag{2.3.2}$$

因此可用截尾的正交序列重构回归函数 m:

$$\hat{m}(x) = \sum_{j=1}^{N} \hat{a}_j e_j(x), \tag{2.3.3}$$

其中 N 是一个平滑参数, 它与 n 有关并随着 $n \to \infty$ 而趋于 ∞.

现假定 $X_1, \cdots, X_n$ 是总体 X 的简单随机样本, $X \sim f(x)$ 为构造 $f(x)$ 的正交序列估计, 因为 $f \in L^2(0,1)$ 且 $\{e_i, i = 1, 2, \cdots\}$ 是 $L^2(0,1)$ 的一组完备正交基, 故有 $f(x) = \sum\limits_{j=1}^{\infty} a_j^* e_j(x)$, 其中 $a_j^* = \int f(x)e_j(x)\,dx = E[e_j(X)]$, 于是, 自然有

$$\hat{a}_j^* = \frac{1}{n}\sum_{i=1}^{n} e_j(x_i), \tag{2.3.4}$$

则 $f(x)$ 的正交序列估计为

$$\hat{f}(x) = \sum_{j=1}^{N} \hat{a}_j^* e_j(x). \tag{2.3.5}$$

文献 [2] 对密度函数的正交序列估计的收敛性进行了一些讨论, 发现基函数的性质是决定估计量精度以及计算复杂程度的重要因素. 因而, 对于正交序列法, 基函数的选择是至关重要的. 以下引进的小波估计法就是利用一类具有非常好的性质的基函数 —— 小波基构造回归函数或密度函数的正交序列估计.

2.3.2 Besov 空间与小波

小波分析主要依赖两个函数：尺度函数与母小波. 尺度函数 ϕ 是两尺度差分方程 $\phi(x) = \sum_{k \in Z} C_k \phi(2x - k)$ 的解, 满足 $\int_R \phi(x)dx = 1$, 母小波 $\psi(x)$ 定义为

$$\psi(x) = \sum_{k \in Z} (-1)^k C_{k+1} \phi(2x + k),$$

其中 Z 为整数集. 系数 C_k 称为滤波系数, 通过系数的选取可以构造出具有良好性质的小波. 条件 $\sum_k C_k = 2$ 保证两尺度方程有唯一解. 小波系是

$$\begin{aligned} \phi_{jk} &= 2^{\frac{j}{2}} \phi(2^j x - k), \quad j, k \in Z, \\ \psi_{jk} &= 2^{\frac{j}{2}} \psi(2^j x - k), \quad j, k \in Z, \end{aligned} \quad (2.3.6)$$

进一步假定

$$\sum_k C_k C_{k+2l} = \begin{cases} 2, & l = 0, \\ 0, & l \neq 0. \end{cases}$$

再加上其他正则条件可使 $\{\psi_{jk}, j, k \in Z\}$ 构成 $L^2(R)$ 的一组标准正交基, 且对每个 $j \in Z, \{\phi_{jk}, k \in Z\}$ 是 $L^2(R)$ 的一个正交系.

1990 年, Daubechies[13] 发现有可能构造出有限长的滤波系数, 满足上述所有条件, 产生有限支撑的 ϕ 与 Ψ.

定义 2.3.1 称尺度函数 ϕ 为 q 正则的, 如果对任意 $l \leqslant q$, 任意整数 k, 有

$$\frac{d^l \phi(x)}{dx^l} \leqslant C_k (1 + |x|)^{-k}.$$

以下均假定 ϕ 是 q 正则的.

定义 2.3.2 $L^2(R)$ 中的一个多分辨分析包括 $L^2(R)$ 中的单增子空间序列 $V_j, j \in Z$, 满足:

a) $\cap V_j = \{0\}$.
b) $\overline{\cup V_j} = L^2(R)$.
c) 存在尺度函数 $\phi \in V_0$ 使 $\{\phi(\cdot - k), k \in Z\}$ 为 V_0 的正交基.
d) 对 $h \in L^2(R)$, 所有 $k \in Z, h(\cdot) \in V_0 \Leftrightarrow h(\cdot - k) \in V_0$ 且
e) 对 $h \in L^2(R), h(\cdot) \in V_j \Leftrightarrow h(2\cdot) \in V_{j+1}$.

记 E_j 为向子空间 V_j 的投影算子, 即 $E_j(h) = \int_R E_j(\cdot, y) h(y) dy$, 则有下列结论:

引理 2.3.1 若 $h \in W^{1,p}(R)$, 则

$$\|h - E_j(h)\|_p = o(2^{-jp}), \quad 0 < p \leqslant q, \tag{2.3.7}$$

其中 $W^{1,p}$ 为 Sobolev 空间，$\|\ \|_p$ 为 $W^{1,p}$ 范数.

对于紧支集小波，记 $K_{\max}$ 和 $K_{\min}$ 是使滤波系数 $C_k \neq 0, k \in Z$ 的最大偶数下标与最小奇数下标，定义小波数 $N = \dfrac{K_{\max} - K_{\min} + 1}{2}$，即非零滤波系数个数的一半，则 ϕ 的支撑为 $[K_{\min}, K_{\max}]$，ψ 的支撑为 $[1-N, N]$，ϕ 与 ψ 支撑的长度均为 $2N-1$ 个单位区间长.

利用上述多分辨分析的原理，可以很好地重构 Besov 空间中的函数. Besov 空间是由 L^p 中具有光滑度 α 的函数构成的空间，记作 B_{pq}^{α}，它由 3 个参数决定，参数 α 描述空间中函数的光滑度，p, q 表示其中范数的类型，它包括一些传统的函数空间，如当 $p = q = \infty$ 时对应 Hölder 类，当 $p = q = 2$ 时，对应 L^2-Sobolev 类，有限变差函数的球：$F = \{f : TV(f) \leqslant C\}$ 包含于 $B_{1,p}^{1}$，当选取参数的其他取值时，可得到一些异于传统类型的函数. 下面给出 Besov 空间的定义及性质.

定义 2.3.3 对 $0 < \alpha < 1, 1 \leqslant p \leqslant \infty, 1 \leqslant q \leqslant \infty$，记

$$\gamma_{\alpha,p,q}(f) = \left(\int_R \left(\frac{\|\tau_h f - f\|_p}{|h|^\alpha}\right)^q \frac{dh}{|h|}\right)^{\frac{1}{q}}, \quad \gamma_{\alpha,p,\infty}(f) = \sup_{h \in R} \frac{\|\tau_h f - f\|_p}{|h|^\alpha},$$

其中 $\tau_h f(x) = f(x+h)$，

$$\gamma_{1,p,q}(f) = \left(\int_R \left(\frac{\|\tau_h f + \tau_{-h} f - 2f\|_p}{|h|}\right)^q \frac{dh}{|h|}\right)^{\frac{1}{q}},$$

$$\gamma_{\alpha,p,\infty}(f) = \sup_{h \in R} \frac{\|\tau_h f + \tau_{-h} - 2f\|_p}{|h|^\alpha}.$$

对 $0 < \alpha \leqslant 1, 1 \leqslant p \leqslant \infty, 1 \leqslant q \leqslant \infty$，$B_{p,q}^{\alpha} = \{f \in L^p; \gamma_{\alpha,p,q} < \infty\}$，此空间具有范数

$$\|f\|_{\alpha,p,q} \approx \|f\|_p + \gamma_{\alpha,p,q}(f). \tag{2.3.8}$$

对 $\alpha > 1$ 记 $\alpha = n + s, n \in N, 0 < s \leqslant 1$, $f \in B_{p,q}^{\alpha} \Leftrightarrow f^{(m)} \in B_{p,q}^{s}$，其中 $f^{(m)}$ 为函数 f 的 m 阶差分，

$$f^{(m)} = \sum_{k=0}^{m} C_m^k (-1)^k f(t+kh), \tag{2.3.9}$$

此空间具有范数

$$\|f\|_{\alpha,p,q} \approx \|f\|_p + \sum_{m \leqslant n} \gamma_{\alpha,p,q}(f^{(m)}), \tag{2.3.10}$$

其中 $n = [\alpha]$. 应注意的是 Besov 范数是 f 的小波系数的泛函，如果

$$f = \sum_{k \in Z} \alpha_{j_0 k} \varphi_{j_0 k} + \sum_{j \geq j_0} \sum_{k \in Z} \beta_{jk} \psi_{jk} \equiv E_0 f + \sum_{j \geq j_0} D_j f, \quad (2.3.11)$$

其中

$$\alpha_{j_0 k} = \int f(x)\overline{\phi_{j_0 k}(x)}dx, \quad \beta_{jk} = \int f(x)\overline{\psi_{jk}(x)}dx,$$

则

$$J_{\alpha,p,q}(f) = \|E_0 f\|_p + \left(\sum_{j \geq j_0} (\|D_j f\| 2^{j\alpha})^q \right)^{\frac{1}{q}}, \quad (2.3.12)$$

可以证明 [12] $J_{\alpha,p,q}$ 等价于 $\|f\|_{\alpha,p,q}$.

2.3.3 回归函数与密度函数的小波估计

考虑回归模型:

$$Y_i = m(x_i) + \varepsilon_i, \quad x_i = \frac{i-1}{n}, \quad (2.3.13)$$

式中, ε_i 为随机误差, $i = 1, 2, \cdots, n$. 取 $m(\cdot)$ 的小波估计为

$$\hat{m}(x) = \sum_{k \in Z} \hat{\alpha}_{j_0 k} \phi_{j_0 k}(x) + \sum_{j > j_1} \sum_{k \in Z} \hat{\beta}_{jk} \psi_{jk}(x), \quad (2.3.14)$$

式中

$$\hat{\alpha}_{j_0 k} = \frac{1}{n} \sum_{i=1}^{n} \phi_{j_0 k}(X_i) Y_i, \quad \hat{\beta}_{jk} = \frac{1}{n} \sum_{i=1}^{n} \psi_{jk}(X_i) Y_i. \quad (2.3.15)$$

现假定 $X_1, \cdots, X_n$ 是总体 X 的简单随机样本, $X \sim f(x) \in L^2$, 假定尺度函数与小波都是实函数, 则

$$f = \sum_{k \in Z} \alpha_{j_0 k}^* \varphi_{j_0 k} + \sum_{j \geq j_0} \sum_{k \in Z} \beta_{jk}^* \psi_{jk},$$

其中

$$\alpha_{j_0 k}^* = \int f(x)\phi_{j_0 k}(x) dx = E[\phi_{j_0 k}(x)],$$

$$\beta_{jk}^* = \int f(x)\psi_{jk}(x) dx = E[\psi_{jk}(X)],$$

于是, 自然有

$$\hat{\alpha}_{j_0 k}^* = \frac{1}{n} \sum_{i=1}^{n} \phi_{j_0 k}(X_i), \quad \hat{\beta}_{jk}^* = \frac{1}{n} \sum_{i=1}^{n} \psi_{jk}(X_i), \quad \hat{a}_j^* = \frac{1}{n} \sum_{i=1}^{n} e_j(x_i). \quad (2.3.16)$$

密度函数 $f(x)$ 的小波估计为

$$\hat{f}(x) = \sum_{k \in Z} \hat{\alpha}_{j_0 k}^* \phi_{j_0 k}(x) + \sum_{j > j_0} \sum_{k \in Z} \hat{\beta}_{jk}^* \psi_{jk}(x). \quad (2.3.17)$$

根据非参数估计理论,取损失函数

$$L(\gamma, f_n, D) = \int_D (f_n(x) - g(x))^\gamma dx, \qquad (2.3.18)$$

则对给定的函数族 Σ, 估计量 $\hat{f}(\cdot)$ 在 Σ 上的风险函数为

$$\Re(f_n(\cdot), \Sigma, D) = \sup_{g \in \Sigma} \{E(L(\gamma, f_n, D))\}^{1/\gamma}. \qquad (2.3.19)$$

Donoho[14] 指出,当回归函数 $m(\cdot)$ 或密度函数 $f(\cdot)$ 属于 Besov 空间的球 $B_{p,q}^\alpha = \{f \in D \subset L^p; \gamma_{\alpha,p,q} < C\}$ 时,取

$$s = \min\left(\frac{\alpha}{1+2\alpha}, \frac{\alpha - \dfrac{1}{p} - \dfrac{1}{\gamma}}{1+2\alpha - \dfrac{2}{p}}\right),$$

$$\varepsilon = \alpha p - \frac{\gamma - p}{2}.$$

则当 $\varepsilon < 0$ 时, $m(\cdot)$ 与 $f(\cdot)$ 的非参数估计量的最优收敛速度为 $(\log n/n)^\alpha$;当 $\varepsilon > 0$ 时为 $n^{-\alpha}$, 且 (2.3.14)~(2.3.17) 的小波估计量的收敛速度在 Minimax 意义下达到最优.

2.4 多元回归函数的非参数估计

前面我们考虑了一维情形,即具有一个因变量 Y 及一个自变量 X. 经常会有这种情况,因变量 Y 的变化不只依赖于一个自变量,这就需要考虑多个自变量的情形. 在多元回归问题中,一个重要的任务是根据模型

$$m(x) = E(Y|X = x) \qquad (2.4.1)$$

确定因变量 Y 与自变量 $X = (X_1, \cdots, X_d)^\mathrm{T} X$ 之间的结构关系. 其中 $x = (x_1, \cdots, x_d)^\mathrm{T}, m(x) = m(x_1, \cdots, x_d)$, 上标 T 表示转置运算.

在多元线性回归模型中,假设因变量与自变量的每个分量之间的条件期望关系都是线性的,即 $m(x)$ 是线性函数. 在参数化的广义线性模型中,未知的回归函数 $m(x)$ 与已知的传递函数 $g(x)$ 之间是线性关系. 这种模型的一个例子是 Logistic 回归, $g(x) = \log(x)$. 然而,线性关系并不总能成立,我们需要更灵活的模型. 这种模型 d 维函数 $m(x)$ 的形式没有任何设定. 问题化为基于观察数据 $\{(X_i^\mathrm{T}, Y_i) : i = 1, \cdots, n\}$ 拟合多维曲面 $y = m(x)$. 其中 $X_i = (X_{i1}, \cdots, X_{id})^\mathrm{T}, i =$

2.4 多元回归函数的非参数估计

$1, \cdots, n$. 一种自然的想法是将一维平滑方法推广到多维情形. 例如, 可以将回归函数的核估计法推广到多元回归函数.

设 $(X_i, Y_i), 1 \leqslant i \leqslant n$ 为总体 (X, Y) 的独立同分布样本, 其中 $X \in R^d, Y \in R^m$, 且 Y 关于 X 的条件期望 $m(x) = E(Y|X=x)$ 存在, 则 Y 关于 X 的多元回归模型为

$$Y = m(X) + \varepsilon, \tag{2.4.2}$$

其中 $E(\varepsilon) = 0, \mathrm{Var}(\varepsilon) = \sigma^2$. 回归函数 $m(x)$ 的核估计为如下 m 维向量:

$$\hat{m}_n(x) = \frac{\sum_{i=1}^n Y_i K_{h_n}(X_i - x)}{\sum_{i=1}^n K_{h_n}(X_i - x)}, \tag{2.4.3}$$

其中 h_n 为步长, 满足 $n \to \infty$ 时 $h_n \to 0$, $K_{h_n}(\cdot)$ 是称为乘积核函数, 定义为

$$K_{h_n}(x) = \frac{1}{h_n^d} \prod_{j=1}^d \kappa\left(\frac{x_j}{h_n}\right), \quad x \in R^d, \tag{2.4.4}$$

式中 $\kappa(\cdot)$ 是一元核函数.

尽管从一维到多维的推广看似简单, 但其中隐含着一个严重的问题即维数灾难. 这一问题是由于高维的 "局部" 邻域已不再是 "局部" 的. 换句话说, 如果局部邻域沿每个轴有 10 个数据点, 则 d 维邻域内就对应着 10^d 个数据. 这么大的数据量即使维数 d 不算很大时, 在实际中也往往无法满足. 因此, 在应用上, 超过 3 维的曲面拟合是没有多少实用价值的. 为解决这一问题, 文献中提出了一些降维方法, 如广义加性模型[9]、局部线性模型[18] 等. 以上每种方法的原理都是通过局部的一维平滑来实现曲面总体的逼近. 以下扼要介绍其中的一种: 广义加性模型.

设 $(X_i, Y_i), 1 \leqslant i \leqslant n$ 为总体 (X, Y) 的独立同分布样本, 其中 $X \in R^d, Y \in R$. 考虑模型 (2.4.2), 当回归函数 $m(\cdot)$ 为线性时, 预测是加性的. 加性模型放宽了线性假设但保留了加性限制, 即

$$Y = \alpha + \sum_{j=1}^d g_j(X_j) + \varepsilon, \tag{2.4.5}$$

其中 $g_j, j = 1, \cdots, d$ 为未知的一元函数. 为避免未定常数并保证模型的唯一性, 且满足 $E(Y) = \alpha$, 还需满足以下条件:

$$E[g_j(X_j)] = 0, \quad j = 1, \cdots, d. \tag{2.4.6}$$

为拟合模型 (2.4.6), 注意到, 当模型正确设定时,

$$E\left[Y - \alpha - \sum_{j\neq k} g_j(X_j) | X_k\right] = g_k(X_k), \qquad (2.4.7)$$

这提示我们可以用观察值

$$\left\{\left(X_{ik}, Y_i - \alpha - \sum_{j\neq k} g_j(X_j)\right), i=1,\cdots,n\right\}$$

对 $g_k(X_k)$ 作一元回归[15]. 记函数 g_k 的一元平滑为 S_k, S_k 可以通过任何一维非参数泛函估计法获得. 为满足 (2.4.6), 由平滑 S_k 得到的 g_k 的估计量 $\hat{g}_k$ 应由下列中心化形式代替:

$$\hat{g}_k^* = \hat{g}_k - \frac{1}{n}\sum_{j=1}^n \hat{g}_k(X_{jk}). \qquad (2.4.8)$$

为估计 g_k, Breiman[16] 提出了如下后退拟合算法:

第 1 步. 赋初值: 根据 $E(Y) = \alpha$, 得 $\hat{\alpha} = \frac{1}{n}\sum_{i=1}^n Y_i$, 设 $g_k^0, k=1,\cdots,d$ 是 Y 关于 X 线性回归的结果, 令 $\hat{g}_k = g_k^0, k=1,\cdots,d$.

第 2 步. 对每个 $k=1,\cdots,d$, 用非参数法估计 g_k:

$$\hat{g}_k = S_k\left\{Y - \hat{\alpha} - \sum_{j\neq k} \hat{g}_j(X_j) | X_k\right\},$$

并按照 (2.4.8) 式算得 $\hat{g}_k^*(\cdot)$.

第 3 步. 循环执行第 2 步, 直到结果收敛.

这种方法的收敛性以及解的唯一性等问题的进一步讨论参见文献 [16]. 当模型 (2.4.5) 不成立时, 上述结果给出的是到回归曲面的最优加性逼近.

加性模型通过对分量的一元拟合克服了维数灾难, 所付出的代价是在一定程度上牺牲了模型的灵活性.

结合广义线性模型的思想, 可以将上述加性模型作进一步推广, 假定响应变量 Y 与 $g_k(X_k), k=1,\cdots,d$ 不是线性关系, 但它的变换 $\theta(Y)$ 满足 (2.4.5), 于是得到如下广义加性模型

$$\theta(Y) = \alpha + \sum_{j=1}^d g_j(X_j) + \varepsilon. \qquad (2.4.9)$$

对于 θ 是已知函数的情形, 可用推广的调整相依变量法建立模型[9].

第 1 步. 设定初始参数 α^0, g_j^0, 由于模型要求 $E[\theta(Y)] = \alpha$, 故可取

$$\alpha^0 = \hat{\alpha} = \theta\left(\frac{1}{n}\sum_{i=1}^n Y_i\right), \quad g_j^0 = 0, \quad j = 1, \cdots, d. \tag{2.4.10}$$

第 2 步. 从初始变量 $\eta_i^0 = \alpha^0 + \sum_{j=1}^d g_j^0(X_{ij})\,(i = 1, \cdots, n)$ 出发计算初始拟合值 $\mu_i^0 = \theta^{-1}(\eta_i^0), i = 1, \cdots, n$.

第 3 步. 构造调整相依变量

$$Z_i = \eta_i^0 + (Y_i - \mu_i^0)\left(\frac{\partial \eta_i}{\partial \mu_i}\right)_0, \tag{2.4.11}$$

这相当于将函数 $\theta(Y_i)$ 在假定与 Y_i 相距不远的给定值 μ_i^0 处的 Taylor 展开.

第 4 步. 用后退拟合算法做 Z_i 对 X_i 的回归, 这就产生了新的拟合函数 $(g_1^1, \cdots, g_d^1)$ 以及更新量 $\eta_i^1 = \hat{\alpha} + \sum_{j=1}^d g_j^1(X_{ij}), i = 1, \cdots, n$, 用更新量代替初始变量重复以上步骤, 循环进行直至收敛, 例如使

$$\Delta(\eta^1, \eta^0) = \frac{\sum_{j=1}^d \|g_j^1 - g_j^0\|}{\sum_{j=1}^d \|g_j^0\|} \to 0. \tag{2.4.12}$$

对于 θ 是未知函数的情形, 可参考交替条件期望法 (ACE) 来建立模型[17]. 不妨设模型 (2.4.9) 中 $\alpha = 0, E[\theta^2(Y)] = 1$, 并假定 $E[g_k(X_k)] = 0, k = 1, \cdots, d$. 模型拟合误差为

$$e^2(\theta, g) = E\left[\left(\theta(Y) - \sum_{j=1}^d g_j(X_j)\right)^2\right]. \tag{2.4.13}$$

所求的估计量是 (2.4.13) 的最小化问题的解. 根据概率论的知识, 对于一族给定的 $\{g_1(X_1), \cdots, g_d(X_d)\}$, (2.4.13) 关于 $\theta(Y)$ 的最小化问题的解是

$$\theta_1(Y) = \frac{E\left[\sum_{j=1}^d g_j(X_j)|Y\right]}{\left\|E\left[\sum_{j=1}^d g_j(X_j)|Y\right]\right\|} \tag{2.4.14}$$

其次, 对每个 k, 给定 $\theta(Y)$, 以及 $g_1, \cdots, g_{k-1}, g_{k+1}, \cdots, g_d$, (2.4.13) 关于 g_k 的最小化问题的解是

$$g_{k,1}(X_k) = E\left[\theta(Y) - \sum_{j \neq k} g_j(X_j) \Big| X_k \right]. \qquad (2.4.15)$$

以上两种最小化过程交替进行, 直至收敛. 这里包含的两种数学运算就是条件期望与最小化, 因而称为交替条件期望法.

2.5 基于 Copula 函数的非参数密度估计及模型检验

在涉及多元数据的统计分析问题中, 联合分布的估计是非常重要的. Copula 函数是估计多维随机变量联合分布的一种行之有效的工具. Copula 理论是由 Sklar 在 1959 年提出的, Sklar 指出, 可以将任意一个 n 维联合累积分布函数分解为 n 个边缘累积分布和一个 Copula 函数. Copula 函数是把多维随机变量的联合分布用其一维边缘分布连接起来的函数. Copula 函数可以理解为 "相依函数" 或 "连接函数", 它不仅是构建多维分布的工具, 同时也是在随机变量之间探索相依结构的工具. Copula 方法有很多优点. 首先, Copula 函数可用于构造灵活的多元分布. 现有的大多数多元分布函数都是一元分布函数的简单延伸, 例如它们通常都要求所有的边缘分布都服从同样的分布 (如正态分布、学生 t 分布), 而利用 Copula 可以将任意形式的边缘分布联合起来生成一个有效的多元分布. 其次, 常用的相关系数是线形相关的度量指标, 通常只在变量的线性变换下才不会发生变化, 而由 Copula 导出的一致性和相关性测度, 对于严格单调增的变化都不改变, 因此其应用范围和实用性更广. 目前 Copula 函数已被广泛地应用于金融领域, 并且成为解决金融问题的一个有力的工具.

关于 Copula 的系统研究可参见文献 [19], 这本书从数学的角度详细介绍了 Copula 函数的性质、定义、序关系等概念. Cherubini 等[20] 则把对 Copula 的应用推广到金融各个领域. 在他们的专著中着重探讨了市场协同效应、信用衍生品定价、套期保值和风险管理等前沿问题, 从概率角度构建和应用 Copula 函数, 详细探讨了在信用衍生资产 (如一篮子违约互换、CDO) 和多资产期权定价 (如二元数字期权、彩虹期权、脆弱期权、障碍期权、资产转换期权) 方面的应用. 尤其对不完备市场中期权的定价做了专门的研究, 提出了上复制定价策略.

2.5.1 Copula 函数的定义及性质

这里我们简单回顾一下 Copula 函数的定义及基本性质, 关于 Copula 函数的详细介绍可参阅文献 [19].

2.5 基于 Copula 函数的非参数密度估计及模型检验

定义 2.5.1 二维 Copula 函数是指具有以下性质的函数 C:

(1) C 的定义域为 $[0,1]^2$;

(2) C 有零基面且是二维递增函数, 即存在 $u,v \in [0,1]$, 使得 $C(u,y) = C(x,v) = 0$, 且对任意 $0 \leqslant u_1 \leqslant u_2 \leqslant 1, 0 \leqslant v_1 \leqslant v_2 \leqslant 1$,

$$C(u_2,v_2) - C(u_2,v_1) - C(u_1,v_2) + C(u_1,v_1) \geqslant 0;$$

(3) 对任意 $u,v \in [0,1]$, 有 $C(u,1) = u$ 且 $(1,v) = v$.

此外, 二元 Copula 函数还有以下几点性质:

(4) $C(u,v)$ 对它的每个自变量 $u \in [0,1]$ 和 $v \in [0,1]$ 都是非减的;

(5) 对任意 $u,v \in [0,1]$, 有 $C(u,0) = C(0,v) = 0$;

(6) 对任意 $u,v \in [0,1]$, 均有 $\max(u+v-1,0) \leqslant C(u,v) \leqslant \min(u,v)$;

(7) 对任意的 $u_1, u_2, v_1, v_2 \in [0,1]$, 均有

$$|C(u_1,u_2) - C(v_1,v_2)| \leqslant |u_2 - u_1| + |v_2 - v_1|.$$

Copula 函数的理论支柱是以下 Sklar 定理.

定理 2.5.1(二元 Copula 的 Sklar 定理)[19]   如果 H 是一个边缘分布函数分别为 F 和 G 的联合分布函数, 则存在一个 Copula 函数 C, 使对任意 $x \in R, y \in R$, 有

$$H(x,y) = C(F(x), G(y)). \tag{2.5.1}$$

如果 F 和 G 都是连续的, 则 C 是唯一的. 反过来, 如果 C 是一个二维 Copula 函数, F 和 G 是分布函数, 那么由上式定义的函数 H 是一个边缘分布服从 F 和 G 的二维联合分布函数.

推论 2.5.1   假定 H 为具有边缘分布 F, G 的联合分布函数, C 为相应的 Copula 函数, F^{-1}, G^{-1} 分别为 F, G 的反函数, 那么对于函数 C 定义域内的的任意 (u,v),

$$C(u,v) = H(F^{-1}(u), G^{-1}(v)). \tag{2.5.2}$$

由以上定理和推论可知, 在变量联合分布未知时, 可以通过边缘分布函数和一个连接它们的 Copula 函数来构造联合分布函数; 在变量联合分布已知时, 可以利用边缘分布函数的反函数和联合分布函数, 求出相应的 Copula 函数.

定义 2.5.2 n 元 Copula 函数是指具有以下性质的函数 C:

(1) C 的定义域为 $[0,1]^n$;

(2) C 有零基面, 且是 n 维递增的;

(3) C 的边缘分布函数 $C_i(i=1,\cdots,n)$ 满足:

$$C_i(u_i) = C(1,\cdots,1,u_i,1,\cdots,1) = u_i,$$

其中 $u_i \in [0,1], i = 1, \cdots, n$.

显然, 如果 $F_i(i = 1, \cdots, n)$ 是连续的一元分布函数, 令 $u_i = F_i(x_i), i = 1, \cdots, n$, 则 $C(u_1, \cdots, u_n)$ 是一个边缘分布均服从均匀 $[0, 1]$ 的多元分布函数.

定理 2.5.2(n 元 Copula 函数的 Sklar 定理) 如果 H 是一个边缘分布函数分别为 $F_i(i = 1, \cdots, n)$ 的联合分布函数, 则存在一个 Copula 函数 C, 使对任意 $x \in R, y \in R$, 有

$$H(x_1, \cdots, x_n) = C(F_1(x_1), \cdots, F_n(x_n)). \tag{2.5.3}$$

若边缘分布函数 F_i 是连续的, 则 Copula 函数 C 是唯一的. 不然, Copula 函数 C 只在各边缘累积分布函数值域内是唯一确定的.

当边缘分布连续时, 对于所有的 $u \in [0,1]^n$, 均有

$$C(u) = H(F_1^{-1}(u_1), \cdots, F_n^{-1}(u_n)). \tag{2.5.4}$$

若将以下几种函数记为

$$M^n(u) = \min(u_1, u_2, \cdots, u_n);$$

$$\Pi^n(u) = u_1 u_2 \cdots u_n;$$

$$W^n(u) = \max(u_1 + u_2 + \cdots + u_n - n + 1, 0),$$

则对所有 $n \geqslant 2$ 的情形, 函数 M^n, Π^n 都是 n 元 Copula 函数, 但是函数 W^n 只有在 $n = 2$ 时为 Copula 函数, 当 $n > 2$ 时, 不再是一个 Copula 函数.

Copula 有很多不同的函数形式, 每个函数刻画的相关关系也不尽相同. 以下是几种常用的二元 Copula 函数:

(1) 二元正态 Copula(Gaussian Copula).

Nelsen[19] 给出了二元正态 Copula 函数的定义, 由于其正态分布的假设和易操作性, 应用非常广泛. 二元正态 Copula 分布函数定义为

$$C_\rho^{G\alpha}(u, v) = \int_{-\infty}^{\Phi^{-1}(u)} \int_{-\infty}^{\Phi^{-1}(v)} \frac{1}{2\pi(1-\rho^2)^{\frac{1}{2}}} \exp\left(\frac{(-s^2 - 2\rho st + t^2)}{2(1-\rho^2)}\right) ds dt,$$

其中 $-1 \leqslant \rho \leqslant 1$ 为二元随机向量的线性相关系数, $\Phi^{-1}(\cdot)$ 积分上限为标准正态分布的逆.

(2) 二元 t-Copula 函数

$$C_\rho^t(u, v) = \int_{-\infty}^{t_v^{-1}(u)} \int_{-\infty}^{t_v^{-1}(v)} \frac{1}{2\pi(1-\rho^2)^{\frac{1}{2}}} \left(1 + \frac{(s^2 - 2\rho st + t^2)}{v(1-\rho^2)}\right)^{-(v+2)/2} ds dt,$$

其中 ρ 为线性相关系数, 积分上限为自由度为 v 的标准 t 分布函数的逆.

(3) 阿基米德 Copula(Archimedean Copula).

阿基米德 Copula 函数类有一个共同的性质, 它们都可以由一个严格单调递减的凸函数 $\varphi(\cdot)$ 产生. 例如

Gumbel Copula
$$\varphi(t) = (-\ln t)^\lambda, \quad \lambda \in (1, \infty),$$
$$C_G(u, v, \lambda) = \exp\{-[(-\ln u)^\lambda + (-\ln v)^\lambda]^{\frac{1}{\lambda}}\};$$

Clayton Copula
$$\varphi(t) = \frac{1}{\lambda}(t^{-\lambda} - 1), \quad \lambda \in [-1, \infty) \setminus \{0\},$$
$$C - C(u, v) = \max([u^{-\lambda} + v^{-\lambda} - 1]^{-\frac{1}{\lambda}}, 0);$$

Frank Copula
$$\varphi(t) = \frac{e^{-\lambda t} - 1}{e^\lambda - 1}, \quad \lambda \in (-\infty, \infty) \setminus \{0\},$$
$$C_F(u, v; \lambda) = \frac{1}{\lambda} \ln\left(1 + \frac{(e^{-\lambda u} - 1)(e^{-\lambda v} - 1)}{e^{-\lambda} - 1}\right),$$

λ 为未知参数, 它与 Kendall 秩相关系数 ρ_k 有一一对应的关系.

Kendall 秩相关系数是样本协调变化的概率与不协调变化概率的差, 它是通过样本间协调变化的程度来度量两总体之间相关性的.

设 $(X_1, Y_1), (X_2, Y_2)$ 是 (X, Y) 的两个独立样本, Kendall 秩相关系数定义为
$$\rho_k = P\{(X_1 - X_2)(Y_1 - Y_2) > 0\} - P\{(X_1 - X_2)(Y_1 - Y_2) < 0\}.$$

若 $(X_i, Y_j)(i = 1, \cdots, n)$ 为 (X, Y) 的样本, 则样本 Kendall 秩相关系数为
$$\widehat{\rho} = \frac{2}{n(n-1)} \sum_{1 \leqslant i \leqslant j \leqslant n} \operatorname{sgn}(X_i - X_j)(Y_i - Y_j), \tag{2.5.5}$$

其中 $\operatorname{sgn}(x)$ 是符号函数.

Kendall 秩相关系数 ρ_k 和以上几例阿基米德 Copula 的对应关系为:

Gumbel Copula: $(X_i, Y_j)(i = 1, \cdots, n)$ 为 $(X, Y)\rho_k = 1 - \lambda^{-1}$;

Clayton Copula: $\rho_k = \dfrac{\lambda}{2 + \lambda}$;

Frank Copula:
$$\rho_k = 1 - \frac{4}{\lambda}\{D_1(-\lambda) - 1\}, D_1(-\lambda) = \lambda^{-1} \int_0^\lambda \frac{t}{e^t - 1} dt + \frac{\lambda}{2},$$

其中, $D_m(x) = \dfrac{m}{x^m} \int_0^x \dfrac{t^m}{e^t - 1} dt$ 为 Debye 函数.

(3) 生存 Copula 和对偶 Copula.

此外，还有以下几种 Copula 函数的变形：生存 (survival)Copula、联合 Copula(co Copula) 和对偶 (dual)Copula.

首先，定义两个随机变量的联合生存函数 $\bar{C}$ 为

$$\bar{C}(u,v) = \Pr(U > u, V > v).$$

由联合分布函数的性质可得

$$\bar{C}(u,v) = 1 - u - v + C(u,v) = C(1-u, 1-v),$$

其中 $C(1-u, 1-v)$ 被称为生存 Copula.

类似定义联合 Copula 函数 C^* 函数和对偶 Copula 函数 $\tilde{C}$ 如下：

$$C^*(u,v) = 1 - \Pr(U > u \text{ 或 } V > v) = 1 - C(1-u, 1-v),$$
$$\tilde{C}(u,v) = \Pr(U \leqslant u \text{ 或 } V \leqslant v) = u + v - C(u,v).$$

2.5.2 基于 Copula 函数的非参数密度估计

参数估计方法针对边缘分布可能含有未知参数，并且选取的 Copula 函数中也含有未知参数的情形. 常用 Copula 函数估计的方法有极大似然法 (ML)、分布估计 (IFM) 以及半参数估计 (CML) 三种方法. ML 和 IFM 两种方法都需要在对标的资产的边缘分布作出假设的前提下，再对 Copula 函数的参数进行估计；CML 方法是运用标的资产的边缘分布的经验分布来估计 Copula 函数中的参数. 由于标的资产的分布随时间变化，并且具有相当的不确定性和复杂性，其分布一般未知. 而经验分布一般不连续，光滑性不够，用来描述单个标的资产的分布所产生的误差较大.

针对上述参数估计法中的缺陷，这里采用非参数密度估计 —— 极大似然两步法，即在对标的资产的未知边缘密度进行非参数估计的基础上，再对 Copula 函数中的未知参数进行估计和统计检验. 具体步骤如下：

假定 $\{(X_i, Y_i)\}_{i=1}^n$ 是来自未知密度函数为 $f(x,y)$ 的二元总体 (X,Y) 的独立同分布样本，$\widehat{f}_n(x)$ 是关于 X 的边缘密度 $f(x)$ 的非参数估计，$\hat{g}_n(y)$ 是关于 Y 的边缘密度 $g(y)$ 的非参数估计. 并假定存在 Copula 函数 C_α，使得

$$C_\alpha(u,v) = C(F_X(x), F_Y(y)) = F(x,y).$$

步骤 1. 通过边缘概率密度的非参数估计构造 Copula 函数的自变量观察序列. 例如，可先构造核密度估计：

$$\hat{f}_X(x) = \frac{1}{nh_1}\sum_{i=1}^n K_X\left(\frac{x-X_i}{h_1}\right); \quad \hat{g}_Y(y) = \frac{1}{nh_2}\sum_{i=1}^n K_Y\left(\frac{y-Y_i}{h_2}\right),$$

其中, $K_X(\cdot), K_Y(\cdot)$ 为核函数, h_1, h_2 为平滑参数.

显然, 当核函数选为正态核时, (X,Y) 在点 (x,y) 的边缘分布函数值的估计为

$$\hat{u} = \hat{F}_X(x) = \int_{-\infty}^{x} \hat{f}_X(t)dt = \frac{1}{n}\sum_{i=1}^{n}\Phi\left(\frac{x-X_i}{h_1}\right);$$

$$\hat{v} = \hat{F}_Y(y) = \int_{-\infty}^{y} \hat{g}_Y(t)dt = \frac{1}{n}\sum_{i=1}^{n}\Phi\left(\frac{y-Y_i}{h_2}\right),$$

其中, $\Phi(x) = \frac{1}{\sqrt{2\pi}}\int_{-\infty}^{x} e^{-\frac{t^2}{2}}dt$ 为标准正态分布函数.

于是, 记

$$\hat{u}_i = \hat{F}_X(X_i) = \frac{1}{n}\sum_{j=1}^{n}\Phi\left(\frac{X_i-X_j}{h_1}\right), \quad \hat{v}_i = \hat{F}_Y(Y_i) = \frac{1}{n}\sum_{j=1}^{n}\Phi\left(\frac{Y_i-Y_j}{h_2}\right),$$

对应样本观察值 $\{(X_i,Y_i)\}_{i=1}^{n}$, Copula 函数的自变量观察序列为 $\{(\hat{u}_i,\hat{v}_i)\}_{i=1}^{n}$. 则可进一步利用极大似然估计法估计 Copula 函数中的未知参数.

步骤 2. 利用极大似然法估计 Copula 函数 C_α 中的未知参数,

$$\hat{\alpha} = \arg\max \sum_{i=1}^{n} \ln c(\hat{u}_i, \hat{v}_i; \alpha).$$

参考文献

[1] Stone C J. Consistent nonparametric regression[J].The Annals of Statistics, 1977, 5: 595-620.

[2] Prakasa Rao B L S. Nonparametric functional estimation[G]. London: Academic Press. Inc, 1983.

[3] Hyndman R J, Bashtannyk D M, Grunwald G K. Estimating and visualizing conditional densities[J]. J. Comp. Graph. Statist., 1996, 5: 315-36.

[4] Shibata R. An optimal selection of regression variables[J]. Biometrica, 1981,68: 45-54.

[5] Györfi L, Härdle W, Sarda P and Vieu P. Nonparametric curve estimation from time series[G]. New York: Springer, 1985.

[6] Wand M P, Jones M C. Kernel smoothing[G]. New York: Chapman & Hall, 1985.

[7] Cleveland W S. Robust locally weighted regression and smoothing scatterplots[J]. J. Amer. Statist. Assoc., 1979, 74: 829-836.

[8] Yang S S. A smooth nonparametric estimation of a quantile function[J]. J. Amer. Statist. Assoc. 1985, 80(392): 1004-1011.

[9] Fan J and Gijbels I. Local polynomial modeling and its applications[G]. London: Chapman and Hall, 1996.

[10] Hjort N L. and Jones M C. Locally parametric nonparametric density estimation[J]. Ann. Statist., 1996, 24, (4): 1619-1647.

[11] Hyndman R J and Yao Q. Nonparametric estimation and symmetry tests for conditional density functions[J]. J. Nonpar. Statist., 2002, 14: 259–278.

[12] Donoho D L, Johnstone I M. Minimax estimation via wavelet shrinkage[J]. Ann. Statist., 1998, 26(3): 879-921.

[13] Daubechies I. Orthonormal bases of compactly supported wavelets[J]. Communications on pure and applied mathematics, 1990, 49: 906-996.

[14] Donoho D L, Johnstone I M, Kerkyacharian G and Picard D. Density estimation by wavelet thresholding[J]. Ann. Statist., 1996, 24(2): 508-539.

[15] Hastie T J and Tibshirani R. Generalized additived models[G]. London: Chapman and Hall, 1990.

[16] Breiman L, Frwdman J H. Estimating optimal transformation for multiple regression and correlation (with discussion)[J]. J. Amer. Statist. Assoc., 1985, 80: 580-619.

[17] Fan J and Yim T H. A cross validation method for estimating conditional densities[J]. Biometrika, 2004, 91(4): 819-834.

[18] Carroll R. J, Fan J and Wang M P. Generalized partially linear single-index models[R]. Discussion Paper #9506, Institute of statistics, Catholic University of Louvain, Louvain-la-Neuve, Belgium, 1995.

[19] Nelsen R B. An introductions to Copulas[G]. Lecture notes in statistics. Springer Verlag, 1999.

[20] Cherubini U, Luciano E, Vecchiato W. Copula methods in finance[G]. John Wiley, 2004.

第 3 章 几个典型连续时间金融模型的统计推断

3.1 几个典型的连续时间金融模型及其参数估计

连续时间金融模型广泛应用于描述利率、股票价格等标的资产价格的演化规律. 借助对某一方面经济背景的解释, 人们提出了各种参数化的模型来拟合这些过程, 例如描述股票价格的几何 Brown 运动和描述瞬时利率变动的 CIR 模型等, 这些模型可以统一地用设定漂移与扩散系数函数形式的扩散模型来描述.

对于参数化的模型, 所要解决的问题是基于一段时间内资产价格观察值, 对漂移与扩散系数中的未知参数进行估计. 当模型正确设定时, 参数估计方法往往有较精确的结果, 但是, 一旦模型设定错误, 则往往造成模型参数估计的不相容性, 从而对推断和检验造成误导, 且会进一步导致金融决策的重大失误. 解决这一问题可以从两方面着手, 一方面要重视对模型设定的检验, 避免因模型错误设定而导致的系统误差. 另一方面就是我们将在本书第 4~7 章所要做的, 考虑模型的非参数估计. 例如, 对单因子扩散模型, 直接估计漂移与扩散系数的函数形式. 这种非参数方法的优点是可以根据观测数据的实际情况灵活地反映基础过程的统计特征, 避免了由模型设定引起的不稳健性, 使预测更加客观.

为了让读者对问题的背景有一个直观的了解, 同时也为了对我们以后所提出的非参数法的效率进行评估, 需了解一些模型的参数推断方法. 本章将扼要介绍几个典型的连续时间金融模型, 并讨论其参数估计、轨道模拟及模型设定检验问题.

3.1.1 几何 Brown 运动(GBM)

几何 Brown 运动是 Black-Schole 首先提出, 用于描述资产价格演化过程的经典模型, 也是衍生证券定价及套期保值、投资组合、保险定价、风险度量等金融问题中最常用的模型.

假定基础资产价格 S_t 服从

$$dS_t = S_t(\sigma dB_t + \mu dt), \quad S_0 \text{已知}, \tag{3.1.1}$$

式中 μ, σ 为常数, $\{B_t\}$ 为 Brown 运动. 我们需要根据 S_t 的一段历史数据 $S_{t_1}, \cdots, S_{t_n}$ 估计未知参数 μ, σ. 由 Itô 公式,

$$d \ln S_t = \left(\mu - \frac{1}{2}\sigma^2\right)dt + \sigma dB_t,$$

其离散化表示为
$$\ln S_{t_{i+1}} - \ln S_{t_i} = \left(\mu - \frac{1}{2}\sigma^2\right)(t_{i+1} - t_i) + \sigma\left(B_{t_{i+1}} - B_{t_i}\right).$$

不妨设 $S_{t_1}, \cdots, S_{t_n}$ 为等间隔采样, 记 $\Delta_n = t_{i+1} - t_i$, 易见
$$\ln S_{t_{i+1}} - \ln S_{t_i} \sim N\left(\left(\mu - \frac{1}{2}\sigma^2\right)\Delta_n, \sigma\sqrt{\Delta_n}\right),$$

其中 $N(\mu, \sigma)$ 代表均值为 μ, 标准差为 σ 的正态分布. 于是, 记
$$\Delta \ln S_i = \ln S_{t_{i+1}} - \ln S_{t_i},$$

则参数 μ, σ 的极大似然估计为
$$\hat{\sigma} = \sqrt{\frac{1}{n\Delta_n}\sum_{i=1}^{n}\left(\Delta \ln S_i - \frac{1}{n}\sum_{i=1}^{n}\Delta \ln S_i\right)^2}, \quad \hat{\mu} = \frac{1}{n\Delta_n}\sum_{\tau=1}^{n}\Delta \ln S_i + \frac{1}{2}\hat{\sigma}^2. \quad (3.1.2)$$

而在 $\ln S_{t_i} = x$ 条件下, $\ln S_{t_{i+1}}$ 的转移概率密度为
$$p\left(\Delta_n, \ln S_{t_{i+1}} | \ln S_{t_i}\right) = \frac{1}{\sqrt{2\pi\Delta_n}\sigma}\exp\left\{-\frac{1}{2\sigma^2\Delta_n}\left(\ln S_{t_{i+1}} - \left(\mu + \frac{\sigma^2}{2}\right)\Delta_n - \ln S_{t_i}\right)^2\right\}. \tag{3.1.3}$$

可以利用上述转移概率密度模拟过程 $\{S_t\}$ 的轨道, 也可对模型进行检验.

3.1.2 Vasicek 模型

Vasicek 模型也叫 Ornstein-Uhlenbeck 过程(简称 OU 过程), 是 Vasicek 于 1977 年提出的用于描述利率期限结构的模型[1]. 设 r_t 表示即期利率, 满足随机微分方程:
$$dr_t = \beta(\theta - r_t)dt + \sigma dB_t, \tag{3.1.4}$$

其中参数 θ, β, σ 都是大于 0 的常数. 方程 (3.1.4) 的解为
$$r_t = r_0 e^{-\beta t} + \theta\left(e^{-\beta t} - 1\right) + \sigma\int_0^t e^{\beta(s-t)}dB_s. \tag{3.1.5}$$

于是
$$E(r_t) = r_0 e^{-\beta t} + \theta\left(e^{-\beta t} - 1\right), \quad \text{Var}(r_t) = \frac{\left(1 - e^{-2\beta t}\right)\sigma^2}{2\beta}. \tag{3.1.6}$$

易见, 当 $t \to \infty$ 时,
$$E(r_t) \to \theta, \quad \text{Var}(r_t) \to \frac{\sigma^2}{2\beta}, \quad \rho_{r_t r_{t+\Delta}} \to e^{-\beta\Delta}. \tag{3.1.7}$$

(3.1.7) 式表明, r_t 围绕其长期水平 θ 上下波动, 其回复到长期水平 θ 的速度由参数 β 决定.

由 (3.1.5) 及 (3.1.7) 还可看出, OU 过程是正态过程, 当 $t \to \infty$ 时有稳定的分布. 为了估计模型中的参数, 注意到时间间隔为 Δ 的连续 n 个时刻状态 $\vec{r} = (r_{t_1}, \cdots, r_{t_n})'$ 的联合分布为 $N(\theta\vec{1}, \Sigma)$. 其中 $\vec{1}$ 为 n 维单位向量, $\Sigma = (\sigma_{ij})_{n\times n}$, $\sigma_{ij} = \dfrac{\sigma^2}{2\beta}e^{-\beta|i-j|\Delta}$. 基于 n 维联合密度的似然函数为

$$L_n(\theta, \beta, \sigma) = \frac{1}{(2\pi)^{\frac{n}{2}}|\Sigma|^{\frac{1}{2}}}\exp\left\{-\frac{1}{2}\left(\vec{r}-\theta\vec{1}\right)'\Sigma^{-1}\left(\vec{r}-\theta\vec{1}\right)\right\}. \tag{3.1.8}$$

利用似然函数 (3.1.8), 我们可用用数值方法, 寻找未知参数 (θ, β, σ) 的极大似然估计值.

注 过程处于稳定状态时, $r_t \sim N\left(\theta, \sigma^2/2\beta\right)$, 此时, 所有时刻的状态以 99% 以上的概率落在 $\theta \pm 3\sigma/\sqrt{2\beta}$ 的带状区域之内. 因而可通过查看是否所有观察值都落在某个带状区域内来判断过程是否处于稳定状态.

另一方面, 在 (3.1.4) 中, 令 $x_t = \theta - r_t$ 对, 则模型化为

$$dx_t = -\beta x_t dt - \sigma dB_t. \tag{3.1.9}$$

对模型 (3.1.9), 文献 [2] 给出了参数 β, σ 的具有非负性与相合性的估计量: 将区间 $[0, n]$ 等分为 n^2 个小区间, 记 $t_i = \dfrac{i}{n}, i = 1, \cdots, n^2$, 则有

定理 3.1.1 当 $n \to \infty$ 时,

(i) $\dfrac{1}{n^2}\sum\limits_{i=1}^{n^2}(X_{t_i})^2 \xrightarrow{P} \dfrac{\sigma^2}{2\beta}$;

(ii) $\dfrac{1}{n}\sum\limits_{i=2}^{n^2}\left(X_{t_i} - X_{t_{i-1}}\right)^2 \to \sigma^2$ a.s.;

(iii) $\dfrac{n\sum\limits_{i=2}^{n^2}\left(X_{t_i} - X_{t_{i-1}}\right)^2}{2\sum\limits_{i=1}^{n^2}(X_{t_i})^2} \xrightarrow{P} \beta$.

现假定我们有 $[0, T]$ 时段内短期利率的等间隔观察数据 $r_i, i = 1, \cdots, n^2$, 注意选取数据个数使之能表示成某整数 n 的平方. 根据定理 3.1.1, 结合 (3.1.7), 可按如下步骤估计参数 θ, β, σ:

第 1 步. 利用全部数据的平均值估计长期利率水平 θ: $\hat{\theta} = \dfrac{1}{n^2}\sum\limits_{i=1}^{n^2}r_i$;

第 2 步. 令 $X_i = \hat{\theta} - r_i$, 则参数 β, σ^2 的相合估计量为

$$\hat{\beta} = \frac{n\sum_{i=2}^{n^2}(X_i - X_{i-1})^2}{2\sum_{i=1}^{n^2}X_i^2}, \quad \hat{\sigma}^2 = \frac{1}{n}\sum_{i=2}^{n^2}(X_i - X_{i-1})^2, \tag{3.1.10}$$

并且从估计量的构造可见, 这两个估计量都是非负的.

由于 OU 过程是正态过程, 用它来描述利率有一定的缺点, 即可能出现利率取负值的情况, 但对于较大的 θ, 出现利率为负值的概率是非常低的, 因此, 仍有不少文献用 OU 过程描述瞬时无风险利率或利率期限的结构.

3.1.3 Cox-Ingersoll-Ross 模型

针对 Vasicek 模型可能使得利率出现负值的情况, Cox, Ingersoll 和 Ross[3] 在 1985 年提出用 Cox-Ingersoll-Ross 模型 (简称 CIR 模型), 用于描述瞬时利率的演化规律:

$$dr_t = \alpha(m - r_t)dt + \beta\sqrt{r_t}dB_t, \quad 0 \leqslant t \leqslant T, \tag{3.1.11}$$

其中, α 表示利率均值回复速度, m 表示长期均值, β 表示波动率, B_t 为一维 Brown 运动. Cox, Ingersoll 和 Ross 指出 [4], 当三个参数 α, m, β 都大于 0 时, 可保证过程 r_t 具有平稳分布且状态非负, 适于描述利率的期限结构及随机波动率. 文献 [3] 还给出了对任意两个时刻 $s < t, r_t$ 的转移概率密度为

$$p(r_s, s, r_t, t) = ce^{-u-v}\left(\frac{u}{v}\right)^{\frac{q}{2}}I_q(2(uv)^{\frac{1}{2}}), \tag{3.1.12}$$

式中 $c = \dfrac{2\alpha}{\beta^2}$, $[1 - e^{-\alpha(t-s)}]^{-1}u = cr_se^{-\alpha(t-s)}$, $v = cr_t$, $q = \dfrac{2\alpha m}{\beta^2} - 1$, I_q 为 q 阶第一类修正 Bessel 函数.

由 (3.1.8) 直接计算可得 [3], 对任意两个时刻 $s < t, r_t$ 关于 r_s 的条件期望为

$$E(r_t|r_s) = e^{-\alpha(t-s)}r_s + m(1 - e^{-\alpha(t-s)}), \tag{3.1.13}$$

且根据文献 [5], r_t 具有平稳分布密度为

$$f(x) = \begin{cases} \dfrac{\beta^2}{4m\alpha \cdot 2^{2\alpha m/\beta^2}\Gamma\left(\dfrac{2m\alpha}{\beta^2}\right)}\left(\dfrac{4\alpha}{\beta^2}x\right)^{\frac{2m\alpha}{\beta^2} - 1}e^{-\frac{2m\alpha}{\beta^2}x}, & x \geqslant 0, \\ 0, & x < 0. \end{cases} \tag{3.1.14}$$

易见, 当 $d = \dfrac{4\alpha m}{\beta^2}$ 为整数时, $\dfrac{4\alpha}{\beta^2}r_t$ 服从自由度为 $d = \dfrac{4\alpha m}{\beta^2}$ 的 χ^2 分布, 其平稳均

值和平稳方差分别为

$$E(r_t) = m, \quad \text{Var}(r_t) = \frac{\beta^2}{2\alpha}m. \tag{3.1.15}$$

在平稳状态下,我们可以获得参数 m 的广义矩估计,但参数 α, β 与不同时刻状态的相依结构有关,必须通过不同时刻状态的相依关系确定.

下面先考虑 CIR 模型参数的最小二乘估计. 设 $\{r_{t_i}, i=1,\cdots,n\}$ 是满足模型 (3.1.11) 的过程 $\{r_t\}$ 的等间隔 Δ_n 的观察值. 将模型 (3.1.7) 离散化表示为

$$r_{t_{i+1}} - r_{t_i} = \alpha(m - r_{t_i})\Delta_n + \beta\sqrt{r_{t_i}}\varepsilon_i, \tag{3.1.16}$$

其中 $\varepsilon_i \sim N(0, \Delta_n)$. 为便于用最小二乘法估计参数 θ, (3.1.12) 可表示成

$$\frac{r_{t_{i+1}} - r_{t_i}}{\sqrt{r_{t_i}}} = \frac{\alpha(m - r_{t_i})\Delta_n}{\sqrt{r_{t_i}}} + \beta\varepsilon_i. \tag{3.1.17}$$

于是,漂移项中参数的最小二乘估计为[6]

$$(\hat{\alpha}_0, \hat{m}_0) = \arg\min_{\alpha,m} \sum_{i=1}^{n-1} \left(\frac{r_{t_{i+1}} - r_{t_i}}{\sqrt{r_{t_i}}} - \frac{\alpha(m - r_{t_i})\Delta_n}{\sqrt{r_{t_i}}} \right)^2, \tag{3.1.18}$$

解得

$$\hat{\alpha}_0 = \frac{n^2 - 2n + 1 + \sum_{i=1}^{n-1} r_{t_{i+1}} \sum_{i=1}^{n-1} \frac{1}{r_{t_i}} - \sum_{i=1}^{n-1} r_{t_i} \sum_{i=1}^{n-1} \frac{1}{r_{t_i}} - (n-1)\sum_{i=1}^{n-1} \frac{r_{t_{i+1}}}{r_{t_i}}}{\left(n^2 - 2n + 1 - \sum_{i=1}^{n-1} r_{t_i} \sum_{i=1}^{n-1} \frac{1}{r_{t_i}} \right) \Delta_n}, \tag{3.1.19}$$

$$\hat{m}_0 = \frac{(n-1)\sum_{i=1}^{n-1} r_{t_{i+1}} - \sum_{i=1}^{n-1} \frac{r_{t_{i+1}}}{r_{t_i}} \sum_{i=1}^{n-1} r_{t_i}}{n^2 - 2n + 1 + \sum_{i=1}^{n-1} r_{t_{i+1}} \sum_{i=1}^{n-1} \frac{1}{r_{t_i}} - \sum_{i=1}^{n-1} r_{t_i} \sum_{i=1}^{n-1} \frac{1}{r_{t_i}} - (n-1)\sum_{i=1}^{n-1} \frac{r_{t_{i+1}}}{r_{t_i}}}. \tag{3.1.20}$$

而扩散项中的参数 β 可通过残差项的标准差来估计,即令

$$E_i = \frac{r_{t_{i+1}} - r_{t_i}}{\sqrt{r_{t_i}}} - \frac{\alpha(m - r_{t_i})\Delta_n}{\sqrt{r_{t_i}}}, \quad i = 1,\cdots,n, \tag{3.1.21}$$

以 S_E 表示 $\{E_i\}$ 的样本标准差,则

$$\hat{\beta}_0 = \frac{S_E}{\sqrt{\Delta_n}}. \tag{3.1.22}$$

模拟分析将表明,当采样间隔 Δ_n 固定,且 $n \to \infty$ 时,(3.1.19)~(3.1.22) 作为参数 θ 的估计具有很好的精度,但对高频数据估计效果较差. 也就是说参数 θ 的最

小二乘估计当 $\Delta_n \to 0$ 时并不满足相容性. 对于高频数据, 或者样本容量较小的情况下, 可以考虑参数 $\theta = (\alpha, m, \beta)$ 的极大似然估计.

根据文献 [3], 基于转移密度的似然函数可定义为

$$L_n(\theta) = \prod_{i=1}^{n-1} p(r_{t_{i+1}}, t_{i+1}|r_{t_i}, t_i, \theta), \tag{3.1.23}$$

于是, CIR 过程的对数似然函数为

$$\ln L_n(\theta) = \sum_{i=1}^{n-1} \ln p(r_{t_{i+1}}, t_{i+1}|r_{t_i}, t_i, \theta)$$

$$= (n-1)\ln c + \sum_{i=1}^{n-1} (-u_i - v_i + 0.5q(\ln u_i - \ln v_i))$$

$$+ \ln \{I_q(2\sqrt{u_i v_i}\}, \tag{3.1.24}$$

其中 $c = \frac{2\alpha}{\beta^2}[1 - e^{-\alpha(t-s)}]^{-1}$, $u_i = cr_{t_i}e^{-\alpha\Delta_n}$, $v_i = cr_{t_{i+1}}$. 我们通过求对数似然函数 (3.1.24) 的最大值点确定参数 $\theta = (\alpha, m, \beta)$ 的极大似然估计, 即

$$\hat{\theta} = \left(\hat{\alpha}, \hat{m}, \hat{\beta}\right) = \arg\max_{\theta} \ln L_n(\theta). \tag{3.1.25}$$

上述优化问题涉及对包含 Bessel 函数的复杂函数求最大值点的问题, 无法给出显式解, 我们可用数值法找出上述对数似然函数的最大值点, 例如可用上述参数的最小二乘估计值作为逼近算法的初值, 用 MATLAB 中的 fminsearch 函数搜寻局部极值点.

注 在 MATLAB 中, 似然函数中的第一类修正 Bessel 函数的数值计算收敛速度较慢, 注意到 $2cr_{t_{i+1}}$ 关于 r_{t_i} 的条件分布恰好是自由度为 $2q+2$, 非中心参数为 $2u$ 的非中心 χ^2 分布, 我们建议用 MATLAB 中的 ncx2cdf 函数计算似然函数.

3.1.4 方差常弹性模型

方差常弹性模型简称为 CEV 模型, 是几何布朗运动的一个自然扩充, 它假定波动率弹性为常数, 即假设风险资产价格满足:

$$dS_t = \mu S_t dt + \sigma S_t^\beta dB_t, \quad 0 \leqslant \beta < 2, \tag{3.1.26}$$

式中 B_t 为 Brown 运动, μ, σ, β 为常数. 参数 β 称为方差弹性因子, 因为收益方差 $v(S_t) = \sigma^2 S_t^{2(\beta-1)}$, 关于价格 S 有 $\frac{dv(S_t)}{v(S_t)} = 2(\beta-1)\frac{dS_t}{S_t}$. 当 $\beta = 1$ 时, 弹性为零, 股票价格服从对数正态分布, 对应几何 Brown 运动模型. 当 $\beta = \frac{1}{2}$ 时, 弹性为 -1,

模型的波动项与 CIR 模型相同. 弹性因子 β 是决定价格与收益的波动率之间关系的关键指标, 如果 $\beta > 1$, 显示价格与波动率之间呈正相关关系, 即价格越高, 收益的波动率越大. 当 $0 < \beta < 1$ 时, 显示价格与波动率之间呈负相关关系, 即价格越高, 收益的波动率反而越小. CEV 模型的经济含义是: 所有公司都存在与经营业绩无关的固定成本, 当公司股票价格下降时, 可以设想公司经营业绩下降, 且固定成本具有增加波动率的效果; 当公司股票价格上升时, 相反的情况发生, 固定成本具有减少波动率的效果. 因而, 股票价格与收益的波动率之间应存在着一定的负相关, 许多实证分析[6]也证实了这一点, 因此, 我们在后面的研究中取 $\beta \in (0,1]$.

CEV 模型下股票收益的波动率表现出倾斜的现象, 更符合金融市场的要求, 对波动率为常数的几何 Brown 运动假设是一个好的改进, 在数据拟合上具有一定的优势, 被研究者们广泛应用.

考虑 CEV 模型的参数估计问题, 设 $S_{t_i}(i=1,\cdots,n)$ 是 CEV 过程在 $[0,T]$ 内的离散观察值, 采样间隔 $\Delta_n = \dfrac{T}{n}$. 在 3 个参数中, 参数 β 的取值是个关键, 如果 $\beta = 1$, 则参数 μ 的估计与几何 Brown 运动一致. 假定 $\beta \neq 1$, 对 (3.1.26) 用 Itô 公式, 得

$$dS_t^{1-\beta} = (1-\beta) S_t^{-\beta} \left[\mu S_t dt + \sigma S_t^\beta dB_t \right] - \frac{\beta}{2}(1-\beta) S_t^{-\beta-1}\sigma^2 S_t^{2\beta} dt$$

$$= (1-\beta) \left[\mu S_t^{1-\beta} - \frac{\sigma^2 \beta}{2} S_t^{\beta-1} \right] dt + \sigma(1-\beta) dB_t, \quad (3.1.27)$$

其离散化表示为

$$S_{t_{i+1}}^{1-\beta} - S_{t_i}^{1-\beta} = (1-\beta) \left[\mu S_{t_i}^{1-\beta} - \frac{\sigma^2 \beta}{2} S_t^{\beta-1} \right] \Delta_n + \sigma(1-\beta)\left(B_{t_{i+1}} - B_{t_i}\right).$$

假定观察间隔足够小, 即 $\Delta_n \to 0$, 于是, 近似有

$$\frac{S_{t_{i+1}}^{1-\beta} - S_{t_i}^{1-\beta}}{1-\beta} \approx \sigma\left(B_{t_{i+1}} - B_{t_i}\right). \quad (3.1.28)$$

易见, (3.1.28) 式右边服从标准差为 $\sigma^2 \Delta_n$ 的高斯分布.

对 (3.1.28) 式中的参数 β 和 σ, 我们提出一种基于估计方程的估计方法. 考虑下述无偏估计方程:

$$\sum_{i=1}^{n-1} \left(S_{t_{i+1}}^{1-\beta} - S_{t_i}^{1-\beta}\right)^3 = 0, \quad (3.1.29)$$

$$\sum_{i=1}^{n-1} \left[\left(\frac{S_{t_{i+1}}^{1-\beta} - S_{t_i}^{1-\beta}}{1-\beta}\right)^2 - \sigma^2 \Delta_n^2\right] = 0. \quad (3.1.30)$$

对于方程 (3.1.29), 可采用 Newton 法求解 β. 给定初始值 $\beta^{(0)}$,

$$\beta^{(k+1)} = \beta^{(k)} - \left[\sum_{i=1}^{n-1} \frac{\partial U_i}{\partial \beta}\right]_{\beta=\beta^{(k)}}^{-1} \sum_{i=1}^{n-1} g_i, \quad (3.1.31)$$

其中 $g_i = \left(\dfrac{S_{t_{i+1}}^{1-\beta} - S_{t_i}^{1-\beta}}{1-\beta}\right)^3$, 然后把求得的 β 代入 (3.1.30), 可得

$$\hat{\sigma} = \sqrt{\frac{1}{(n-1)(1-\beta)^2 \Delta_n^2} \sum_{i=1}^{n-1} \left(\frac{S_{t_{i+1}}^{1-\beta} - S_{t_i}^{1-\beta}}{1-\beta}\right)^2}. \quad (3.1.32)$$

以下两个定理给出了上述参数估计量的大样本性质. 首先约定符号, 令 $\theta = (\beta, \sigma), \theta \in \Theta$, 假定 θ_0 是 θ 的真实值,

$$\psi(W_i, \theta) = \begin{pmatrix} S_{t_{i+1}}^{1-\beta} - S_{t_i}^{1-\beta} \\ \left(\dfrac{S_{t_{i+1}}^{1-\beta} - S_{t_i}^{1-\beta}}{1-\beta}\right)^2 - \sigma^2 \Delta_n^2 \end{pmatrix},$$

其中 $W_i = S_{t_{i+1}}^{1-\beta} - S_{t_i}^{1-\beta}$. 令 $W = (W_1, \cdots, W_{n-1}), U_{n-1}(W, \theta) = \sum\limits_{i=1}^{n-1} \psi(W_i, \theta)/(n-1), \hat{\theta}_{n-1}$ 是方程 $U_{n-1}(W, \theta) = 0$ 的解.

定理 3.1.2 假定下列的条件成立:

(1) W_i 独立同分布, $i = 1, \cdots, n-1$;

(2) Θ 是紧集;

(3) 对于任意的 $\theta \in \Theta$, $\psi(W, \theta)$ 依概率 1 连续, 并且存在 $d(W_i)$ 对于任意的 $\theta \in \Theta$ 满足 $\|\psi(W_i)\| \leqslant d(W_i)$ 和 $E_{\theta_0}[d(W_i)] < \infty$, 其中 $\|\cdot\|$ 表示 Euclid 模, 即若 $A = [a_{jk}]$, 则 $\|A\| = \left(\sum\limits_{jk} a_{jk}^2\right)^{\frac{1}{2}}$;

(4) $U_0(\theta = 0)$ 有唯一解, 其中 $U_0(\theta) = E_{\theta_0}[\psi(W_i)], \theta_0 \in \Theta$;

则 $\hat{\theta}_{n-1} \xrightarrow{p} \theta_0$.

定理 3.1.3 假定定理 3.1.1 的条件和下列的条件成立:

(1) θ_0 是 Θ 的内点;

(2) $\psi(W_i, \theta)$ 在 θ_0 的一个邻域 Θ_0 依概率 1 连续可微;

(3) $\Sigma(\theta_0) = E_{\theta_0}[\psi(W_i, \theta_0)\psi(W_i, \theta_0)^{\mathrm{T}}]$ 是有界的, 即 $\|\Sigma(\theta_0)\| < \infty$;

(4) $E_{\theta_0}\left[\text{SUP}_{\theta \in \Theta_0} \left\|\dfrac{\partial \psi(W_i)}{\partial \theta^{\mathrm{T}}}\right\|\right] < \infty$;

(5) $H(\theta) = E_{\theta_0}\left[\dfrac{\partial \psi(W_i)}{\partial \theta^{\mathrm{T}}}\right]$ 在 θ_0 是非奇异的.

则 $\sqrt{n-1}(\hat{\theta}_{n-1} - \theta_0) \xrightarrow{d} N(0, H^{-1}\Sigma(H^{-1})^{\mathrm{T}})$, 其中 $H = H(\theta_0), \Sigma = \Sigma(\theta_0)$.

推论 3.1.4 令 $D_\theta = \partial U_{n-1}(W, \theta)/\partial \theta^{\mathrm{T}}$, $V_\theta = \sum\limits_{i=1}^{n-1} \psi(W_i, \theta_0)\psi(W_i, \theta_0)^{\mathrm{T}}/(n-1)$, 若定理 2 的条件满足且条件 $E_{\theta_0}[\mathrm{SUP}_{\theta \in \Theta_0} \|\psi(W_i, \theta_0)\psi(W_i, \theta_0)^{\mathrm{T}}\|] < \infty$ 成立, 则

$$D_\theta^{-1} V_\theta (D_\theta^{-1})^{\mathrm{T}}|_{\theta = \hat{\theta}_{n-1}} \xrightarrow{p} H^{-1}\Sigma(H^{-1})^{\mathrm{T}}.$$

以上定理和推论的证明参见文献 [7].

在本书的配书光盘中, 我们以 MATLAB 函数的形式给出了以上前四种模型的参数估计, 供读者选用. 具体使用方法见配书光盘的说明.

3.2 几个典型的连续时间模型样本轨道的模拟

在经验分析中, 样本轨道的模拟是不可避免的, 对于转移密度已知的参数模型, 利用其转移密度模拟样本轨道应是首选, 本节介绍几种典型的连续金融时间模型的样本轨道模拟方法, 为金融实证提供参考.

3.2.1 几何 Brown 运动

考虑几何 Brown 运动

$$dS_t = S_t(\sigma dB_t + \mu dt), \tag{3.2.1}$$

式中 μ, σ 为常数, $\{B_t\}$ 为 Brown 运动. 我们需要从某个初值 S_0 出发, 模拟出 S_t 的一条采样间隔为 Δ_n 的样本轨道 $S_{t_1}, \cdots, S_{t_n}$. 由 1.2 节的分析可知, 在任意时刻 t_i,

$$\ln S_{t_{i+1}} - \ln S_{t_i} \sim N\left(\left(\mu - \dfrac{1}{2}\sigma^2\right)\Delta_n, \sigma\sqrt{\Delta_n}\right),$$

且 $\ln S_{t_1}, \cdots, \ln S_{t_n}$ 是独立增量过程, 于是可按如下步骤生成几何 Brown 运动的样本轨道:

第 1 步. 模拟产生 n 个独立的 $N\left(\left(\mu - \dfrac{1}{2}\sigma^2\right)\Delta_n, \sigma^2\Delta_n\right)$ 随机数 $\{D\ln S_i, i = 1, \cdots, n\}$;

第 2 步. 递推生成几何 Brown 运动的样本轨道:

$$\ln S_{t_1} = \ln S_0 + D\ln S_1,$$
$$\ln S_{t_{i+1}} = \ln S_{t_i} + D\ln S_{i+1}, \quad i = 1, \cdots, n-1. \tag{3.2.2}$$

以上步骤可通过调用配书光盘中的几何 Brown 运动样本轨道模拟函数 GEO_Brown( ) 实现.

3.2.2 Vasicek 模型

考虑 Vasicek 模型

$$dr_t = \beta(\theta - r_t)dt + \sigma dB_t, \tag{3.2.3}$$

令 $x_t = e^{\beta t}(\theta - r_t)$，则由 Itô 公式,

$$dx_t = \beta e^{\beta t}(\theta - r_t)dt - e^{\beta t}(\beta(\theta - r_t)dt + \sigma dB_t) = -\sigma e^{\beta t}dB_t, \tag{3.2.4}$$

故有

$$x_{t_{i+1}} = x_{t_i} - \sigma \int_{t_i}^{t_{i+1}} e^{\beta s}dB_s, \tag{3.2.5}$$

其中 $\int_{t_i}^{t_{i+1}} e^{\beta s}dB_s, i = 1, \cdots, n$ 独立且服从正态分布,

$$E\left(\int_{t_i}^{t_{i+1}} e^{\beta s}dB_s\right) = 0, \quad \text{Var}\left(\int_{t_i}^{t_{i+1}} e^{\beta s}dB_s\right) = \int_{t_i}^{t_{i+1}} e^{2\beta s}ds = \frac{1}{2\beta}\left(e^{2\beta t_{i+1}} - e^{2\beta t_i}\right).$$

于是, 我们可以按如下步骤生成 Vasicek 过程的样本轨道:

第 1 步. 按如下递推公式模拟产生 $\{x_t\}$ 的样本轨道:

$$x_{t_{i+1}} = x_{t_i} - \sigma Z(t_i, t_j), \quad i = 0, 1, \cdots, n-1, \tag{3.2.6}$$

其中 $Z(t_i, t_{i+1})$ 为 $N\left(0, \sqrt{\frac{1}{2\beta}\left(e^{2\beta t_{i+1}} - e^{2\beta t_i}\right)}\right)$ 正态随机数.

第 2 步. $r_{t_i} = \theta - e^{-\beta t_i}x_{t_i}, i = 1, \cdots, n.$

以上步骤可以通过调用配书光盘中的 OU 过程轨道模拟函数 OU_SAMPLE() 实现.

3.2.3 Cox-Ingersoll-Ross 模型

考虑 CIR 模型

$$dr_t = \alpha(m - r_t)dt + \beta\sqrt{r_t}dB_t, \quad 0 \leqslant t \leqslant T. \tag{3.2.7}$$

我们已经在 1.2 节中指出, $2cr_{t_{i+1}}$ 关于 r_{t_i} 的条件分布恰好是自由度为 $2q+2$、非中心参数为 $2u$ 的非中心 χ^2 分布. 据此, 我们可按以下方式递推生成 $\{r_t\}$ 的样本轨道: 给定初值 r_0, 对每个 $t_i = i\Delta_n, i = 1, \cdots, n$, 令 $c = \frac{2\alpha}{\beta^2}[1 - e^{-\alpha\Delta}]^{-1}, u_i = cr_{t_i}e^{-\alpha\Delta_n}$,

$q = \frac{2\alpha m}{\beta^2} - 1$. 生成一个自由度为 $2q+2$, 非中心参数为 $2u_i$ 的非中心 χ^2 分布随机数 $\chi(2q+2, 2u_i)$, 则 $r_{t_{i+1}} = \frac{1}{2c}\chi(2q+2, 2u_i), i = 1, \cdots, n$.

以上运算可通过配书光盘中的 CIR_SAMPLE 函数实现.

3.2.4 CEV 模型

考虑 CEV 模型,

$$dS_t = \mu S_t dt + \sigma S_t^\beta dB_t, \quad 0 \leqslant \beta < 2, \tag{3.2.8}$$

由 (3.1.27) 式,

$$S_{t_{i+1}}^{1-\beta} = S_{t_i}^{1-\beta} + \int_{t_i}^{t_{i+1}} (1-\beta)\left[\mu S_t^{1-\beta} - \frac{\sigma^2 \beta}{2} S_t^{\beta-1}\right] dt + \sigma(1-\beta)(B_{t_{i+1}} - B_{t_i}),$$

其中 $(B_{t_{i+1}} - B_{t_i}) \sim N(0, \sqrt{\Delta_n})$, 当采样间隔 Δ_n 足够小时有

$$S_{t_{i+1}}^{1-\beta} \approx S_{t_i}^{1-\beta} + (1-\beta)\left[\mu S_{t_i}^{1-\beta} - \frac{\sigma^2 \beta}{2} S_{t_i}^{\beta-1}\right]\Delta_n + \sigma(1-\beta)(B_{t_{i+1}} - B_{t_i}). \tag{3.2.9}$$

上式本身就是模拟生成 CEV 过程的样本轨道的递推公式. 以上递推过程可通过配书光盘中的 CEV_SAMPLE 函数实现.

3.3 连续时间金融模型设定检验

关于连续时间金融模型设定检验的开拓性工作是 Ait-Sahalia[8] 在 1996 年提出的对扩散过程的非参数检验法 (简记为 AIT 检验), Ait-Sahalia 指出, 扩散过程的边缘密度完全是由漂移和扩散系数决定的, 因而可根据由离散数据得到的漂移和扩散系数的非参数估计算出边缘密度的非参数估计, 再将边缘密度估计和由模型决定的理论边缘密度相比较, 构造出检验统计量, 并证明该统计量具有渐近正态性. 这种检验法的优点是检验统计量的构造简单, 对于具有不变边缘分布的过程检验效果尚可. 但是, 边际密度函数并不能完全表示出基础变量过程的动态特征, 它无法辨别两个具有相同边际密度函数, 而转移密度函数不同的过程. Pritsker[9] 采用经验相关 Vasicek 模型发现, 检验有过分拒绝零假设的趋势.

对 AIT 检验法的改进思路自然是用基于转移密度的检验代替基于边缘密度的检验, 因为扩散过程是 Markov 过程, 转移密度包含了过程的全部信息. 基于这种思路, Hong 等 [10] 于 2005 年提出了由转移密度积分变换所确定的广义残差构造检验统计量的非参数检验法 (简记为 HONG 检验), 其基本观点是假如模型正确设定, 由数据的转移分布函数定义的 "广义残差" 序列应该是独立同分布的 $U[0,1]$ 序列. 他

们通过考察广义残差序列中给定时间间隔的两个状态的联合密度核估计值是否接近 1, 来检验模型广义残差序列的独立同分布 $U[0,1]$ 假设. 这种检验法的提出在模型设定检验领域是一个突破性的进展, 首先, 由于转移密度的使用, 使得检验统计量包含了有关基础变量过程更全面的信息, 有效弥补了 AIT 检验法容易丢失与零假设模型具有相同边缘密度的可选方案的缺陷. 同时, 由于对模型正确设定下的广义残差序列没有相依性, 其非参数密度估计在有限样本中有更好的表现. 其次, 由于该检验法是对转移密度而不是基础过程的随机微分方程赋予正则条件, 其检验适用面更广: 除了单变量时齐扩散模型, 对于更多的连续时间或离散时间模型, 如非时齐扩散、随机波动率、跳跃扩散和多变量扩散模型都可适用. 该方法提供了一个统一的框架, 通过检验广义残差序列是否为独立同分布 $U[0,1]$ 序列, 来判定模型是否正确设定. 不过, 在几何 Brown 运动的模型设定检验的一些模拟分析表明, 该检验法在一定程度上有过分接受零假设的趋势 [9]. 究其原因, 可能是由于检验统计量的结构所致. 注意到 HONG 检验统计量的主要因子包含了广义残差序列中对应两个时刻状态的二维联合密度的非参数估计, 尽管从理论上证明了估计量的相合性, 但在有限样本情形, "维数灾难" 效应不容忽略. 为此, 我们提出一种改进的方法, 检验的原理与 HONG 检验相同, 仍是通过检验设定参数模型的广义残差序列是否独立同 $U[0,1]$ 分布, 考察设定模型假设的正确性. 但我们不采用联合概率密度的非参数估计, 而是通过列联表 χ^2 拟合优度检验实现对广义残差序列的检验. 我们将这种改进的方法称为广义残差拟合优度检验.

3.3.1 广义残差拟合优度检验

设状态变量 X_t 满足连续时间扩散过程

$$dX_t = \mu_0(X_t)\, dt + \sigma_0(X_t)\, dB_t, \tag{3.3.1}$$

这里 $\mu_0(X_t)$ 和 $\sigma_0(X_t)$ 都是真实的漂移和扩散系数, B_t 是标准布朗运动. 通常假定 $\mu_0(X_t)$ 和 $\sigma_0(X_t)$ 属于某个参数集:

$$\mu_0 \in M_\mu = \{\mu(\cdot,\theta), \theta \in \Theta\} \text{ 和 } \sigma_0 \in M_\sigma = \{\sigma(\cdot,\theta), \theta \in \Theta\},$$

这里 Θ 是一个有限维的参数空间. 分别称模型 M_μ 和 M_σ 分别有漂移系数 $\mu_0(X_t)$ 和扩散系数 $\sigma_0(X_t)$ 正确设定, 如果存在某 $\theta_0 \in \Theta$, 使得

$$H_0: P\{\mu(X_t,\theta_0) = \mu_0(X_t), \sigma(X_t,\theta_0) = \sigma_0(X_t)\} = 1. \tag{3.3.2}$$

备择假设是对所有 $\theta \in \Theta$, 均有

$$H_A: P\{\mu(X_t,\theta) = \mu_0(X_t), \sigma(X_t,\theta) = \sigma_0(X_t)\} < 1. \tag{3.3.3}$$

3.3 连续时间金融模型设定检验

我们面临的问题是，根据过程 $\{X_t\}$ 在 $[0,T]$ 时段内的离散样本 $X_{t_1},\cdots,X_{t_n}$，检验关于连续时间模型的设定假设 H_0.

最直接的检验法是构造 $\mu_0(\cdot),\sigma_0(\cdot)$ 的非参数估计量, 通过与设定模型的漂移函数与扩散函数对比实现设定模型的检验. 但目前漂移系数非参数估计量的相容性较差, 这种直接比较法的检验目前尚很难达到预期的水平和功效. 下面我们考虑一种迂回的方法, 通过转移密度积分变换构造检验统计量.

令 $p_0(x,t+\Delta|y,t)$ 是 X_t 的转移密度, 即 $t\in[0,T]$, 在给定 $X_t=y$ 条件下 $X_{t+\Delta}$ 的条件密度. 对于扩散过程 (3.3.1), 给定漂移系数 $\mu(X_t,\theta)$ 和扩散系数 $\sigma(X_t,\theta)$, 则转移密度集 $\{p(x,t+\Delta|y,t)\}$ 就随之确定. 当且仅当 (3.3.2) 成立时, 存在某一 $\theta_0\in\Theta$, 使得 $p(x,t+\Delta|y,t,\theta_0)=p_0(x,t+\Delta|y,t)$, 对于几乎所有的 $t\in[0,T]$ 成立. 于是, (3.3.2) 与 (3.3.3) 的原假设与备择假设可以等价地写成

$$H_0: \exists \theta_0 \in \Theta, \text{a.e.} t\in[0,T], p_0(x,t+\Delta|y,t)=p(x,t+\Delta|y,t,\theta_0), \qquad (3.3.4)$$

$$H_A: \forall \theta \in \Theta, \text{某些 } t\in[0,T], p_0(x,t+\Delta|y,t)\neq p(x,t+\Delta|y,s,\theta). \qquad (3.3.5)$$

为检验 (3.3.4)~(3.3.5), 先通过对样本 $\{X_{t_i},i=1,\cdots,n\}$ 作动态概率积分变换, 获得如下广义残差序列[10]:

$$Z_\tau(\theta)=\int_{-\infty}^{X_{\tau\Delta}} p\left(x,\tau\Delta|X_{(\tau-1)\Delta},(\tau-1)\Delta,\theta\right)dx, \quad i=1,\cdots,n, \qquad (3.3.6)$$

其中, $\Delta=\dfrac{T}{n}$, 于是, $X_{t_i}=X_{i\Delta}$.

根据 Rosenblatt[11] 的理论, 在原假设 H_0 下, 广义残差序列 $\{Z_\tau\equiv Z_\tau(\theta_0)\}_{\tau=1}^n$ 独立同 $U[0,1]$ 分布.

从直观上来看, 广义残差序列独立同分布的性质表明对模型动态特征的正确设定, $U[0,1]$ 的性质表明对模型的转移密度的正确设定. 于是, 我们通过验证原假设下广义残差序列 $\{Z_\tau(\theta_0)\}$ 是否独立同 $U[0,1]$ 分布来实现 H_0 对 H_A 的检验.

一般地, $\{Z_\tau(\theta)\}$ 的计算很困难, 因为大部分的连续时间模型的转移密度不能明确地表示出来. 为了得到转移密度函数的近似闭端解, Ait-Sahalia[8] 提出将扩散模型 (3.1.1) 化成单位扩散模型, 即令

$$Y_t=\gamma(X_t,\theta)=\int_{x_0}^{X_t}\frac{du}{\sigma(u;\theta)}, \qquad (3.3.7)$$

式中 x_0 是 X_t 可能取到的最小值. 应用 Itô 定理, y_t 具有如下所示的单位扩散过程:

$$dY_t=u_Y(Y_t;\theta)dt+dW_t, \qquad (3.3.8)$$

其中
$$u_Y(y;\theta) = \frac{u(\gamma^{-1}(y;\theta),\theta)}{\sigma(\gamma^{-1}(y;\theta),\theta)} - \frac{1}{2}\frac{\partial\sigma}{\partial x}(\gamma^{-1}(y;\theta);\theta). \tag{3.3.9}$$

同样,当转移函数 $y_t = \gamma(x_t;\theta) = -\int^{X_t} du/\sigma(\mu;\theta)$ 时,则有
$$dY_t = u_Y(Y_t;\theta)dt - dW_t, \tag{3.3.4}$$

其中
$$u_Y(y;\theta) = \frac{u(\gamma^{-1}(y;\theta),\theta)}{\sigma(\gamma^{-1}(y;\theta),\theta)} + \frac{1}{2}\frac{\partial\sigma}{\partial x}(\gamma^{-1}(y;\theta)). \tag{3.3.5}$$

对于给定的 $\Delta > 0, \theta \in \Theta, y \in R$,标准化 Y 得 $Z = \Delta^{-1/2}(Y - y_0)$,其中 y_0 是 $y_{t+\Delta}$ 的初始值,Ait-Sahalia[8] 指出,Z 是一个接近正态的随机变量. 所以 $p_z(\Delta, z/y_0;\theta)$ 可以用 Hermite 多项式将其展开,以下是 K 阶的转移密度表达式:

$$p_z^{(K)}(\Delta, z/y_0;\theta) = \phi(z)\sum_{k=0}^{K} \eta_Z^{(k)}(\Delta, y_0;\theta)H_k(z), \tag{3.3.6}$$

式中 $\phi(z) = e^{-z^2/2}/\sqrt{2\pi}$,Hermite 多项式

$$H_k(z) = e^{z^2/2}\frac{d^k}{dz^k}[e^{-z^2/2}], \quad k \geqslant 0,$$

$$\eta_Z(k)(\Delta, y_0;\theta) = \frac{1}{k!}\int_{-\infty}^{\infty} H_k(z)p_z(\Delta, z/y_0;\theta)dz.$$

应用 Taylor 定理对上式进行 J 项展开得

$$\frac{1}{k!}\int_{-\infty}^{\infty} H_k(z)p_z(\Delta, z/y_0;\theta)dz \approx \frac{1}{k!}\sum_{j=0}^{J}\frac{\Delta^J}{J!}A^J(\theta)H_k\left(\frac{y - y_0}{\Delta^{\frac{1}{2}}}\right)\bigg|_{y - y_0},$$

所以

$$p_z^{(KJ)}(\Delta, z/y_0;\theta) = \phi(z)\frac{1}{k!}\sum_{j=0}^{J}\frac{\Delta^J}{J!}A^J(\theta)H_k\left(\frac{y - y_0}{\Delta^{1/2}}\right)\bigg|_{y - y_0} e^{z^2/2}\frac{d^k}{dz^k}[e^{-z^2/2}], \tag{3.3.7}$$

其中 $A(\theta)$ 为单位扩散过程生成元,

$$A(\theta) = \frac{1}{2}(\partial^2/\partial y^2) + \mu_y(y;\theta)(\partial/\partial y).$$

令 $p_y(\Delta, y/y_0;\theta)$ 表示 $y_{t+\Delta}/y_t$ 的转移密度,定义函数 Z 的密度如下:

$$p_z(\Delta, z|y_0;\theta) = \Delta^{\frac{1}{2}}p_y(\Delta, \Delta^{\frac{1}{2}}z + y_0|y_0;\theta).$$

3.3 连续时间金融模型设定检验

由此可得
$$p_y(\Delta, \Delta^{\frac{1}{2}}z + y_0|y_0;\theta) = \Delta^{-\frac{1}{2}} p_z(\Delta, z|y_0;\theta),$$

应用 Jacobi 行列式结合 (3.3.7) 有

$$\begin{aligned} &p_x^{(K\,J)}(\Delta, x|x_0;\theta) \\ =& \frac{1}{\sigma(x;\theta)\Delta^{1/2}} p_z^{(K\,J)}(\Delta,)(\Delta, \Delta^{-\frac{1}{2}}[\gamma(x;\theta) - \gamma(x_0;\theta)]/\gamma(x_0;\theta);\theta). \end{aligned} \quad (3.3.8)$$

文献 [9] 证明了在一定的条件下当 $K \to \infty, J \to \infty, p_X^{(K\,J)}(\Delta, X|X_0;\theta)$ 收敛到真实的密度函数. 在具体的实证研究过程中, J 通常取 1 阶或者 2 阶就可以很好地估计扩散模型的转移密度近似解.

综上所述, 关于原假设 (3.3.4) 与备择假设 (3.3.5) 的检验可按如下步骤进行:

第 1 步. 采用任何满足 $\sqrt{n}(\hat{\theta} - \theta^*) = O_P(1)$ 性质的估计量 $\hat{\theta}$, 估计设定模型 (3.3.4) 中的未知参数;

第 2 步. 给出设定模型的理论转移密度或通过 Hermite 法, 用 (3.3.8) 式近似计算转移密度;

第 3 步. 按 (3.3.6) 式计算设定模型的广义残差序列 $\{\hat{Z}_\tau = Z_\tau(\hat{\theta})\}_{\tau=1}^n$;

第 4 步. 给定延迟 k, 用列联表 χ^2 拟合优度检验, 考察 $\{Z_\tau, Z_{\tau-k}\}_{\tau=k}^n$ 是否满足 $[0,1] \times [0,1]$ 上的均匀分布. 具体做法是将矩形 $[0,1] \times [0,1]$ 做 m^2 等分, 例如 $m = \left[\dfrac{n-k}{100}\right]$, 记 $n_{ij}^{(k)}$ 为样本点 $\{Z_\tau, Z_{\tau-k}\}$ 落在第 i 行第 j 列的网格 D_{ij} 中的频数, 在 $\{Z_\tau, Z_{\tau-k}\}$ 服从 $[0,1] \times [0,1]$ 上的均匀分布的假设下, $P\{(Z_\tau, Z_{\tau-k}) \in D_{ij}\} = \dfrac{1}{m^2}$, 根据皮尔逊 (Pearson) 定理 [12], 近似地有

$$K(k) = \sum_{j=1}^m \sum_{i=1}^m \frac{(n_{ij}^{(k)} - n/m^2)^2}{n/m^2} \sim \chi^2(m^2 - 1). \quad (3.3.9)$$

于是检验的拒绝域为 $K(k) \geqslant \chi_\alpha^2(m^2 - 1)$.

3.3.2 几种检验法有限样本性质的比较分析

前面提到了三种扩散模型设定检法: AIT 检验、HONG 检验和广义残差拟合优度检验. 下面通过模拟试验将比较这三种检验法的水平和功效.

在金融工程中, 几何 Brown 运动和 CIR 过程是最常用的模型. 通常认为股票价格服从几何 Brown 运动而利率过程服从 CIR 模型, 以下选择几何布朗运动为原假设, 分别用几何 Brown 运动模型和 CIR 模型生成数据进行比较.

模拟试验 1 当几何 Brown 运动为真模型时, 对几何 Brown 运动的原假设进行检验.

把几何 Brown 运动模型作为原假设, 非几何 Brown 运动模型作为备择假设, 则

$H_0: \exists \mu_0 \in R, \sigma_0 > 0,$ 使得 $P\{\mu(X_t, \theta_0) = \mu_0 X_t, \sigma(X_t, \theta_0) = \sigma_0 X_t\} = 1;$

$H_A:$ 对所有 $\mu \in R, \sigma > 0$ 均有 $P\{\mu(X_t, \theta) = \mu X_t, \sigma(X_t, \theta) = \sigma X_t\} < 1.$

为了模拟数据及计算检验统计量, 需首先给出几何 Brown 运动的理论转移概率密度. 由

$$d\ln X_t = \left(\mu - \frac{1}{2}\sigma^2\right)dt + \sigma dB_t, \tag{3.3.10}$$

记 $\Delta = T/n$, 设观察过程的样本为 $X_\Delta, X_{2\Delta}, \cdots, X_{n\Delta}$, 则 (3.3.10) 式可写作

$$\ln X_{\tau\Delta} - \ln X_{(\tau-1)\Delta} = \left(\mu - \frac{1}{2}\sigma^2\right)\Delta + \sigma\left(B_{\tau\Delta} - B_{(\tau-1)\Delta}\right), \tag{3.3.11}$$

于是

$$\ln X_{\tau\Delta} - \ln X_{(\tau-1)\Delta} \sim N\left(\left(\mu - \frac{1}{2}\sigma^2\right)\Delta, \sigma^2\Delta\right). \tag{3.3.12}$$

设给定参数的几何 Brown 运动模型为

$$dX_t = 0.5 X_t dt + 0.1 X_t dW_t.$$

取 $\Delta_0 = T/1000$, 模拟产生 100 条样本轨道, 记作 $X_{\Delta_0}^{(j)}, X_{2\Delta_0}^{(j)}, \cdots, X_{1000\Delta_0}^{(j)}, j = 1, \cdots, 100$. 对每条轨道, 令 $n = 200, 500, 1000$, 分别按 $\Delta_n = T/n$ 等间隔取样, 得到对应容量为 n 的样本数据 $X_{\Delta_n}^{(j)}, X_{2\Delta_n}^{(j)}, \cdots, X_{1000\Delta_n}^{(j)}$, 基于这些样本数据计算检验统计量. 在原假设 H_0 下, 参数 μ, σ 的极大似然估计值为

$$\hat{\sigma}^2 = \frac{1}{n\Delta_n}\sum_{i=1}^{n}\left(\ln X_{i\Delta_n} - \frac{1}{n}\sum_{\tau=1}^{n}\ln X_{\tau\Delta_n}\right)^2 = 0.5965,$$

$$\hat{\mu} = \frac{1}{n\Delta_n}\sum_{\tau=1}^{n}\ln X_{\tau\Delta_n} + \frac{1}{2}\hat{\sigma}^2 = 0.1065.$$

首先根据文献 [9] 计算 AIT 检验法的统计量 $\hat{M}$. 检验的拒绝域为 $\hat{M}(j) > C_\alpha$. 根据文献 [9], $\hat{M}$ 近似服从正态分布, 当 $\alpha = 0.05$ 时, $C_\alpha = 1.645$.

对于 HONG, 由 (3.3.9) 易得, 在原假设 H_0 下, 存在某一 $\theta_0 = (\mu_0, \sigma_0) \in \Theta$, 使得

$$p\left[\ln x, \tau\Delta_n | \ln X_{(\tau-1)\Delta_n}, (\tau-1)\Delta_n, \theta_0\right] = p_0\left[\ln x, \tau\Delta_n | \ln X_{(\tau-1)\Delta_n}, (\tau-1)\Delta_n\right]$$
$$= \frac{1}{\sqrt{2\pi\Delta_n}\sigma_0}\exp\left\{-\frac{1}{2\sigma_0^2\Delta_n}\left(\ln x - \left(\mu_0 + \frac{\sigma_0^2}{2}\right)\Delta_n - \ln X_{(\tau-1)\Delta_n}\right)\right\},$$

3.3 连续时间金融模型设定检验

对于几乎所有 $\tau > 0$ 成立, 即在给定 $\ln X_{(\tau-1)\Delta_n}$ 条件下,

$$\ln X_{\tau\Delta_n} \sim N\left(\left(\mu_0 - \frac{1}{2}\sigma_0^2\right)\Delta_n - \ln X_{(\tau-1)\Delta_n}, \sigma_0^2\Delta_n\right).$$

为计算方便, 以下均用 $\ln X_{\tau\Delta_n}$ 代替 $X_{\tau\Delta_n}$ 作为样本. 首先按 (3.3.6) 式计算模型的广义残差序列 $\{\hat{Z}_\tau = Z_\tau(\hat{\theta})\}_{\tau=1}^n$,

$$\begin{aligned}\hat{Z}_\tau(\theta) &= \int_{-\infty}^{\ln X_{\tau\Delta_n}} p\left[\ln x, \tau\Delta_n | \ln X_{(\tau-1)\Delta_n}, (\tau-1)\Delta_n, \hat{\theta}\right] d\ln x \\ &= \Phi\left(\frac{\ln X_{\tau\Delta_n} - \left(\hat{\mu} - \frac{1}{2}\hat{\sigma}^2\right)\Delta_n - \ln X_{(\tau-1)\Delta_n}}{\hat{\sigma}\sqrt{\Delta_n}}\right), \quad \tau = 1, \cdots, n, \quad (3.3.13)\end{aligned}$$

其中 Φ 为标准正态分布函数.

为考察 $\hat{Z}_\tau(\theta)(\tau = 1, \cdots, n)$ 是否独立同 $U(0,1)$ 分布, 对 $j = 1, 2, 3,$, 根据文献 [11] 提供的二维核估计法计算 HONG 检验统计量的值, 记作 $\hat{Q}(j), j = 1, 2, 3, \cdots$. 检验的拒绝域为 $\hat{Q}(j) > C_\alpha$. 根据文献 [11], $\hat{Q}(j)$ 近似服从正态分布, 当 $\alpha = 0.05$ 时, $C_\alpha = 1.645$.

对于广义残差拟合优度检验, 由 (3.3.7) 式计算检验统计量. 此模拟试验中取 $m = 10$, 所以拒绝域为 $K(k) \geqslant \chi_\alpha^2(99)$, 当 $\alpha = 0.05$ 时, $\chi_\alpha^2(99) \approx 122.94$. 以下各表中所列的检验统计量均为 100 条轨道所对应的检验统计量的均值.

表 3.3.1 模拟试验 1 的检验结果

	$\hat{M}$	检验结果	$\hat{Q}(1)$	检验结果	$K(1)$	检验结果
$n = 200$	8.7753	31%接受	−57.0725	80%接受	75.2874	79%接受
$n = 500$	3.9355	29%接受	−61.1489	78%接受	64.7382	72%接受
$n = 1000$	8.9876	32%接受	−64.7327	79%接受	70.1320	88%接受

通过观察表 3.3.1 中的数据, 对原假设进行几何 Brown 运动的检验, 对于不同的样本容量, HONG 检验法的检验统计量的值都是 [−70, −60] 间的负值, 远远小于临界值, 由于 $\hat{Q}(j)$ 的负值仅在 H_0 下才出现, 所以认为由几何布朗运动模拟产生的数据接受原假设. 而广义残差拟合优度检验统计量的均值都在临界值以下, 尽管当 $n \leqslant 500$ 时接受率比 HONG 检验差一些, 但 $n = 1000$ 时表现比 Hong 的检验还好. 在 AIT 检验法中, 检验统计量 $\hat{M}$ 的均值均大于临界值 1.64, 在 100 条模拟轨道中有 70%的都拒绝原假设, 并且这种状况并不能随样本容量 n 的增大而改观. 所以我们认为 AIT 检验法有过分拒绝原假设的趋势. HONG 检验法和广义残差拟合优度检验的功效要比 AIT 检验法高. 尤其是当样本容量为 1000 时, 广义残差拟合优度检验的表现是最好的.

模拟试验 2　CIR 模型为真模型, 对几何 Brown 运动的原假设进行检验.

根据上文, 将 CIR 模型 $dX_t = \alpha(M - X_t)dt + \beta\sqrt{X_t}dW_t$ 的参数设为 $(\alpha, m, \beta) = (0.89, 0.09, 0.18)$. 类似于模拟试验 1 产生样本数据的过程, 先模拟产生 100 条 CIR 过程的样本轨道 (近似看作 CIR 过程的连续轨道, 相邻数据的时间间隔小于 $T/1000$), 再分别对每条轨道各按 $\Delta_n = T/200, T/500, T/1000$ 等间隔取样, 得到样本数据 $X_{\Delta_n}^{(j)}, X_{2\Delta_n}^{(j)}, \cdots, X_{n\Delta_n}^{(j)}, j = 1, \cdots, 100, n = 200, 500, 1000$. 仍考虑试验 1 的假设, 检验统计量的计算方法与试验 1 完全一样, 检验统计量的均值和检验结果列与表 3.3.3.

表 3.3.2　模拟试验 2 检验结果

	$\hat{M}$	检验结果	$\hat{Q}(j)$	检验结果	$K(1)$	检验结果
$n = 200$	78.2375	69%拒绝	−63.3276	45%拒绝	99.1135	52%拒绝
$n = 500$	84.3570	66%拒绝	−50.7203	48%拒绝	91.2539	67%拒绝
$n = 1000$	89.2834	71%拒绝	−29.7851	59%拒绝	77.1432	70%拒绝

从表 3.3.2 的结果可以看出, AIT 检验法的拒绝率仍然较高, 而 HONG 检验法的检验统计量均值都是负的, 由于检验统计量的负值仅 H_0 下才出现, 即认为数据服从几何 Brown 运动, 并且在 100 条模拟轨道中有 50%以上都接受原假设, 说明在此检验中 HONG 检验有过分接受原假设的趋势. 而广义残差拟合优度检验法统计量的均值均大于临界值, 并且在 100 次模拟实验中, 只有 30% 到 50% 的情况接受原假设, 这与 HONG 检验法相比提高了检验功效, 改善了 HONG 检验法过分接受原假设的现象.

以上分析可调用配书光盘中模型设定检验函数中的几个程序来实现.

3.3.3　实证分析——上证指数和个股价格的模型设定检验

通常认为, 股票价格过程的演化规律满足几何 Brown 运动, 下面用广义残差拟合优度检验法, 对 "上证指数" 和 "中国石化" "兴业银行" "云南白药" "上海汽车" 这四只个股在 2009 年初到 2010 年底两年间共 472 个交易日的收盘数据进行检验. 其中 "云南白药" 在 2010 年 7 月 16 日按 10 送 3 并每股分 0.2 元现金的方案分红, 因而从这一天起, 这只个股的收盘价需按 $1.3S_t + 0.2$ 复权; 同理, "上海汽车" 的收盘价从 2010 年 6 月 8 日起按 $1.3S_t + 0.05$ 复权.

先检验数据是否满足几何 Brown 运动的模型设定, 原假设与备择假设为

$$H_0: dX_t = \mu X_t dt + \sigma X_t dB_t; \quad H_A: dX_t \neq \mu X_t dt + \sigma X_t dB_t, \quad (3.3.14)$$

检验结果见表 3.3.4 的上半部分. 由于拟合优度检验在某种程度上受分组方式的影响, 这里列出两种不同分组基数 m 对应的检验结果.

为了对比, 我们再检验数据是否满足 CIR 模型, 原假设与备择假设为

$$H_0: dX_t = \alpha(m - X_t)\,dt + \beta\sqrt{X_t}dB_t; \quad H_A: dX_t \neq \alpha(m - X_t)\,dt + \beta\sqrt{X_t}dB_t,$$

检验结果见表 3.3.3 的下半部分.

表 3.3.3　上证指数和个股价格的模型设定检验结果

股票名称			上证指数	中国石化	兴业银行	云南白药	上海汽车
几何 Brown 模型设定检验	参数估计	μ	0.2200	0.1124	0.3318	0.5270	0.7474
		σ	0.2743	0.3303	0.4282	0.4276	0.4764
	$m=6$	$K(1)$	82.6051	56.5062	69.0926	193.53	48.9326
		p 值	0.0000	0.0121	0.0005	0.0000	0.0591
	$m=8$	$K(1)$	104.7280	84.4398	80.7895	232.85	77.5558
		p 值	0.0008	0.0370	0.0650	0.0000	0.1026
CIR 模型设定检验	参数估计	κ	3.7729	1.97	2.8529	1.41	2.1588
		α	2927.40	10.2457	31.14	59.91	21.44
		σ	14.5252	1.08	2.2927	2.7694	1.9385
	$m=8$	$K(1)$	5891.30	431.63	831.38	311.20	412.27
		p 值	0.0000	0.0000	0.0000	0.0000	0.0000

从表 3.3.3 可见, 若取显著性水平 $\alpha = 0.05$, 则只有 "上海汽车" 能通过几何布朗运动的模型设定检验, 说明一般不能简单地设定股票价格或大盘指数满足几何 Brown 运动. 但是在第 5 章我们将会看到, 如果对大盘指数数据适当分段, 则每段数据仍可通过几何 Brown 运动模型设定. 从表 3.3.3 还可以看出, CIR 模型设定的检验统计量远大于几何 Brown 运动的检验统计量, 说明几何 Brown 运动模型还是比 CIR 模型更接近股票价格的动态规律.

参 考 文 献

[1] Vasicek J B. An equilibrium characterization of the term structure[J]. Journal of Financial Economics, 1977, 5: 177-188.

[2] 肖庆宪. Ornstein-Uhlenbeck 过程的参数估计 [J]. 应用概率统计, 2005, 21(1): 1-8.

[3] 陈萍, 杨孝平. Cox-Ingersoll-Ross 模型的统计推断 [J]. 应用概率统计, 2005, 21(3): 285-292.

[4] Cox J C, Ingersoll J E, and Ross S A. An intertemporal general equilibrium model of asset prices[J]. Econometrica, 1985, 53: 363-384.

[5] Karlin S and Taylor H M. A Second course in stochastic processes[G]. Academic Press, 1981.

[6] Cox J C, Ingersoll J E, and Ross S A. A theory of the term structure of interest rates[J]. Econometrica, 1985, 53(2):385-407

[7] Zhao H and Lin J G. The large sample properties of the solutions of general estimating equations[J]. Journal of Systems Science and Complexity, 2012, 25: 1-14.

[8] Ait-Sahalia Y. Testing continuous-time models of the spot interest rate[J]. Rev. Financial Stud., 1996, 9: 385-426

[9] Pritsker M. Nonparametric density estimation and tests of continuous time interest rate models[J]. Rev. Financial Stud., 1998, 11: 449–487.

[10] Hong Y and H Li. Nonparametric specification testing for continuous-time models with applications to interest rate term structures [J]. Rev. Financial Stud., 2005, 18: 37-84.

[11] Rosenblatt M. Remarks on a multivariate transformation[J]. Annals of Mathematical Statistics, 1952, 23: 470–472.

[12] 陈希孺. 概率论与数理统计 [M]. 北京: 科学出版社, 2000.

第 4 章　一维扩散模型非参数统计分析

在第 1 章中, 我们已经知道扩散模型在金融数学中有广泛的应用, 但所有这些模型中都含有未知参数或未知函数. 这些未知量需要根据基础变量过程的实际观察值来推断. 一些典型模型的参数统计推断问题已在第 3 章进行了讨论, 本章将主要考虑一类最简单的连续时间模型 —— 一维扩散模型的非参数统计分析问题.

从理论上说, 基于一段连续样本轨道对扩散模型中未知函数的估计是比较理想的, 且有不少文献对此进行了研究 [1-6]. 但在实际中, 受采样方式或数据存储条件等诸多因素的限制, 获得基础变量过程在指定时间段内的连续观察值一般是不可能的, 因此, 我们只能基于离散时间观察值对模型中的未知函数进行推断. 在金融问题中, 往往可以获得时间间隔任意短的观察数据 —— 高频数据, 利用高频数据对连续时间模型的推断结果可以看作是离散化模型向连续模型的逼近.

4.1　扩散系数的非参数估计

描述资产价格最简单的模型是一维扩散模型, 它假定基础变量满足一维扩散方程:

$$dX_t = \mu(X_t)dt + \sigma(X_t)dB_t, \quad 0 \leqslant t \leqslant T, X_0 = \bar{X} \in L^2, \tag{4.1.1}$$

其中, B_t 为定义在概率空间 $(\Omega, \mathcal{F}, P)$ 上的标准 Brown 运动, $\mu(\cdot), \sigma(\cdot)$ 仅是基础变量 X_t 的函数, 分别称为漂移系数与扩散系数.

根据随机微分方程理论 [7], 方程 (4.1.1) 的解是一个时齐的 Markov 过程. 为使方程 (4.1.1) 有唯一强解, 漂移系数与扩散系数应满足如下条件: $\mu(\cdot), \sigma(\cdot)$ 可测, 且存在常数 $C_i > 0, i = 1, 2$, 满足以下条件:

A1(线性增长条件): $|\mu(x)| + |\sigma^2(x)| \leqslant C_1(1+|x|) x \in R$;

A2(Lipschitz 条件): $|\mu(x) - \mu(y)| + |\sigma^2(x) - \sigma^2(y)| \leqslant C_2 |x-y|, x, y \in R$.

现设 $X_0, X_{t_1}, \cdots, X_{t_n}$ 是基础变量 X_t 在 $[0, T]$ 时段内的观察值, 其中 X_{t_i} 对应 $t_i = iT/n$ 时刻的状态. 我们所面临的问题是根据这些观察值, 估计未知的漂移系数和扩散系数. 本节先考虑扩散系数的非参数估计问题.

与我们以前所遇到的非参数回归不同的是, 对于扩散过程, 我们只能观察到基础变量过程 X_t 在 $[0, T]$ 时段内的离散观察值, 而无法直接观察到扩散系数本身. 为了对 $\sigma^2(\cdot)$ 的函数形式进行非参数估计, 首先必须根据过程 X_t 在 $[0, T]$ 时段内的

离散观察值来构造 $\sigma^2(\cdot)$ 的样本.

4.1.1 扩散系数的非参数估计模型

为构造扩散系数 $\sigma^2(\cdot)$ 的样本, 需先通过测度变换, 消去多余系数 $\mu(\cdot)$.

以 $\mathcal{F}$ 表示由 $\{B_s, 0 \leqslant s \leqslant t\}$ 生成的 σ 代数, 取

$$\theta(X_t) = \frac{\mu(X_t)}{\sigma(X_t)},$$

则 $\{\theta(X_t), t \in [0,1]\}$ 为 $\{\mathcal{F}\}_{t \in [0,T]}$ 适过程. 为便于处理, 假定 $\theta(X_t)$ 满足 Novikov 条件, 即

$$A3: E\left\{\exp\left[\frac{1}{2}\int_0^t \theta(X_u)du\right]\right\} < \infty.$$

令

$$W_t = \int_0^t \theta(X_u)du + B_t, \quad 0 \leqslant t \leqslant 1,$$

$$Z_t = \exp\left\{-\int_0^t \theta(X_u)dB_u - \frac{1}{2}\int_0^t \theta^2(X_u)du\right\},$$

$$\tilde{P}(A) = \int_A Z_T dP, \quad \forall A \in \mathcal{F}_T.$$

由 Girsanov 定理, $\tilde{P}$ 是与 P 等价的概率测度, 过程 $\{W_t, 0 \leqslant t \leqslant T\}$ 在 $\tilde{P}$ 下为 Brown 运动. 将 $dB_t = dW_t - \theta(X_t)dt$ 代入方程 (4.1.1) 得

$$dX_t = \mu(X_t)dt + \sigma(X_t)(dW_t - \theta(X_t)dt) = \sigma(X_t)dW_t. \tag{4.1.2}$$

易见, $\{X_t; 0 \leqslant t \leqslant T\}$ 在测度 $\tilde{P}$ 下为鞅. 下面先构造 $\sigma^2(X_t)$ 的样本, 由

$$X_{t_{i+1}} - X_{t_i} = \int_{\frac{iT}{n}}^{\frac{(i+1)T}{n}} \sigma(X_t)dW_t, \quad i = 0, \cdots, n-1,$$

利用 Itô 公式得

$$\frac{n}{T}(X_{t_{i+1}} - X_{t_i})^2 = \frac{n}{T}\int_{\frac{iT}{n}}^{\frac{(i+1)T}{n}} \sigma^2(X_t)dt + \frac{2n}{T}\int_{\frac{iT}{n}}^{\frac{(i+1)T}{n}} (X_t - X_{t_i})\sigma(X_t)dW_t. \tag{4.1.3}$$

记

$$\varepsilon_{t_i} = \frac{2n}{T}\int_{\frac{iT}{n}}^{\frac{(i+1)T}{n}} (X_t - X_{t_i})\sigma(X_t)dW_t, \tag{4.1.4}$$

可将 $\varepsilon_{t_i}(i = 0, \cdots, n-1)$ 看作随机误差序列. 事实上, 由 Itô 积分的性质知

$$\tilde{E}[\varepsilon_{t_i}] = \frac{2n}{T}\tilde{E}\left[\int_{\frac{iT}{n}}^{\frac{(i+1)T}{n}} (X_t - X_{t_i})\sigma(X_t)dW_t\right] = 0,$$

4.1 扩散系数的非参数估计

$$\tilde{\text{Var}}\varepsilon_{t_i} = 4\left(\frac{n}{T}\right)^2 \tilde{E} \int_{\frac{iT}{n}}^{\frac{(i+1)T}{n}} (X_t - X_{t_i})^2 \sigma^2(X_t) dt$$

$$= 4\left(\frac{n}{T}\right)^2 \tilde{E} \int_{\frac{iT}{n}}^{\frac{(i+1)T}{n}} \left[\int_{\frac{iT}{n}}^{t} \sigma(X_s)\sigma(X_t) dW_s\right]^2 dt$$

$$= 4\left(\frac{n}{T}\right)^2 \tilde{E} \int_{\frac{iT}{n}}^{\frac{(i+1)T}{n}} \int_{\frac{iT}{n}}^{t} \sigma^2(X_s)\sigma^2(X_t) ds dt \quad (\text{Itô 等距})$$

$$\leqslant 4\left(\frac{n}{T}\right)^2 \tilde{E} \left\{\left[\int_{\frac{iT}{n}}^{\frac{(i+1)T}{n}} \sigma^2(X_t) dt\right]^2\right\}$$

$$\leqslant 4\left(\frac{n}{T}\right)^2 C_1^2 \tilde{E} \left\{\left[\int_{\frac{iT}{n}}^{\frac{(i+1)T}{n}} (1+|X_t|) dt\right]^2\right\}$$

$$\leqslant \frac{4n}{T} C_1^2 \left\{\int_{\frac{iT}{n}}^{\frac{(i+1)T}{n}} \tilde{E}(1+|X_t|)^2 dt\right\}$$

$$\leqslant 4C_1^2 (1 + \tilde{E}[|X_T|^2]) < \infty.$$

引理 4.1.1[8] 设过程 X_t 满足微分方程 (4.1.2), $\sigma(\cdot)$ 满足条件 A1~A3, 且对 $r > 1$ $\tilde{E}[|X_T^{\frac{r}{2}}|] < \infty$. 记 $\mathcal{F} = \sigma\{W_s, 0 \leqslant s \leqslant t\}$, 则对任意取值于 $\left[0, T - \frac{T}{n}\right]$ 的 $\mathcal{F}_t$ 停时 τ, 定义

$$e_n(\tau, \omega) = \frac{n}{T} \int_{\tau}^{\tau + \frac{T}{n}} \sigma^2(X_u) du - \sigma^2(X_\tau), \tag{4.1.5}$$

则存在常数 K, 使对 $r > 2$

$$\tilde{E}[|e_n(\tau, \omega)|^r] \leqslant K \left(\frac{T}{n}\right)^{\frac{r}{2}}. \tag{4.1.6}$$

证明 首先, $\forall s < t$, 由 Burckholder-Davis-Gundy 不等式[7],

$$\tilde{E}[(X_t - X_s)^r] = \tilde{E}\left\{\left[\int_s^t \sigma(X_u) dW_u\right]^r\right\}$$

$$\leqslant \tilde{E}\left\{\left[\int_s^t \sigma^2(X_u) du\right]^{\frac{r}{2}}\right\} \leqslant C_1^{\frac{r}{2}} \tilde{E}\left\{\left[\int_s^t (1+|X_u|) du\right]^{\frac{r}{2}}\right\}$$

$$\leqslant C_1^{\frac{r}{2}} (t-s)^{\frac{r}{2}-1} \tilde{E}\left[\int_s^t (1+|X_u|)^{\frac{r}{2}} du\right]$$

$$\leqslant C_1^{\frac{r}{2}} \tilde{E}[(1+|X_T|)^{\frac{r}{2}}](t-s)^{\frac{r}{2}}.$$

再由条件 A2, 对任意取值于 $\left[0, 1 - \frac{1}{n}\right]$ 的 $\mathcal{F}_t$ 停时 τ,

$$\tilde{E}[|e_n(\tau,\omega)|^r] \leqslant \sup_{t\in[0,T-\frac{T}{n}]} \tilde{E}\left(\left|n\int_t^{t+\frac{T}{n}} \sigma^2(X_u)du - \sigma^2(X_t)\right|^r\right)$$

$$\leqslant n^r C_2^r \sup_{t\in[0,T-\frac{T}{n}]} \tilde{E}\left\{\left(\int_t^{t+\frac{T}{n}} |X_u - X_t|du\right)^r\right\}$$

$$\leqslant n^r C_2^r n^{1-r} \sup_{t\in[0,T-\frac{T}{n}]} \int_t^{t+\frac{T}{n}} \tilde{E}\{|X_u - X_t|^r\}du$$

$$\leqslant nK \sup_{t\in[0,T-\frac{1}{n}]} \tilde{E}[(1+|X_1|)^{\frac{r}{2}}] \int_t^{t+\frac{T}{n}} |u-t|^{\frac{r}{2}} du \leqslant K\left(\frac{T}{n}\right)^{\frac{r}{2}}.$$

引理证毕.

根据引理 4.1.1, 记

$$\tilde{Y}_{t_i} = \frac{n}{T}(X_{t_{i+1}} - X_{t_i})^2, \quad i=0,\cdots,n-1, \tag{4.1.7}$$

则 (4.1.3) 式可写作

$$\tilde{Y}_{t_i} = \sigma^2(X_{t_i}) + e_n(t_i,\omega) + \varepsilon_i, \quad i=0,1,\cdots,n-1, \tag{4.1.8}$$

式中 $e_n(\tau,\omega)$ 可看作系统误差, 满足 $\tilde{E}[|e_n(\tau,\omega)|^r\,|A(\delta,D)] = O((T/n)^{\frac{r}{2}})$. 问题化为, 根据二维随机变量 (X,Y) 的观察数据 $(X_i,Y_i), i=0,1,\cdots,n-1$, 对回归模型 (4.1.6) 中函数 $\sigma^2(x)$ 的非参数估计问题.

与一般回归模型的非参数估计问题相比, (4.1.8) 式中的 $X_{t_i}, i=1,\cdots,n-1$ 为分布未知的随机设计样本点, 且数据间具有与扩散过程结构有关的相依性质.

下面通过模拟分析, 考察用 (4.1.7) 式构造扩散系数样本的效果.

例 4.1.1 假定 X_t 的理论模型如下:

$$dX_t = \alpha(m-X_t)dt + \beta\sqrt{X_t}dB_t, \quad 0\leqslant t\leqslant T.$$

我们拟通过模拟试验说明如何根据 X_t 的一段离散观察值构造扩散系数 $\sigma(x) = \beta\sqrt{x}$ 的样本. 分以下 4 个步骤进行.

第 1 步. 不妨设 $T=1, \alpha=m=\beta=1$, 模拟产生 X_t 的 "连续轨道"(当然真正的连续轨道是不可能获得的, 我们假定当采样间隔足够小时所生成的离散观察序列作为 "连续轨道" 的近似). 具体作法是, 调用配书光盘中的 CIR 过程样本轨道模拟函数 CIR_SAMPLE 产生过程 $\{X_t\}$ 的 1050 个模拟值 $\{x_{i\Delta}, i=1,\cdots,1050\}$, 相邻数据间的间隔为 $dt=0.001$. 为了避免初值对模拟结果的影响, 抛弃前 50 个数据.

第 2 步. 从上述 "连续轨道" 中等间隔采集 n 个离散观察值. 记作 $\{X_{t_i}, i=1,\cdots,n\}$;

4.1 扩散系数的非参数估计

第 3 步. 根据 (4.1.8), 令 $\tilde{Y}_{t_i} = \dfrac{n}{T}(X_{t_{i+1}} - X_{t_i})^2, i = 0, \cdots, n-1$, 作为扩散系数的样本 (见图 4.1.1 中的虚线轨道).

从图 4.1.1 可见, 根据 (4.1.7) 式算得的 $\{\tilde{Y}_{t_i}\}$ 中有许多极端值, 使得它与扩散系数的理论轨道差异较大. 这种现象出现的原因是式中误差项 ε_{t_i} 方差太大, 使得随机干扰项的效应掩盖了我们所关心的回归项 $\sigma^2(X_t)$ 的特征. 一般地, 随机干扰项与回归项应具有不同的频率或尺度, 图 4.1.2 给出几何 Brown 运动、OU 过程以及 CIR 过程这三种典型模型的扩散系数 $\sigma^2(X_{t_i})$ 与误差 $e_n(t_i, \omega) + \varepsilon_i$ 的对比, 从图上可见, 误差序列随时间变化的频率显著高于扩散系数过程 $\sigma^2(X_t)$, 因此, 我们可以参照 2.3.2 节多分辨分析的思想, 先利用小波分解方法将高频的随机干扰项分离出来, 然后用小波重构法恢复频率较低的部分, 构造扩散系数的样本轨道. 这相当于对 $\{\tilde{Y}_{t_i}\}$ 沿时间轴作一局部平均. 不妨将 (4.1.8) 式算得的 $\{\tilde{Y}_{t_i}\}$ 称为 "初始样本轨道", 而通过小波分析重构后的样本记作 $\{Y_{t_i}, i = 1, \cdots, n\}$, 称为 "小波修正样本".

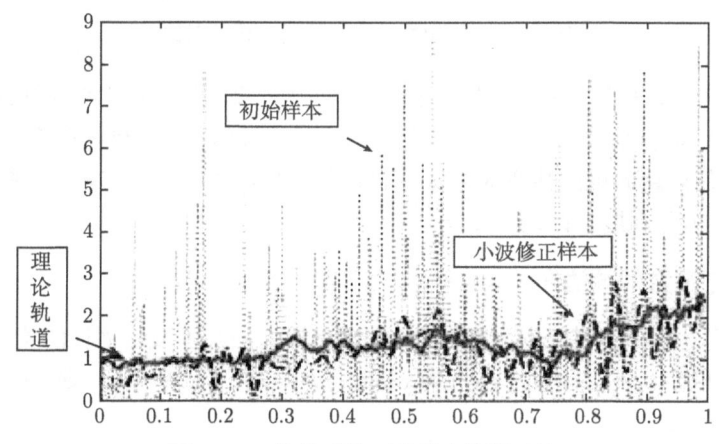

图 4.1.1 扩散系数两种样本轨道对比

图 4.1.1 还给出了扩散系数的 "初始样本轨道" "小波修正样本轨道" 与理论样本轨道的对比, 从图上可见, 小波修正样本轨道比初始样本轨道更接近扩散系数的理论样本轨道. 读者可通过配书光盘中 C-1 的 SIG_WAV0 函数获得扩散系数的小波修正样本.

根据上述模拟分析, 可将 (4.1.8) 式改写为

$$Y_{t_i} = \sigma^2(X_{t_i}) + e_n(t_i, \omega) + \varepsilon_i, \quad i = 0, 1, \cdots, n-1, \qquad (4.1.9)$$

其中 $\{Y_{t_i}, i = 1, \cdots, n-1\}$ 为小波修正样本.

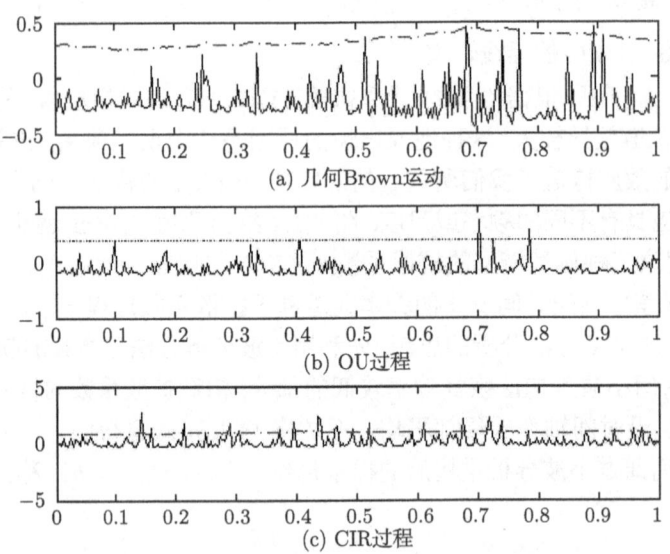

图 4.1.2 扩散系数样本轨道与误差对比

(4.1.9) 式给出了扩散系数非参数估计的通用模型, 我们可以将回归函数的非参数估计方法 (如核估计、局部多项式估计、小波估计等) 推广到扩散系数的估计问题, 在讨论估计量的极限性质的时候, 可以对 (4.1.9) 式中的回归函数、系统误差和随机误差三项分别展开讨论.

4.1.2 扩散系数的核估计

考虑模型 (4.1.9) 中 $\sigma^2(\cdot)$ 的核估计问题. 根据回归函数核估计的构造, 给定核函数 $K(\cdot)$, 取步长 $g_{n,T}$ 满足, 当 $n \to \infty$ 时 $g_{n,T} \to 0, ng_{n,T} \to \infty$, 则 $\forall x \in D$, $\sigma^2(x)$ 的核估计为

$$\hat{\sigma}^2_{n,T}(x) = \frac{\sum_{i=0}^{n-1} Y_{t_i} K\left(\frac{X_{t_i} - x}{g_{n,T}}\right)}{\sum_{i=0}^{n-1} K\left(\frac{X_{t_i} - x}{g_{n,T}}\right)}. \tag{4.1.10}$$

如果将 (4.1.10) 式中的小波修正样本 Y_{t_i} 换成初始样本 $\tilde{Y}_{t_i}$, 则上述估计量与 Nadaraya-Watson (NW) 估计量[3] 形式相同. 当核函数 $K(x) = I_{\{|x| \leqslant 1\}}$ 时, 对应 Florens[12] 的局部时估计. Bandi[4] 在 $T \to \infty$ 的情况下获得了 NW 估计量的强相合性与渐近正态性.

经验分析表明 [4], NW 估计量有不少缺陷, 如偏差较大, 有边界效应, 其 Mini-max 收敛性也较差等. 其原因之一就是在 NW 估计量中, 直接用初始样本 $\tilde{Y}_{t_i} =$

$\frac{n}{T}(X_{t_{i+1}} - X_{t_i})^2$ 作为 $\sigma^2(X_{t_i})$ 的观察值, 这种观察值的波动性太大, 从而影响了最终估计效果. 为了克服这一缺陷, Bandi[4] 对样本进行了预处理, 将 X_{t_i} 附近的所有观察值找出来按照 Y_{t_i} 的形式做平均, 利用这种改进的 σ^2 样本值再做 σ^2 的核估计, 得到所谓的 "双平滑核估计", 并获得了比 NW 估计量优越的收敛性质, 如 T 有限时满足强相合性以及渐近正态性. 不过我们注意到 "双平滑核估计" 的构造非常复杂, 除了对带宽的选择非常敏感之外, 在样本预处理时需要根据每个观察值点 X_{t_i} 附近的观察值的性质定义适当的停时, 再根据这些停时构造最终的估计量, 因而其实用性受到限制. 而我们采用小波修正样本, 其原理与 Bandi[4] 的双平滑估计类似, 但更容易实现且适用面将更广.

4.1.3 扩散系数的局部多项式估计

考虑模型 (4.1.9) 中 $\sigma^2(\cdot)$ 的局部多项式估计. 根据 2.2 节给出的回归函数局部多项式估计方法, 给定核函数 $K(\cdot)$, 取步长 $h_{n,T}$ 满足, 当 $n \to \infty$ 时 $h_{n,T} \to 0, nh_{n,T} \to \infty$, 则 $\forall x \in D$, 按如下步骤构造 $\sigma^2(x)$ 的局部多项式估计. 首先, 令

$$L(\beta_0, \cdots, \beta_p) = \sum_{i=1}^{n} \left\{ Y_{t_i} - \sum_{j=0}^{p} \beta_j (X_{t_j} - x)^j \right\}^2 \frac{1}{h_{n,T}} K\left(\frac{X_{t_i} - x}{h_{n,T}}\right). \quad (4.1.11)$$

记 $\hat{\beta}_j, j = 0, 1, \cdots, p$ 为使 $L(\beta_0, \cdots, \beta_P)$ 最小化的参数, 则 $\sigma^2(x)$ 的 j 阶导数 $(\sigma^2(x))^{(j)}$ 的估计为

$$(\hat{\sigma}^2(x))^{(j)} = j!\hat{\beta}_j, \quad j = 0, 1, \cdots, n,$$

特别,

$$\hat{\sigma}^2_{n,T}(x) = \hat{\beta}_0. \quad (4.1.12)$$

为表述方便, 将如上表达式写成矩阵形式. 记

$$X = \begin{pmatrix} 1 & (X_0 - x) & \cdots & (X_0 - x)^p \\ \vdots & \vdots & & \vdots \\ 1 & (X_{t_{n-1}} - x) & \cdots & (X_{t_{n-1}} - x)^p \end{pmatrix}, \quad Y = \begin{pmatrix} Y_0 \\ \vdots \\ Y_{t_{n-1}} \end{pmatrix}, \quad \hat{\beta} = \begin{pmatrix} \hat{\beta}_0 \\ \vdots \\ \hat{\beta}_p \end{pmatrix},$$

另外, 记 U 为 $n \times n$ 对角矩阵,

$$U = \mathrm{diag}\left\{\frac{1}{h_{n,T}} K\left(\frac{X_{t_i} - x}{h}\right), i = 0, \cdots, n-1\right\},$$

则 (4.1.12) 可表为

$$\min_{\beta} (Y - X\beta)' U (Y - X\beta),$$

β 的最小二乘估计为

$$\hat{\beta} = (X'UX)^{-1} X'UY, \tag{4.1.13}$$

或具体表示为

$$\hat{\beta} = \begin{pmatrix} S_{n,0}(x) & S_{n,1}(x) & \cdots & S_{n,p}(x) \\ S_{n,1}(x) & S_{n,2}(x) & \cdots & S_{n,p+1}(x) \\ \vdots & \vdots & & \vdots \\ S_{n,p}(x) & S_{n,p+1}(x) & \cdots & S_{n,2p}(x) \end{pmatrix}^{-1} \begin{pmatrix} T_{n.0}(x) \\ T_{n.1}(x) \\ \vdots \\ T_{n.p}(x) \end{pmatrix},$$

其中

$$S_{n,j}(x) = \sum_{i=0}^{n-1} \frac{1}{h_{n,T}} K\left(\frac{X_{t_i}-x}{h_{n,T}}\right)(X_{t_i}-x)^j,$$

$$T_{n,l}(x) = \sum_{i=0}^{n-1} \frac{1}{h_{n,T}} K\left(\frac{X_{t_i}-x}{h_{n,T}}\right)(X_{t_i}-x)^l Y_{t_i}.$$

如文献 [13] 所述, 由于该方法是局部的, 因此并不要求多项式的阶数太高, 一般取 $p = j+1$, 很少需要取 $p = j+3$ 以上的阶数. 我们所感兴趣的是估计 $\hat{\sigma}^2(x) = \hat{\beta}_0$, 即 $j = 0$ 的情况, 因此通常取 $p = 1$, 称对应的估计量为局部线性估计. 此时,

$$\hat{\sigma}_{n,T}(x) = \frac{\sum_{i=0}^{n-1} \frac{1}{h_{n,T}} K\left(\frac{X_{t_i}-x}{h_{n,T}}\right)\{S_{n,2}-(X_{t_i}-x)S_{n,1}\}Y_{t_i}}{\sum_{i=0}^{n-1} \frac{1}{h_{n,T}} K\left(\frac{X_{t_i}-x}{h_{n,T}}\right)\{S_{n,2}-(X_{t_i}-x)S_{n,1}\}}. \tag{4.1.14}$$

对 $\sigma^2(\cdot)$ 初始样本 $\{\tilde{Y}_{t_i}\}$, 许之彦在其博士论文 [5] 中研究了估计量 (4.1.14) 的极限行为, 证明 $\hat{\sigma}_{n,T}$ 渐近服从正态分布. 类似方法可以证明, 基于小波修正样本的估计量具有类似的极限行为, 其收敛速度更快.

4.1.4 扩散系数的小波估计

考虑模型 (4.1.9) 中 $\sigma^2(\cdot)$ 的小波估计问题. 由于 $\sigma(\cdot)$ 满足条件 A1, A2, 是有界 Lipschitz 函数, 属于 Besov 空间 $B_{1,\infty,\infty}$. 根据文献 [14], 当 $p \geqslant 2$ 时, $B_{s,p,q}$ 中函数的线性小波估计就可达到 minimax 收敛速度. 故只需构造如下线性小波估计量.

设 $\phi(x)$ 为在 $[K_{\min}, K_{\max}]$ 有限支撑的尺度函数, 满足 Lipschitz 条件, 且 $\|\phi\|_\infty \leqslant 1$,

$$\phi_{jk}(x) = \phi(2^j x - k). \tag{4.1.15}$$

记 $\varepsilon = \delta(\beta - \alpha)$, 取 $\sigma^2(x)$ 的小波估计为

4.1 扩散系数的非参数估计

$$\hat{\sigma}_n^2(x) = \sum_k \hat{a}_{j_n k} \phi_{j_n k}(x), \tag{4.1.16}$$

其中

$$\hat{a}_{j_n k} = \frac{1}{n} \sum_{i=1}^n \phi_{j_n k}(X_{t_i}) Y_{t_i}. \tag{4.1.17}$$

当 Y_{t_i} 为初始样本时, 我们证明了 $\hat{\sigma}_n^2(x)$ 的如下大样本性质[15]: 给定闭区间 $D = [\alpha, \beta]$ 及 $h_n > 0, \delta > 0$, 记 $L_n(x) = \dfrac{1}{nh_n} \sum_{i=1}^n I_{|X_{t_i} - x| \leqslant \frac{h_n}{2}}$, $A(\delta, D) = \left\{ \inf_{x \in D} L_n(x) \geqslant \delta \right\}$, 则有

引理 4.1.2 设 $\sigma^2(\cdot) \in \Sigma$ 为满足条件 A1, A2 的函数, 对给定的区间 $D = [\alpha, \beta]$, 在 (4.1.15)~(4.1.16) 式中取

$$j_n = \left[\frac{1}{3} \log_2 n \right], \quad h_n = n^{-\frac{2}{5}}, \tag{4.1.18}$$

则对 $r \geqslant 2$,

$$\tilde{E}\{|\hat{a}_{j_n k} - a_{j_n k}|^r | A(\delta, D)\} \leqslant K n^{-r/2}, \tag{4.1.19}$$

式中 K 为某个与 n 无关的常数.

为了说明如何在 (4.1.9) 式的通用模型下讨论扩散系数非参数估计的极限性质, 我们将此引理的证明放在本章附录 A 中供读者参考.

注 由统计学知识, 对确定的点 x, 为了有效地估计函数 $\sigma^2(x)$, 过程 X_t 必须在点 x 附近有 "足够多" 的观察值. 上述事件 $A(\delta, D)$ 发生就意味着在给定的闭区间 D 内的每一点 x 附近都有 "足够多" 的观察值. 具体来说, 记

$$L_t^x = \frac{1}{\sigma^2(x)} \lim_{\varepsilon \to 0} \frac{1}{2\varepsilon} \int_0^t I_{|X_s - x| \leqslant \varepsilon} \sigma^2(s) \, ds,$$

称为过程 X_t 于 $[0, t]$ 时段内在 x 点处的时序局部时, 式中 I_A 为集合 A 的示性函数. "过程 $X = \{X_t, 0 \leqslant t \leqslant T\}$ 在点 x 附近有足够多的观察值" 意味着: 对某个适当的正数 $\delta, L_T^x > \delta$. 由于当 $h_n \to 0$ 时, $L_n(x)$ 依概率收敛到 L_T^x, 于是, 对充分小的 h_n, 亦有 $L_n(x) \geqslant \delta$. 也就是说落入区间 $(x - h_n/2, x + h_n/2]$ 的样本观察值个数不少于 $[nh_n \delta]$ (其中 $[x]$ 表示小于等于实数 x 的最大整数).

利用引理 4.1.2 及小波函数的性质, 则可得到扩散系数小波估计量的收敛速度及强相合性.

定理 4.1.1 设 $\sigma^2(\cdot) \in \Sigma$ 为满足条件 A1, A2 的函数, $E(|X_1|^r) < \infty$, $\theta(x) = \sum_{k \in Z} |\phi(x - k)|$ 满足 $\|\theta\|_r < \infty$. 记

$$M = \frac{dP}{d\tilde{P}} = \exp\left\{\int_0^1 \frac{b(X_u)}{\sigma(X_u)}dB_u + \frac{1}{2}\int_0^1 \frac{b^2(X_u)}{\sigma^2(X_u)}du\right\},$$

且设 $\tilde{E}[M^{\frac{r}{r-1}}]$. 给定区间 $D = [\alpha, \beta]$, $\hat{\sigma}_n^2$ 由 (4.1.15)~(4.1.16) 式定义, 其中参数由 (4.1.18) 式确定, 取损失函数为

$$L(r, \hat{\sigma}_n^2, D) = \int_D \left(\hat{\sigma}_n^2(x) - \sigma^2(x)\right)^r dx, \qquad (4.1.20)$$

则对 $r \geqslant 2$, 估计量 $\hat{\sigma}_n^2(\cdot)$ 在 Σ 上的风险函数为

$$\Re(\hat{\sigma}_n^2(\cdot), \Sigma, D) = \sup_{\sigma^2 \in \Sigma}\left\{E[L(r, \hat{\sigma}_n^2, D)|A(\delta, D)]\right\}^{1/r} = O\left(n^{\frac{1-r}{3r}}\right). \qquad (4.1.21)$$

由上述定理可知, $\forall x \in D$, 取 $\hat{\sigma}(x) = \sqrt{\hat{\sigma}_n^2(x)}$, 则 $\hat{\sigma}(x)$ 即为扩散系数 $\sigma(x)$ 的小波估计量, 其收敛速度为 $O(n^{\frac{1-p}{3p}})$. 与 Donoho[14] 的情形相对照, 可以发现, 我们所得到的收敛速度达到了回归函数非线性估计量在 $B_{1,\infty,\infty}$ 中的 minimax 收敛速度.

由定理 4.1.1, 容易获得下列推论.

推论 4.1.1 条件同定理 4.1.1, 且 $E(|X_1|^7) < \infty$ 则

$$P\left\{\lim_{n \to \infty}\int_D \hat{\sigma}_n^2(x)dx = \int_D \sigma^2(x)dx \Big| A(\delta, D)\right\} = 1. \qquad (4.1.22)$$

即在事件 $A(\delta, D)$ 发生的条件下, $\int_D \hat{\sigma}_n^2(x)dx$ a.s. 收敛到 $\int_D \sigma^2(x)dx$.

事实上, $\forall \varepsilon > 0$, 记

$$G_n = \left\{\left|\int_D \hat{\sigma}_n^2(x)dx - \int_D \sigma^2(x)dx\right| \geqslant \varepsilon\right\}.$$

由 Markov 不等式, $\forall r > 0$,

$$P\{G_n|A(\delta, D)\} \leqslant \frac{1}{\varepsilon^r} E\left\{\left|\int_D \hat{\sigma}_n^2(x)dx - \int_D \sigma^2(x)dx\right|^r \Big| A(\delta, D)\right\}. \qquad (4.1.23)$$

由定理 4.1.1,

$$E^{1/r}\left\{\int_D [\hat{\sigma}_n^2(x) - \sigma^2(x)]^r dx \Big| A(\delta, D)\right\} \leqslant Kn^{\frac{1-r}{3r}}.$$

于是

$$E\left\{\left|\int_D [\hat{\sigma}_n^2(x) - \sigma^2(x)]dx\right|^r \Big| A(\delta, D)\right\} \leqslant Kn^{\frac{1-r}{3}}. \qquad (4.1.24)$$

在 (4.1.24) 中取 $r \geqslant 7$, 则代入 (4.1.23) 得

$$P\{G_n|A(\delta, D)\} \leqslant \frac{K}{\varepsilon^7} n^{-2},$$

4.1 扩散系数的非参数估计

故

$$\sum_{n=1}^{\infty} P\{G_n|A(\delta,D)\} < \infty.$$

由 Borel-Canteli 引理,

$$P\{\limsup_{n\to\infty} G_n|A(\delta,D)\} = 0.$$

结论得证.

以上定理证明了扩散系数的小波估计量的强相合性. 这一性质在实践上非常有用. 例如, 在衍生证券定价时, 常需了解在等价测度下估计量的性质: 扩散系数的估计不仅应在市场测度下收敛, 也应在风险中性测度下收敛. 强收敛性保证了这一点. 定理的一个重要应用是可以在任意等价测度下用同样构造的小波估计量估计扩散系数. 例如, 在金融市场中小波估计量在市场概率测度和风险中性测度下都是强收敛的.

以上介绍了扩散系数的三种非参数估计法, 其中核估计的精度对带宽的选择很敏感. 当 $\sigma^2(x)$ 接近线性时, 局部线性估计自然是最佳选择. 对于光滑度未知的 $\sigma^2(x)$, 由于小波估计没有类似于核估计的带宽选择问题, 也没有局部多项式估计的带宽和阶数选择问题, 借助 MATLAB 中提供的丰富的小波分析工具, 可以方便快捷地实现, 是一个值得推荐的非参数估计方案. 下面通过一个模拟试验说明小波估计的可行性.

例 4.1.1(续)   通过模拟试验说明如何根据过程 X_t 的一段离散观察值构造扩散系数 $\sigma(x) = \beta\sqrt{x}$ 的小波估计并考察估计效果. 分以下两个步骤进行.

第 1 步. 用例 4.1.1 的方法, 模拟产生 X_t 的 n 个离散观察值 $\{X_{t_i}, i=1,\cdots,n\}$, 并分别根据 (4.1.8), (4.1.9) 构造扩散系数的初始样本 $\{\tilde{Y}_{t_i}, i=1,\cdots,n-1\}$ 及小波修正样本 $\{Y_{t_i}, i=1,\cdots,n-1\}$;

第 2 步. 分别将初始样本及小波修正样本代入 (4.1.16)~(4.1.17), 求 $\{\sigma^2(X_{(i)}), i=1,\cdots,n-1\}$ 的小波估计, 对每个估计值开方就可得到每个样本点处扩散系数的估计 $\hat{\sigma}_1(X_{(i)})$, 估计效果见图 4.1.2. 具体运算可通过配书光盘中 C-1 的 SIG_WEV 和 SIG_WAVM 函数实现.

从图 4.1.1(a) 可见, 估计曲线与理论曲线的变换趋势有一定的差异. 我们认为这种差异是由于初始样本中误差方差太大, 使得它与扩散系数的理论轨道差异较大, 从而影响了最终估计效果. 采用小波修正样本后, 估计效果明显改善 (见图 (4.1.2(b)).

记估计量的均方误差为 $\varepsilon = \sqrt{\dfrac{1}{n}\sum_{i=1}^{n}(\hat{\sigma}(X_i) - \sigma(X_i))^2}$, 则基于初始样本轨道

所得估计量的均方误差为 0.5442, 相当于 $O(n^{-1/10})$ 的均方收敛速度, 而基于小波修正样本轨道所得估计量的均方误差为 0.1313, 相当于 $O\left(n^{-1/3}\right)$ 的均方收敛速度.

综合以上模拟试验的结果可以看出, 基于扩散系数小波修正样本估计扩散系数的方法简便易行, 且精度较高, 有较好的推广价值.

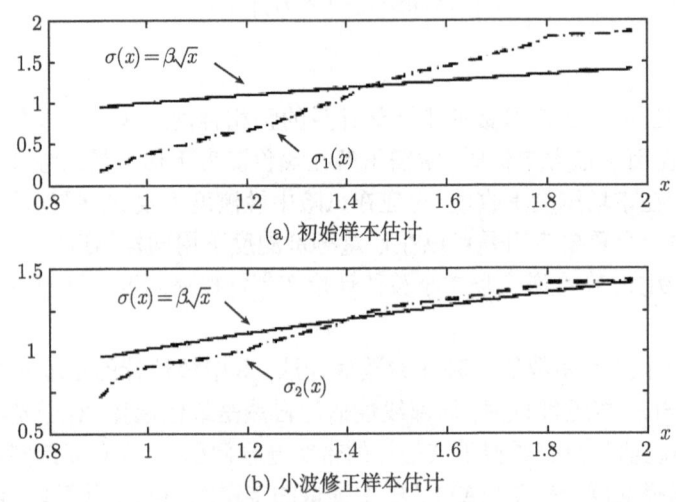

图 4.1.3　扩散系数小波估计效果

注　以上得到的是在 $n-1$ 个观察值点 $\{X_{t_i}, i=1, \cdots, n-1\}$ 处的小波估计. $\forall x \in [X_{(1)}, X_{(n-1)}]$, 可用线性插值法求 $\sigma(x)$ 的估计. 不妨设 $x \in [X_{(i)}, X_{(i+1)}]$, 则

$$\hat{\sigma}(x) = \hat{\sigma}(X_{(i)}) + \frac{(x - X_{(i)})(\hat{\sigma}(X_{(i+1)}) - \hat{\sigma}(X_{(i)}))}{(X_{(i+1)} - X_{(i)})}. \tag{4.1.25}$$

可通过配书光盘中 C-3 的 SIG_WAVx 函数实现上述计算.

4.2　漂移系数的非参数估计

考虑 4.1 节给出标的资产价格过程 X_t, 满足一维扩散模型 (4.1.1). 与 4.1 节的情况相同, 我们手头的资料 $X_{t_1}, \cdots, X_{t_n}$ 是扩散过程 X_t 的观察值, 并不能直接观察到 $\mu(\cdot)$ 的取值, 需通过适当变换得到 $\mu(\cdot)$ 的样本.

4.2.1　漂移系数的非参数估计模型

由 (4.1.1) 的积分形式, 易见

$$X_{t_{i+1}} - X_{t_i} = \int_{t_i}^{t_{i+1}} \mu(X_t)dt + \int_{t_i}^{t_{i+1}} \sigma(X_t)dB_t. \tag{4.2.1}$$

4.2 漂移系数的非参数估计

引理 4.2.1[16] 设过程 X_t 满足微分方程 (4.1.1), 系数 $\mu(\cdot), \sigma(\cdot)$ 满足 3.1 节的条件 A1, A2, 且设 $\sup\limits_{0\leqslant t\leqslant T} E[|X_t|^2] = M < \infty$. 记 $\mathcal{F}_t = \sigma\{B_s, 0 \leqslant s \leqslant t\}$, 则对任意取值于 $[0, T - T/n]$ 的 $\mathcal{F}_t$ 停时 τ, 定义

$$e_\tau^{(\mu)} = \frac{n}{T}\int_\tau^{\tau+\frac{T}{n}} \mu(X_u)du - \mu(X_\tau), \tag{4.2.2}$$

则当 $T/n \to 0$ 时,

$$E[|e_\tau^{(\mu)}|^2] \leqslant O\left(\frac{T}{n}\right). \tag{4.2.3}$$

证明 首先, $\forall s < t$, 由积分 Hölder 不等式,

$$\tilde{E}\left[(X_t - X_s)^2\right] = E\left\{\left[\int_s^t \mu(X_u)du + \int_s^t \sigma(X_u)dB_u\right]^2\right\}$$

$$= E\left[\int_s^t \mu(X_u)du\right]^2 + 2E\int_s^t \mu(X_u)du\int_s^t \sigma(X_u)dB_u + E\int_s^t \sigma^2(X_u)du$$

$$\leqslant 2\left\{(t-s)\int_s^t E\left[\mu^2(X_u)\right]du + \int_s^t E\left[\sigma^2(X_u)\right]du\right\}$$

$$\leqslant 2C_1\left\{(t-s)\int_s^t E(1+|X_u|)^2 du + \int_s^t E(1+|X_u|)du\right\}$$

$$\leqslant 2C_1\left\{(1+3M)(t-s)^2 + (1+M)(t-s)\right\}.$$

于是, 对任意取值于 $\left[0, 1-\dfrac{1}{n}\right]$ 的 $\mathcal{F}$ 停时 τ,

$$E[|e_\tau^{(\mu)}|^2] \leqslant \sup_{t\in[0,T-\frac{T}{n}]} E\left[\left(\frac{n}{T}\int_t^{t+\frac{T}{n}}(\mu(X_u) - \mu(X_t))du\right)^2\right]$$

$$\leqslant \left(\frac{n}{T}\right) \sup_{t\in[0,T-\frac{T}{n}]} E\left[\int_t^{t+\frac{T}{n}}(\mu(X_u) - \mu(X_t))^2 du\right]$$

$$\leqslant \left(\frac{n}{T}\right) C_2^2 \sup_{t\in[0,T-\frac{T}{n}]} E\left[\int_t^{t+\frac{T}{n}}(X_u - X_t)^2 du\right]$$

$$\leqslant 2C_2^2 C_1\left\{(1+3M)\left(\frac{T}{n}\right)^2 + (1+M)\left(\frac{T}{n}\right)\right\} = O\left(\frac{T}{n}\right).$$

由引理 4.2.1, 当 $T/n \to 0$ 时, $\dfrac{n}{T}\int_{t_i}^{t_{i+1}} \mu(X_u)du \xrightarrow{L^2} \mu(X_{t_i})$, 于是有

$$\frac{n}{T}(X_{t_{i+1}} - X_{t_i}) = \mu(X_{t_i}) + e_{t_i}^{(\mu)} + \frac{n}{T}\int_{t_i}^{t_{i+1}} \sigma(X_t)dB_t. \tag{4.2.4}$$

记

$$\varepsilon_{t_i}^{(\mu)} = \frac{n}{T} \int_{t_i}^{t_{i+1}} \sigma(X_t) dB_t = \frac{n}{T} \int_{\frac{iT}{n}}^{\frac{(i+1)T}{n}} \sigma(X_t) dB_t. \qquad (4.2.5)$$

由于

$$E[\varepsilon_{t_i}^{(\mu)}] = \frac{n}{T} E\left[\int_{\frac{iT}{n}}^{\frac{(i+1)T}{n}} \sigma(X_t) dB_t\right] = 0,$$

可将 $\varepsilon_{t_i}^{(\mu)}, i = 0, \cdots, n-1$ 看作随机误差, 再将 $Z_{t_i} = \frac{n}{T}(X_{t_{i+1}} - X_{t_i}), i = 0, \cdots, n-1$ 看作 $\mu(X_t)$ 的样本, 则 (4.2.4) 式可写作

$$Z_{t_i} = \mu(X_{t_i}) + e_{t_i}^{(\mu)} + \varepsilon_{t_i}^{(\mu)}, \quad i = 0, 1, \cdots, n-1 \qquad (4.2.6)$$

式中 $e_{t_i}^{(\mu)}, i = 0, \cdots, n-1$ 可看作系统误差, 满足 $E[|e_{t_i}^{(\mu)}|^2] \leqslant O\left(\frac{T}{n}\right)$. 至此, 我们得到了一个估计扩散模型漂移系数的通用模型, 将漂移系数的估计非参数估计问题看作根据二维随机变量 (X, Y) 的观察数据 $(X_{t_i}, Y_{t_i}), i = 0, \cdots, n-1$, 对模型 (4.2.6) 中 "回归函数" $\mu(x)$ 的估计. 类似于 3.1 节的讨论, (4.2.6) 式中的 $X_{t_i}, i = 1, \cdots, n-1$ 为分布未知的随机设计样本点, 且数据间具有与扩散过程结构有关的相依性质. 我们可以将一般回归函数的非参数估计如核估计、局部多项式估计、小波估计等方法推广到漂移系数的估计上来. 但要注意到, 漂移系数的非参数估计量的极限性质可能比扩散系数的非参数估计量要差, 因为根据 (4.2.5),

$$\text{Var}\varepsilon_{t_i}^{(\mu)} = \left(\frac{n}{T}\right)^2 E \int_{\frac{iT}{n}}^{\frac{(i+1)T}{n}} \sigma^2(X_t) dt.$$

除非 $\sup_{0 \leqslant t \leqslant T} \{E[\sigma^2(X_t)]\} \leqslant O\left(\frac{T}{n}\right)$, 当 $\frac{T}{n} \to 0$ 时, 将有 $\sup_{0 \leqslant t \leqslant T} \text{Var}\varepsilon_{t_i}^{(\mu)} \to \infty$, 因此, 以下将会看到, 漂移系数估计量的相合性与极限分布只能在 $n \to \infty, T \to \infty$ 情况下给出, 而不能在有限时间段内得到.

注 与扩散系数的情形类似, 对 (4.2.6) 式的 $\{Z_{t_i}, i = 0, 1, \cdots, n-1\}$ 作小波修正, 能在一定程度上提高估计精度, 其模拟分析结果见本节末的例 4.2.1.

4.2.2 漂移系数的核估计

考虑模型 (4.2.6) 中 $\mu(\cdot)$ 的核估计问题. 根据回归函数核估计的构造, 给定核函数 $K(\cdot)$ 及带宽则 $\forall x \in D$, $\mu(x)$ 的核估计为

$$\hat{\mu}_{n,T}(x) = \frac{\sum_{i=0}^{n-1} Z_{t_i} K\left(\frac{X_{t_i} - x}{g_{n,T}}\right)}{\sum_{i=0}^{n-1} K\left(\frac{X_{t_i} - x}{g_{n,T}}\right)}. \qquad (4.2.7)$$

恰好与文献 [4] 中的 NW 估计量形式形同, Bandi[4] 指出, 在一定的正则条件下, 当 $n, T \to \infty$ 时, $\mu(x)$ 的 NW 估计量满足强相合性与渐近正态性.

4.2.3 漂移系数的局部多项式估计

考虑模型 (4.2.6) 中 $\mu(\cdot)$ 的局部多项式估计. 根据 2.2 节给出的回归函数局部多项式估计法, 给定核函数 $K(\cdot)$, 取步长 $h_{n,T}$ 满足, 当 $n \to \infty$ 时 $h_{n,T} \to 0, nh_{n,T} \to \infty$, 则 $\forall x \in D$, 仍记 $Z_{t_i} = \dfrac{n}{T}(X_{t_{i+1}} - X_{t_i}), i = 0, 1, \cdots, n-1$, 则 $\mu(x)$ 的局部多项式估计按如下步骤构造. 首先, 令

$$L(\beta_0, \cdots, \beta_p) = \sum_{i=1}^{n} \left\{ Z_{t_i} - \sum_{j=0}^{p} \beta_j (X_{t_j} - x)^j \right\}^2 \frac{1}{h_{n,T}} K\left(\frac{X_{t_i} - x}{h_{n,T}}\right). \tag{4.2.8}$$

记 $\hat{\beta}_j, j = 0, 1, \cdots, p$ 为使 $L(\beta_0, \cdots, \beta_P)$ 最小化的参数, 则 $\mu(x)$ 的 j 阶导数 $(\mu(x))^{(j)}$ 的估计为

$$(\hat{\mu}(x))^{(j)} = j!\hat{\beta}_j, \quad j = 0, 1, \cdots, n,$$

特别,

$$\mu_{n,T}(x) = \hat{\beta}_0. \tag{4.2.9}$$

为记号方便, 将如上表达式写成矩阵形式. 记

$$X = \begin{pmatrix} 1 & (X_0 - x) & \cdots & (X_0 - x)^p \\ \vdots & \vdots & & \vdots \\ 1 & (X_{t_{n-1}} - x) & \cdots & (X_{t_{n-1}} - x)^p \end{pmatrix}, \quad Z = \begin{pmatrix} Z_0 \\ \vdots \\ Z_{t_{n-1}} \end{pmatrix}, \quad \hat{\beta} = \begin{pmatrix} \hat{\beta}_0 \\ \vdots \\ \hat{\beta}_p \end{pmatrix},$$

另外, 记 U 为 $n \times n$ 对角矩阵, $U = \text{diag}\left\{\dfrac{1}{h_{n,T}} K\left(\dfrac{X_{t_i} - x}{h}\right), i = 0, \cdots, n-1\right\}$, 则 (4.2.8) 可表为

$$\min_{\beta} (Z - X\beta)' U (Z - X\beta).$$

β 的最小二乘估计为

$$\hat{\beta} = (X'UX)^{-1} X'UZ, \tag{4.2.10}$$

或具体表示为

$$\hat{\beta} = \begin{pmatrix} S_{n,0}(x) & S_{n,1}(x) & \cdots & S_{n,p}(x) \\ S_{n,1}(x) & S_{n,2}(x) & \cdots & S_{n,p+1}(x) \\ \vdots & \vdots & & \vdots \\ S_{n,p}(x) & S_{n,p+1}(x) & \cdots & S_{n,2p}(x) \end{pmatrix}^{-1} \begin{pmatrix} T_{n.0}(x) \\ T_{n.1}(x) \\ \vdots \\ T_{n.p}(x) \end{pmatrix},$$

其中
$$S_{n,j}(x) = \sum_{i=0}^{n-1} \frac{1}{h_{n,T}} K\left(\frac{X_{t_i}-x}{h_{n,T}}\right)(X_{t_i}-x)^j,$$

$$T_{n,l}(x) = \sum_{i=0}^{n-1} \frac{1}{h_{n,T}} K\left(\frac{X_{t_i}-x}{h_{n,T}}\right)(X_{t_i}-x)^l Y_{t_i}.$$

上述估计量的形式恰好与文献 [13] 形式相同. 如文献 [13] 所述, 由于该方法是局部的, 因此并不要求多项式的阶数太高, 一般取 $p = j+1$, 很少需要取 $p = j+3$ 以上的阶数. 我们所感兴趣的是估计 $\hat{\mu}(x) = \hat{\beta}_0$, 即 $j = 0$ 的情况, 因此通常取 $p = 1$, 称对应的估计量为局部线性估计. 此时,

$$\hat{\mu}_{n,T}(x) = \frac{\sum_{i=0}^{n-1} \frac{1}{h_{n,T}} K\left(\frac{X_{t_i}-x}{h_{n,T}}\right)\{S_{n,2}-(X_{t_i}-x)S_{n,1}\}Z_{t_i}}{\sum_{i=0}^{n-1} \frac{1}{h_{n,T}} K\left(\frac{X_{t_i}-x}{h_{n,T}}\right)\{S_{n,2}-(X_{t_i}-x)S_{n,1}\}}. \tag{4.2.11}$$

许之彦在其博士论文 [5] 中研究了估计量 (4.2.11) 的极限行为, 证明当 $n,T \to \infty, T/n \to 0$ 时, 适当选择带宽 $h_{n,T}$, μ 和 σ^2 的局部多项式估计量均满足强相合性, 但其极限分布的收敛速度是不同的, $\hat{\sigma}_{n,T}^2(\cdot)$ 的弱收敛速度近似为 $O(T/nh_{n,T}L_T^x)$, 而 $\hat{\mu}_{n,T}(\cdot)$ 的弱收敛速度近似为 $O(T/h_{n,T}L_T^x)$, 显然比 $\hat{\sigma}_{n,T}^2(\cdot)$ 的收敛速度要慢得多. 此外, 关于漂移系数局部多项式估计的性质都是在 $T \to \infty$ 情形下给出的, 目前尚未见到有关漂移系数的局部多项式估计量在有限时间 T 内的极限性质的研究. 参照核估计的情形, 我们设想扩散系数的局部多项式估计量在有限时间 T 内应能够满足强相合性及渐近正态性, 但漂移系数的估计量在有限时间 T 内不一定能满足强相合性.

4.2.4 漂移系数的小波估计

考虑模型 (4.2.6) 中 $\mu(\cdot)$ 的小波估计问题. 由于 $\mu(\cdot)$ 满足条件 A1, A2, 是有界 Lipschitz 函数, 属于 Besov 空间 $B_{1,\infty,\infty}$. Hoffmann[6] 指出, 当 $p \geqslant 2$ 时, $B_{s,p,q}$ 中函数的线性小波估计就可达到 Minimax 收敛速度, 故我们只需构造如下线性小波估计量.

设 $\phi(x)$ 为在 $[K_{\min}, K_{\max}]$, 有限支撑的尺度函数, 满足 Lipschitz 条件, 且 $\|\phi\|_\infty \leqslant 1$,

$$\phi_{jk}(x) = \phi(2^j x - k). \tag{4.2.12}$$

记 $\varepsilon = \delta(\beta - \alpha)$, 取 $\mu(x)$ 的小波估计为

$$\hat{\mu}_n(x) = \sum_k \hat{a}_{j_n k} \phi_{j_n k}(x), \tag{4.2.13}$$

4.2 漂移系数的非参数估计

其中

$$\hat{a}_{jnk} = \frac{1}{n} \sum_{i=1}^{n} \phi_{jnk}(X_{t_i}) Z_{t_i}. \tag{4.2.14}$$

迄今为止, 文献中尚为见到有关漂移系数小波估计量大样本性质的讨论, 我们通过一个模拟试验考察漂移系数小波估计的可行性.

例 4.2.1 设 X_t 满足 CIR 模型,

$$dX_t = \alpha(m - X_t)dt + \beta\sqrt{X_t}dB_t, \quad 0 \leqslant t \leqslant T.$$

采用例 4.1.1 产生的样本数据 $\{X_{t_i}, i=1,\cdots,n\}$, 通过模拟试验考察漂移系数 $\mu(X_t) = \alpha(m - X_t)$ 的小波估计效果. 分以下三个步骤:

第 1 步. 根据 (4.2.4), 令 $Z_{t_i} = \frac{n}{T}(X_{t_{i+1}} - X_{t_i}), i=1,\cdots,n-1$, 作为漂移系数的初始样本. 根据例 4.1.1 的经验, 对 $\{Z_{t_i} i=1,\cdots,n-1\}$ 作小波分析, 得到漂移系数的小波修正样本应比初始样本更接近漂移系数的理论样本轨道. 图 4.2.1(a) 给出了漂散系数的 "初始样本轨道" "小波修正样本轨道" 与理论样本轨道的对比, 从图上可见, 小波修正样本轨道比初始样本轨道更接近扩散系数的理论样本轨道.

第 2 步. 类似于例 4.1.1 的作法, 分别基于漂散系数的 "初始样本轨道" "小波修正样本轨道" 计算漂移系数的小波估计, 估计效果见图 4.2.1(b). 易见, 基于小波修正样本的漂移系数小波估计量比基于初始样本的估计量精度要高一些. 记估计量的均方误差为 $\varepsilon = \sqrt{\frac{1}{n}\sum_{i=1}^{n}(\hat{\mu}_i - \mu(X_i))^2}$, 则基于初始样本轨道所得估计量的均方误差为 23.19, 而基于小波修正样本轨道所得估计量的均方误差为 8.201, 相对于样本容量 $n = 500$ 来说仍不能算是收敛的.

第 3 步. 将采样间隔从原来的 0.002 放大到 0.02, 仍取样本容量 $n = 500$, 这相当于在 $t \in [0, 10]$ 的时间区间内采样. 重复上述第 2 步, 得到漂移系数的小波估计见图 4.2.1(c). 从图上看二者区别不很明显, 但基于初始样本轨道所得估计量的均方误差为 1.385, 而基于小波修正样本轨道所得估计量的均方误差为 0.961, 可见小波修正样本仍有一定的优势.

综合以上模拟试验的结果得出如下两点结论:

(1) 在漂移系数的非参数估计中, 运用小波分析修正样本轨道能够提高估计精度;

(2) 漂移系数的非参数估计的精度随采样时间的长度 T 的增大而增大, 随采样频率的增大而减少. 当样本容量至少为 $n = O\left(\frac{10}{\Delta}\right)$ 时, 基于小波修正样本轨道所得非参数估计量的均方误差有可能低于 $O(n^{-0.006})$.

注 以上得到的是在 $n-1$ 个观察值点 $\{X_{t_i}, i=1,\cdots,n-1\}$ 处漂移系数的小波估计. $\forall x \in [X_{(1)}, X_{(n-1)}]$, 可用线性插值法求 $\mu(x)$ 的估计. 不妨设 $x \in [X_{(i)}, X_{(i+1)}]$, $\hat{\mu}_i = \mu(X_{(i)})$, 则

$$\hat{\mu}(x) = \hat{\mu}_i + \frac{(x - X_{(i)})(\hat{\mu}_{i+1} - \hat{\mu}_i)}{(X_{(i+1)} - X_{(i)})}. \tag{4.2.15}$$

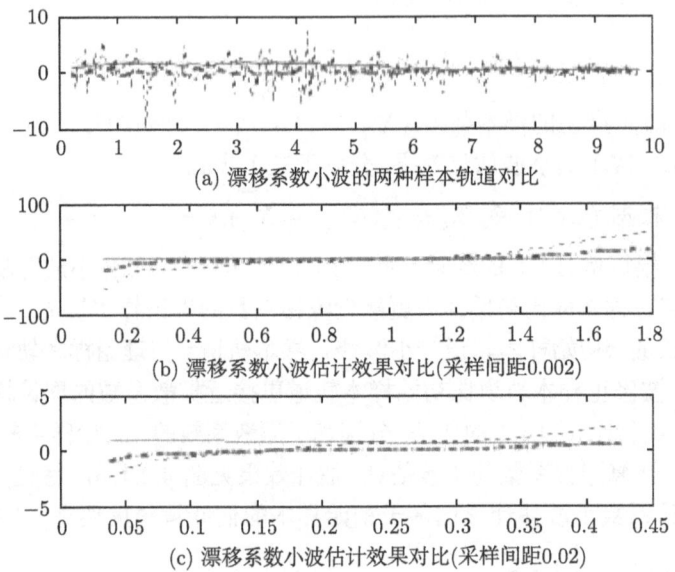

(a) 漂移系数小波的两种样本轨道对比

(b) 漂移系数小波估计效果对比(采样间距0.002)

(c) 漂移系数小波估计效果对比(采样间距0.02)

图 4.2.1 漂移系数样本轨道与小波估计

(图中实践为理论值, 虚线代表初始样本, 粗点线代表小波修正)

本例的 MATLAB 源代码见配书光盘 "漂移系数小波估计函数" DIRFT_WAV, DIRFT_WAVM 及 DIRFT_WAVx.

4.3 风险中性密度 (SPD) 的非参数估计

金融工程的核心问题之一是衍生证券定价. 从经济的意义来说, 风险中性密度 (简记为 SPD) 是衍生证券定价的充分统计量, 它集中了所有与定价有关的偏好及商业条件的信息. 一般的衍生证券定价公式是由某个品种的衍生证券收益函数决定的, 而 SPD 代表了同样标的资产在风险中性测度下的密度, 与衍生证券的收益函数无关. 因而从一个品种的衍生证券数据估计得到的 SPD 可以统一地用来计算同样标的资产对应其他品种的衍生证券. 比如, 可以根据欧式看涨期权的市场价格数据估计对应标的资产的 SPD 而将之用来计算美式期权、亚式期权、期货等其他类型的衍生证券价格. 从这方面来讲, SPD 的非参数估计有其特殊的意义.

4.3 风险中性密度 (SPD) 的非参数估计

根据无套利定价理论, 设 S_t 为标的资产价格, 则 T 时刻到期, 收益函数为 $h(S_T)$ 的衍生证券在 $t \leqslant T$ 时刻的价格为

$$\hat{u}(t,x) = \tilde{E}^{t,x}[e^{-r_{t,\tau}(T-t)}h(X_T)] = e^{-r(T-t)} \int_{-\infty}^{\infty} h(x)\tilde{p}_t(x)dx,$$

其中 $r_{t,\tau}$ 为 $[t,T]$ 时段内的常数的无风险利率, 下标 $\tau = T - t$ 表示距到期时间, $\tilde{p}_t(S_T)$ 是 t 时刻股票价格为 $S_t = x$ 的条件下, S_T 的风险中性密度.

4.3.1 基于标的资产价格的非参数估计

假定 S_t 有风险中性测度下的平稳的分布密度 $\tilde{p}_t(\cdot) \equiv \tilde{p}(\cdot)$, 则 S_t 是平稳 Markov 过程. 根据文献 [22], 当无风险利率为常数 r 时, $\tilde{p}(\cdot)$ 与扩散系数 $\sigma(\cdot)$ 的关系为

$$\frac{1}{2}(\sigma^2(x)\tilde{p})' = rx\tilde{p}, \tag{4.3.1}$$

由于股票价格不可能为 0, 故可取 $\tilde{p}(0) = 0$, 于是, 在约定 $\sigma^2(x) > 0$ 下, 可从 (4.3.1) 解出

$$\tilde{p}(x) = \exp\left\{\int_0^x \frac{2ru}{\sigma^2(u)}du - \ln \sigma^2(x)\right\}. \tag{4.3.2}$$

将 $\hat{\sigma}^2(x)$ 代入 (4.3.2) 计算对应的数值积分即可得到风险中性密度 $\tilde{p}(\cdot)$ 的估计.

上述估计方法对标的资产过程的要求过于苛刻, 在实践中适用的机会不多.

另一种估计风险中性分布的非参数法是 Stutzer[23] 于 1996 年提出的所谓 "正则估值法". 该方法利用标的资产价格的历史数据估计资产价格在市场测度下的概率分布 $\hat{\pi}$, 再用最小相对熵准则将 $\hat{\pi}$ 转化成风险中性测度下的概率分布 $\hat{\pi}^*$.

首先, 设标的资产价格的历史数据为 $S_{t_i}, i = -1, -2, \cdots, -H$, 其中, 记 $t_{i+1} - t_i = \Delta$, t_i 时刻对应的 T 时期收益为 $R_{t_i} = S_{t_i}/S_{t_i-T}, i = -1, \cdots, T/\Delta - H$ (不妨设 Δ 整除 T), 则市场测度下 T 时期收益的经验分布估计为

$$\hat{\pi}_j = P(R_T = R_{t_i}) = \frac{1}{H - \dfrac{T}{\Delta}}. \tag{4.3.3}$$

设标的资产的现价为 S_0, 用 $\hat{\pi}$ 估计 T 时刻标的资产价格的分布为

$$\hat{\pi}_j = P(S_T = S_0 R_{t_j}) = \frac{1}{H - \dfrac{T}{\Delta}}. \tag{4.3.4}$$

记 π^* 是 T 时刻风险中性概率测度下的分布, 则 π^* 必须满足

$$S_0 = \tilde{E}\left[e^{-rT}S_T|S_0\right] = E\left[e^{-rT}S_T\frac{d\pi^*}{d\pi}\Big|S_0\right], \tag{4.3.5}$$

其中 $\frac{d\pi^*}{d\pi}$ 为风险中性测度关于市场测度的 Radon-Nikodym 导数. 将 $S_T = S_0 R_T$ 代入 (4.3.5) 得 $1 = E\left[e^{-rT} R_T \frac{d\pi^*}{d\pi} | S_0\right]$, 假定 T 时期收益的分布是平稳的, 结合 (4.3.4), 则得到一个关于 $\frac{d\pi^*}{d\pi}$ 的估计式:

$$1 = \frac{e^{-rT}}{H - \frac{T}{\Delta}} \sum_{j=-1}^{H - \frac{T}{\Delta}} R_{t_j} \frac{\hat{\pi}_j^*}{\hat{\pi}_j}. \tag{4.3.6}$$

我们必须选择满足方程 (4.4.11) 的严格正的概率 π^* 作为等价鞅测度的逼近. 但实际上, 有无穷多的概率测度满足方程 (4.4.11). 一种合理的选择就是在 (4.3.6) 的约束下, 解最小化问题

$$\hat{\pi}^* = \underset{\pi_j^* > 0, \sum_j \pi_j^* = 1}{\arg\min} I(\hat{\pi}^*, \hat{\pi}) = \sum_{j=1}^{H - \frac{T}{\Delta}} \hat{\pi}_j^* \log \frac{\hat{\pi}_j^*}{\hat{\pi}_j}, \tag{4.3.7}$$

其中 I 是 π^* 与 $\hat{\pi}$ 之间的 Kullback-Leibler 信息准则 (KLIC) 距离. 这种方法按照信息论的观点可解释为: 风险中性测度是满足 (4.3.6) 式的限制并在市场经验分布之外额外信息最少的概率分布. Alcock 等 [24] 用 Lagrange 乘子法得到方程 (4.3.7) 的解:

$$\hat{\pi}_j^* = \frac{\exp[\gamma^* e^{-rT} R_{t_j}]}{\sum_j \exp[\gamma^* e^{-rT} R_{t_j}]}, \quad j = -1, \cdots, -\left(H - \frac{T}{\Delta}\right), \tag{4.3.8}$$

式中 γ^* 是 Lagrange 乘子, 是下列无约束的凸问题的解:

$$\gamma^* = \underset{\gamma}{\arg\min} \sum_j \exp\left[\gamma\left(e^{-rT} R_{t_j} - 1\right)\right]. \tag{4.3.9}$$

将 (4.3.9) 代入 (4.3.6) 得到满足 (4.3.7) 的风险中性概率估计.

4.3.2 基于期权价格的非参数估计

不少学者认为, 期权价格反映的是人们对 "未来" 波动率的预期, 而股票历史行情只能反映 "过去" 的波动率. 因而在估计如波动率、风险中性密度等与衍生证券价格有关的量的时候, 利用期权价格而不是股票历史行情作为估计的依据似乎更为恰当.

在标的资产价格服从几何 Brown 运动的假设下, SPD 是对数正态分布. 对更复杂的随机过程, 无法得到 SPD 的封闭形式而必须采用数值逼近. 对于非参数设定的标的资产过程, 必须通过市场数据将 SPD 估计出来. 应该注意到, SPD 不是标的

资产市场价格过程的边缘密度, 它不能直接从标的资产市场价格估计出来, 也不能仅从期权的支付序列估计出来, 因为它还受到偏好或边际替代率的影响. 而期权的市场价格代表了均衡环境中的支付与偏好的结合, 因而从期权价格序列估计 SPD 应该是最好的选择. 事实上, 文献 [25] 及 [26] 提出了一种从期权价格得到 SPD 的明确表达式 ——SPD 是看涨期权定价公式关于敲定价的二阶导数标准化使积分为 1 的结果.

例如, 设标的资产在 t 时刻价格为 S_t, 分红为 $\delta_{t,\tau}$, 波动率为 σ, 则在 Black-Scholes[27] 的假设下, 到期日为 $T = t + \tau$, 敲定价为 X 的看涨期权在 t 时刻的价格为

$$C_{\text{BS}}(S_t, X, \tau, r_{t,\tau}, \delta_{t,\tau}; \sigma) = e^{-r_{t,\tau}\tau} \int_0^\infty (S_T - X)^+ \tilde{p}_{\text{BS},t}(S_T) dS_T$$
$$= S_t e^{-\delta_{t,\tau}\tau} \Phi(d_1) - X e^{-r_{t,\tau}\tau} \Phi(d_2), \quad (4.3.10)$$

式中

$$d_1 = \frac{\log(S_t/X) + \left(r_{t,\tau} - \delta_{t,\tau} + \frac{1}{2}\sigma^2\right)\tau}{\sigma\sqrt{\tau}}, \quad d_2 = d_1 - \sigma\sqrt{\tau}.$$

此时, 对应的 SPD 是对数正态密度, 在给定 S_t 条件下 $\ln S_T$ 的均值为 $\left(r_{t,\tau} - \delta_{t,\tau} - \frac{\sigma^2}{2}\right)\tau + \ln S_t$, 方差为 $\sigma^2\tau$, 即

$$\tilde{p}_{\text{BS}}(S_T|S_t, \tau, r_{t,\tau}, \delta_{t,\tau})(S_T) = \frac{1}{S_T\sqrt{2\pi\sigma^2\tau}} \exp\left[-\frac{\left[\ln S_T - \left(r_{t,\tau} - \delta_{t,\tau} - \frac{\sigma^2}{2}\right)\tau - \ln S_t\right]^2}{2\sigma^2\tau}\right]. \quad (4.3.11)$$

由此可见, 只要期权定价公式 (4.3.10) 成立, 则利用 (4.3.11) 得到的 SPD, 可以很自然地计算出同样模型下任何其他形式的衍生证券价格. 易见, (4.3.11) 的 SPD 与基于 Black-Scholes 期权价格模型的参数假设是密切相连的. 如果这些参数假设不成立, 例如, 如果 $\{S_t\}$ 的变化中存在跳或者资产收益的波动率随股票价格变化, 则按照方程 (4.3.11) 得到的 SPD 肯定会导致错误的定价, 也就是与驱动 $\{S_t\}$ 的随机过程不一致的定价. 为了获得与标的资产模型的参数设定无关的衍生证券定价, 需要构造 SPD 的非参数估计量.

对 (4.3.10) 中的敲定价 X 求二阶偏导容易看出, (4.3.11) 的 SPD 恰好是 $C_{\text{BS}}(S_t, X, \tau, r_{t,\tau}, \delta_{t,\tau}; \sigma)$ 关于敲定价 X 的二阶导数在 $X = S_T$ 的值乘以 $e^{r_{t,\tau}\tau}$. 这个结果具有普遍意义, 对一般情形, 记 $\tilde{p}_t(S_T) \equiv \tilde{p}(S_T|S_t, \tau, r_{t,\tau}, \delta_{t,\tau})$ 为 SPD, 根据套利定价理论, 假定市场是动态完备的, 则 t 时刻的看涨期权价格为

$$C\left(S_t, X, \tau, r_{t,\tau}, \delta_{t,\tau}\right) = e^{-r_{t,\tau}\tau} \int_0^\infty \max\left(S_T - X, 0\right) \tilde{p}(S_T) dS_T.$$

对敲定价 X 求两次导数得

$$\frac{\partial C\left(S_t, X, \tau, r_{t,\tau}, \delta_{t,\tau}\right)}{\partial X} = -e^{-r_{t,\tau}\tau} \int_X^\infty \tilde{p}_t(S_T) dS_T,$$

$$\frac{\partial^2 C\left(S_t, X, \tau, r_{t,\tau}, \delta_{t,\tau}\right)}{\partial X^2} = e^{-r_{t,\tau}\tau} \tilde{p}_t(X).$$

于是

$$\tilde{p}_t(x) = e^{r_{t,\tau}\tau} \left.\frac{\partial^2 C}{\partial X^2}\right|_{X=x}. \tag{4.3.12}$$

据此, 我们提出用如下非参数法估计 SPD: 利用市场价格得到看涨期权定价公式的非参数估计 $\hat{C}(\cdot)$, 然后求 $\hat{C}(\cdot)$ 关于敲定价 X 的二阶导数 $\frac{\partial^2 \hat{C}}{\partial X^2}$, 在适当的正则条件下, 当 $\hat{C}(\cdot)$ 依概率收敛到理论定价公式 $C(\cdot)$ 时, $\frac{\partial^2 \hat{C}}{\partial X^2}$ 也依概率收敛到与 SPD 成比例的 $\frac{\partial^2 \hat{C}}{\partial X^2}$.

例如, 给定看涨期权市场价格数据集 $\{C_i\}$ 以及伴随的特征集 $\{Z_i \equiv [S_{t_i}, K_i, \tau_i, r_{t_i,\tau_i}, \delta_{t_i,\tau_i}]\}$, 函数 $C(\cdot)$ 的核估计为

$$\hat{C}(Z) = \hat{E}[C|Z] = \frac{\sum_{i=1}^n K\left(\frac{Z-Z_i}{h}\right) u_i}{\sum_{i=1}^n K\left(\frac{Z-Z_i}{h}\right)}, \tag{4.3.13}$$

这里回归量 Z 含有 5 个分量, 故其中的核函数 K 为多维核, 可表示成 5 个一维核函数的乘积, 即

$$\begin{aligned}K\left(\frac{Z-Z_i}{h}\right) =& k_S\left(\frac{S_t - S_{t_i}}{h_S}\right) k_X\left(\frac{X - X_i}{h_X}\right) k_\tau\left(\frac{\tau - \tau_i}{h_\tau}\right) \\ & \cdot k_r\left(\frac{r_{t,\tau} - r_{t_i,\tau_i}}{h_r}\right) k_\delta\left(\frac{\delta_{t,\tau} - \delta_{t_i,\tau_i}}{h_\delta}\right),\end{aligned} \tag{4.3.14}$$

其中 k 是一维核函数, 下标代表核函数对应的分量, 例如 $k_\tau(\cdot)$ 是以距到期时间为回归量的核, h_τ 是对应分量的带宽. 进一步, 可用 $\hat{C}$ 关于 S_t 的一阶偏导数估计套保比 Δ_t, $\hat{C}$ 关于 X 的二阶偏导数估计 SPD. 于是有

4.3 风险中性密度 (SPD)的非参数估计

$$\hat{\Delta}_t = \frac{\partial \hat{C}}{\partial S_t} = \frac{\sum_{i=1}^{n} \frac{\partial K\left(\frac{Z-Z_i}{h}\right)}{\partial S_t} u_i}{\sum_{i=1}^{n} K\left(\frac{Z-Z_i}{h}\right)} - \frac{\left[\sum_{i=1}^{n} K\left(\frac{Z-Z_i}{h}\right) u_i\right]\left[\sum_{i=1}^{n} \frac{\partial K\left(\frac{Z-Z_i}{h}\right)}{\partial S_t}\right]}{\left[\sum_{i=1}^{n} K\left(\frac{Z-Z_i}{h}\right)\right]^2},$$

(4.3.15)

式中

$$\frac{\partial K\left(\frac{Z-Z_i}{h}\right)}{\partial S_t} = \frac{1}{h_S} k'_S\left(\frac{S_t - S_{t_i}}{h_S}\right) k_X\left(\frac{X-X_i}{h_X}\right) k_\tau\left(\frac{\tau-\tau_i}{h_\tau}\right)$$
$$\cdot k_r\left(\frac{r_{t,\tau} - r_{t_i,\tau_i}}{h_r}\right) k_r\left(\frac{\delta_{t,\tau} - \delta_{t_i,\tau_i}}{h_\delta}\right).$$

同理

$$\begin{aligned}\hat{\tilde{p}}_t(x) &= e^{r_{t,\tau}\tau} \left.\frac{\partial^2 \hat{C}}{\partial X^2}\right|_{X=x} \\ &= e^{r_{t,\tau}\tau} \left\{ \frac{\sum_{i=1}^{n} \frac{\partial^2 K\left(\frac{Z-Z_i}{h}\right)}{\partial X^2} u_i}{\sum_{i=1}^{n} K\left(\frac{Z-Z_i}{h}\right)} - \frac{2\left[\sum_{i=1}^{n} \frac{\partial K\left(\frac{Z-Z_i}{h}\right)}{\partial X} u_i\right]\left[\sum_{i=1}^{n} \frac{\partial K\left(\frac{Z-Z_i}{h}\right)}{\partial X}\right]}{\left[\sum_{i=1}^{n} K\left(\frac{Z-Z_i}{h}\right)\right]^2} \right.\\ &\quad - \frac{\left[\sum_{i=1}^{n} K\left(\frac{Z-Z_i}{h}\right) u_i\right]\left[\sum_{i=1}^{n} \frac{\partial^2 K\left(\frac{Z-Z_i}{h}\right)}{\partial X^2}\right]}{\left[\sum_{i=1}^{n} K\left(\frac{Z-Z_i}{h}\right)\right]^2} \\ &\quad + \left.\frac{2\left[\sum_{i=1}^{n} K\left(\frac{Z-Z_i}{h}\right) u_i\right]\left[\sum_{i=1}^{n} \frac{\partial K\left(\frac{Z-Z_i}{h}\right)}{\partial X}\right]^2}{\left[\sum_{i=1}^{n} K\left(\frac{Z-Z_i}{h}\right)\right]^3} \right\},\end{aligned}$$

(4.3.16)

式中,

$$\frac{\partial K\left(\frac{Z-Z_i}{h}\right)}{\partial X} = \frac{1}{h_X} k_S\left(\frac{S_t - S_{t_i}}{h_S}\right) k'_X\left(\frac{X - X_i}{h_X}\right) k_\tau\left(\frac{\tau - \tau_i}{h_\tau}\right)$$
$$\cdot k_r\left(\frac{r_{t,\tau} - r_{t_i,\tau_i}}{h_r}\right) k_r\left(\frac{\delta_{t,\tau} - \delta_{t_i,\tau_i}}{h_\delta}\right),$$

$$\frac{\partial^2 K\left(\frac{Z-Z_i}{h}\right)}{\partial X^2} = \frac{1}{h_X^2} k_S\left(\frac{S_t - S_{t_i}}{h_S}\right) k''_X\left(\frac{X - X_i}{h_X}\right) k_\tau\left(\frac{\tau - \tau_i}{h_\tau}\right)$$
$$\cdot k_r\left(\frac{r_{t,\tau} - r_{t_i,\tau_i}}{h_r}\right) k_r\left(\frac{\delta_{t,\tau} - \delta_{t_i,\tau_i}}{h_\delta}\right).$$

关于这些估计量的相合性及极限分布的讨论详见文献 [28]. 此外, 经验分析表明, 当核函数取为

$$k(z) = \frac{3}{\sqrt{8\pi}}\left(1 - \frac{z^2}{3}\right) e^{-z^2/2}, \tag{4.3.17}$$

带宽取为

$$h_j = c_j S(Z_j) n^{-1/(d+2p)} \tag{4.3.18}$$

时, SPD 的非参数估计量有较好的收敛速度, 为 $n^{(p-m)/(d+2p)}$.

4.3.3 估计量的改进

上述多元核估计法涉及到 5 个回归量, 在实际操作上一是计算量太大, 再就是会遭遇维数灾难和导数灾难, 估计精度往往不理想. 解决这些问题有两个途径, 一是通过直接降维避免维数灾难, 二是通过对期权的定价函数模型的假定降维.

先考虑直接降维的可能. 首先可以假定期权定价公式乃至 SPD 不是资产价格 S_t、无风险利率 $r_{t,\tau}$ 以及分红率 $\delta_{t,\tau}$ 各自的函数, 而是通过期货价格 $F_{t,\tau} = S_t e^{(r_{t,\tau} - \delta_{t,\tau})\tau}$ 及无风险利率依赖于这三个变量, 即 $u(S_t, X, \tau, r_{t,\tau}, \delta_{t,\tau}) = u(F_{t,\tau}, X, \tau, r_{t,\tau})$. 易见, Black–Scholes 期权定价公式满足这一性质. 事实上, 将 $F_{t,\tau} = S_t e^{(r_{t,\tau} - \delta_{t,\tau})\tau}$ 代入到 (4.3.3) 式有

$$\begin{aligned}&C_{\mathrm{BS}}(S_t, X, \tau, r_{t,\tau}, \delta_{t,\tau}; \sigma)\\ =& e^{-r_{t,\tau}\tau}\left[F_{t,\tau}\Phi\left(\frac{\log(F_{t,\tau}/X) + \frac{1}{2}\sigma^2\tau}{\sigma\sqrt{\tau}}\right) - X e^{-r_{t,\tau}\tau}\Phi\left(\frac{\log(F_{t,\tau}/X) + \frac{1}{2}\sigma^2\tau}{\sigma\sqrt{\tau}} - \sigma\sqrt{\tau}\right)\right].\end{aligned}$$
$$\tag{4.3.19}$$

在这个假设下, 回归量的个数从 5 降到了 4. 进一步, 在风险中性测度下, 期货过程的漂移为 0 (因而与 $\delta_{t,\tau}$ 无关), 因而我们有理由相信分红率不进入期权定价公

4.3 风险中性密度 (SPD) 的非参数估计

式而是期货值. 其次, 从 (4.3.19) 还可以看出, 若令 $B_{t,\tau} = F_{t,\tau}/X$, 则期权价格仅与 $(B_{t,\tau}, \tau, r_{t,\tau})$ 这三个变量有关. 另外, 在实际中, 无风险利率 $r_{t,\tau}$ 在一段较短的时间内可以近似看作常数, 于是期权价格的回归量降为 2. 此时, 样本数据包括基于同一标的资产, 具有同样到期日的期权与期货的二维价格序列 $\{u_i, F_i, i = 1, \cdots, n\}$, (4.3.16) 中的核函数 K 变成了

$$K\left(\frac{Z - Z_i}{h}\right) = k_\tau\left(\frac{\tau - \tau_i}{h_\tau}\right) k_B\left(\frac{B_{t,\tau} - B_{t_i,\tau_i}}{h_B}\right). \quad (4.3.20)$$

而

$$\frac{\partial K\left(\frac{Z - Z_i}{h}\right)}{\partial S_t} = \frac{B_{t,\tau}}{S_t h_B} k_\tau\left(\frac{\tau - \tau_i}{h_\tau}\right) k'_B\left(\frac{B_{t,\tau} - B_{t_i,\tau_i}}{h_B}\right),$$

$$\frac{\partial^2 K\left(\frac{Z - Z_i}{h}\right)}{\partial X^2} = \left(\frac{F_{t,\tau}}{X^2 h_B}\right)^2 k_\tau\left(\frac{\tau - \tau_i}{h_\tau}\right) k''_B\left(\frac{B_{t,\tau} - B_{t_i,\tau_i}}{h_B}\right)$$
$$+ \frac{2F_{t,\tau}}{X^3 h_B} k_\tau\left(\frac{\tau - \tau_i}{h_\tau}\right) k'_B\left(\frac{B_{t,\tau} - B_{t_i,\tau_i}}{h_B}\right).$$

此外, 我们还可以采用半参数法降维. 假定看涨期权定价函数由参数化的 Black-Scholes 公式给出, 只是其中的波动率参数是非参数的函数 $\sigma(F_{t,\tau}, X, \tau)$. 于是

$$\hat{u}(Z) = C_{\text{BS}}(S_t, X, \tau, r_{t,\tau}, \delta_{t,\tau}; \hat{\sigma}(F_{t,\tau}, X, \tau)). \quad (4.3.21)$$

在这个半参数模型中, 我们只需要估计 $\sigma(F_{t,\tau}, X, \tau)$.

模型改进的另一种途径是采用 2.5 节所介绍的广义加性模型、广义部分线性单因子模型等拟合期权价格. 采用加性模型的好处除了降维之外, 还可通过局部多项式拟合关于敲定价的一元函数及对应的二阶导数, 提高对导数的估计精度. 在一定程度上减轻了 "导数灾难". 下面以加性模型为例说明拟合方法.

给定期权市场价格数据集 $\{u_i\}$ 以及伴随的特征集 $\{Z_i \equiv [S_{t_i}, X_i, \tau_i, r_{t_i,\tau_i}, \delta_{t_i,\tau_i}]\}$, 用加性模型拟合期权定价函数 $u(\cdot)$, 则有

$$u(Z) = \alpha + g_1(S_t) + g_2(X) + g_3(\tau) + g_4(r_{t,\tau}) + g_5(\delta_{t,\tau}) \equiv \alpha + \sum_{j=1}^{5} g_j(Z_j), \quad (4.3.22)$$

其中 $g_j, j = 1, \cdots, 5$ 为未知的一元函数, 满足 $E[g_j(Z_j)] = 0$, 且根据 (4.3.20), 为了估计风险中性密度, g_2 应为二阶连续可微函数, 于是

$$\frac{\partial^2 u}{\partial X^2} = g''_2(X). \quad (4.3.23)$$

采用 2.5 节的后退拟合算法估计 g_k 及 g_2'':

第 1 步. 赋初值: 根据 $E(u) = \alpha$, 得 $\hat{\alpha} = \dfrac{1}{n}\sum_{i=1}^{n} u_i$, 设 $g_k^0, k = 1, \cdots, 5$ 是 u 关于 Z 线性回归的结果, 令 $\hat{g}_k = g_k^0, k = 1, \cdots, 5$.

第 2 步. 对每个 $k = 1, \cdots, 5$, 用非参数法估计 g_k:

$$\hat{g}_k = S_k \left\{ u - \hat{\alpha} - \sum_{j \neq k} \hat{g}_j(Z_j) \Big| Z_k \right\},$$

中心化得

$$\hat{g}_k^* = \hat{g}_k - \frac{1}{n}\sum_{j=1}^{n} \hat{g}_k(X_{jk}).$$

第 3 步. 循环执行第 2 步, 直到结果收敛.

第 4 步. 用局部多项式法估计 g_2, 设 $\hat{\beta} = (\hat{\beta}_0, \hat{\beta}_1, \hat{\beta}_2)$ 是如下最小二乘问题的解:

$$\min_{\beta} \sum_{i=1}^{n} \left\{ u_i - \hat{\alpha} - \sum_{j \neq 2} \hat{g}_j(Z_{ij}) - \sum_{l=1}^{2} \beta_l (Z_{i2} - x)^l \right\}^2 K_h(Z_{i2} - x),$$

则 $\left.\dfrac{\partial^2 \hat{u}}{\partial X^2}\right|_{X=x} = 2\hat{\beta}_2$.

下面通过数值模拟, 在 B-S 模型假设下, 考察风险中性密度非参数估值法精度.

假设股票价格服从几何布朗运动, 股票现价 $S_0 = 15$, 无风险利率 $r = 0.035$, 股票波动的标准差为 $\sigma = 0.2$, 距离到期日的时间为 $\tau = 0.25$, 利用 (4.3.11) 可算得风险中性密度的理论曲线, 再利用上述设定模型模拟产生 3 年共 756 个日收盘数据, 分别利用 (4.3.16) 的核估计法和 4.3.3 节给出的广义加性模型方法计算风险中性密度的非参数估计曲线, 所得结果见图 4.3.1. 图中实线代表风险中性密度的公式值, "*" 线图代表核估计值, "." 线图代表加性模型估计值. 通过以上模拟计算, 我们发现加性模型的估计量相对核估计量有了更高的精确度.

本节介绍了两类风险中性密度非参数估计法. 尽管从未来预期的角度来看, 基于期权价格的非参数估计法有它的合理性, 目前应用的也较多, 但毕竟它是关于多元函数的估计, 维数灾难难以避免. 而且这种估计法要求期权市场要有足够多的同一标的资产敲定价相同或到期时间相同的期权价格数据, 这在很多场合难以达成. 而基于标的资产价格的估计法, 只需要标的资产的历史价格序列, 在数据方面更容易满足估计条件, 适用面也更广一些. 当然这种方法对标的资产过程的演化规律本身有一定的要求, 对平稳性较差的过程可能得不到好的估计效果.

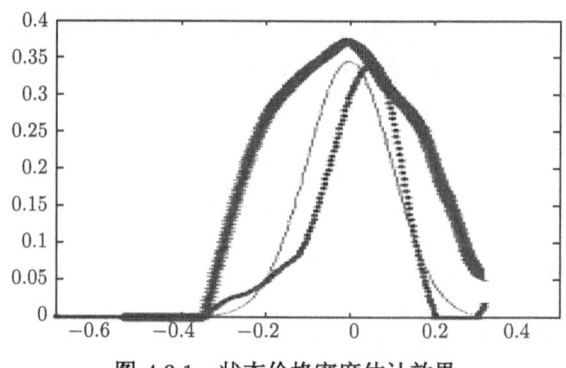

图 4.3.1 状态价格密度估计效果

4.4 一维扩散模型下期权的非参数定价

在金融数学中,期权定价决策是一个非常重要的问题.目前,有很多有关期权定价的文献,其理论体系也较为成熟[30,31].但传统的期权定价理论都是先假定标的资产满足某个特定的模型,如一维或多维扩散模型、随机波动率模型、带跳的扩散模型等,在模型中所有参数确定的前提下才能得到期权定价的各种结论.对于实际市场,这就产生了一系列问题:选择哪一类模型合理?在选定模型类型后,模型参数如何确定?可以说,期权的定价决策应包括两个阶段,首先要正确地描述标的资产的价格运动规律,也就是根据标的资产价格或期权市场价格的离散观察值等市场数据对模型进行统计推断,然后才能根据给定的标的资产的价格运动规律,也就是利用对模型参数的估计结果,针对期权的特性进行定价.根据无套利定价理论,期权价格满足某个偏微分方程,方程的系数与标的资产所满足的扩散方程的扩散系数与漂移系数有关.我们可以将扩散与漂移项的估计量代替未知的真参数代入到期权价格所满足的偏微分方程中,解出期权的定价.从而将期权价格的估计表示为漂移与扩散项估计量的泛函.当采用非参数方法对模型进行统计推断时,相应的期权定价问题就是期权的非参数定价.期权的非参数定价研究包括两个方面,一是构造适当的统计量,解出期权价格估计;二是必须考虑到漂移与扩散系数非参数估计量的误差对最终的期权价格估计将产生什么影响.只有明了这种影响,才能评估定价的精确性,并且可进一步通过比较理论估计价格与实际市场价格对期权定价模型进行统计检验.

4.4.1 欧式期权的非参数定价

考虑简单欧式股票期权的非参数定价问题.假定基础股票价格 S_t 满足一维扩散模型 (4.1.1),根据期权定价理论,期权定价公式是在"风险中性测度"下表示的,首先需利用 Girsanov 定理将方程 (4.1.1) 化为风险中性测度下的形式. 设 r_t 为 t 时刻市场的无风险利率, 以 $\mathcal{F}_t$ 表示由 $\{B_s, 0 \leqslant s \leqslant t\}$ 生成的 σ 代数, Q 表示由过程 X_t 在 $\mathcal{F}_T$ 上导出的测度, 取

$$\theta(X_t) = \frac{\mu(S_t) - r_t}{\sigma(S_t)},$$

则 $\{\theta(S_t), t \geqslant 0\}$ 为 $\{\mathcal{F}_t\}_{t \geqslant 0}$ 适过程. 令

$$\tilde{B}_t = \int_0^t \theta(S_u) du + B_t,$$
$$Z(t) = \exp\left\{-\int_0^t \theta(S_u) dB_u - \frac{1}{2}\int_0^t \theta^2(S_u) du\right\},$$
$$\tilde{Q}(A) = \int_A Z(T) dQ,$$

由 Girsanov 定理, 过程 $\{\tilde{B}_t, 0 \leqslant t \leqslant T\}$ 在概率测度 $\tilde{Q}$ 下为 Brown 运动. Q 称为风险中性测度. 将 $d\tilde{B}_t = dB_t - \theta(X_u) dt$ 代入方程 (4.1.1), 得

$$dS_t = r_t S_t dt + \sigma(S_t) d\tilde{B}_t, \quad 0 \leqslant t \leqslant T. \tag{4.4.1}$$

在实践中, 式 (4.4.1) 中的瞬时利率 r_t 的选取有两种方法, 一种方法是活期存款利率或对应期权存续期的国债收益率率的平均值, 考虑到一般情况下活期存款利率在一段时间内保持稳定, 故取 r_t 为常数. 另一种选法是取 r_t 为对应期权存续期的国债瞬时收益率或银行间同业拆借利率, 这些数据随时变化, 因而将之看作随机过程, 对应的模型称为随机利率模型. 当取 r_t 为常数时, 期权定价问题只含有一项未知参数即扩散系数 $\sigma(\cdot)$, 我们可以利用 3.1 节关于扩散系数的估计方法估计 $\sigma(\cdot)$, 进一步解决期权定价问题. 但若 r_t 不是常数, 则期权定价还需估计 r_t, 这将在以后讨论. 本节以下均取 $r_t = r$ 为常数.

设欧式期权到期时刻为 T, 到期支付函数或内在价值为 $h(S_T)$(如看涨期权, $h(S_T) = (S_T - K)^+$; 看跌期权, $h(S_T) = (K - S_T)^+$). 以 "$\tilde{E}^{t,x}(\xi)$" 表示在风险中性测度 $\tilde{Q}$ 下从 $X_t = x$ 出发的过程 ξ 的期望, 利用风险中性定价理论[30] 可得该欧式期权的值函数为

$$u(t, x) = \tilde{E}^{t,x}[e^{-r(T-t)} h(S_T)], \tag{4.4.2}$$

表示 t 时刻股票当前价格为 x 时欧式期权的合理定价. 根据 Kolmogrov 向后方程[7], 记

$$v(\tau, x) = \tilde{E}^{t,x}[h(S_{t+\tau})], \tag{4.4.3}$$

则

4.4 一维扩散模型下期权的非参数定价

$$\frac{\partial v}{\partial \tau} = rxv_x + \frac{1}{2}\sigma^2(x)v_{xx},$$

取

$$u(t,x) = e^{-r(T-t)}v(T-t,x),$$

则 u 满足终端条件为 $u(T, S_T) = h(S_T)$ 的广义 Black-Scholes 偏微分方程：

$$ru - u_t - rxu_x - \frac{1}{2}\sigma^2(x)u_{xx} = 0. \tag{4.4.4}$$

特别, 当 $\sigma(x) = \sigma x$ 时, (4.4.4) 式就是经典的 Black-Scholes 方程. 若进一步, 取终端条件为 $u(T, S_T) = (S_T - K)^+$, 则该方程有显式解, 即 Black-Scholes 公式 (4.3.10).

由于 Black-Scholes 公式简单明了, 易于计算, 故深受金融分析者的欢迎, 是实践中指导期权的定价及套期保值的首选工具. 因此, 如果 $\sigma(x)$ 的估计函数接近于过原点的直线, 则应选择 Black-Scholes 模型作为期权定价的依据, 此时只需估计出 $\sigma(x) = \sigma x$ 中的参数 σ, 代入到 (4.4.4) 式即可明确算出欧式看涨期权的价格. 如果 $\sigma(x)$ 的估计函数与过原点的直线有显著差异, 则表明 Black-Scholes 模型不符合当前市场数据, 在假定标的资产满足一维扩散模型 (4.1.1) 的前提下, 可采用 3.1 节的任何一种非参数方法得到模型扩散系数的估计量 $\hat{\sigma}(x) = \sqrt{\hat{\sigma}^2(x)}$, 将之代入 (4.4.2) 或 (4.4.4), 用数值法计算期权价值.

注 用 (4.4.2) 式计算期权价值时有两种思路：其一是采用 Monte Carlo 方法模拟产生 $\{X_u, t \leqslant u \leqslant T, X_t = x\}$ 在风险中性测度下的 M 条轨道 (主要是 S_T 的 M 个模拟值), 则

$$\hat{u}(t,x) = \frac{e^{-r(T-t)}}{M}\sum_{i=1}^{M} h(\hat{S}_T). \tag{4.4.5}$$

第二种思路是当标的资产过程有平稳分布时, 可先估计出风险中性密度 $\tilde{p}(x)$, 则

$$\hat{u}(t,x) = \tilde{E}^{t,x}[e^{-r(T-t)}h(S_T)] = e^{-r(T-t)}\int_{-\infty}^{\infty} h(x)\tilde{p}(x)dx. \tag{4.4.6}$$

利用数值积分法计算 (4.4.6) 的值, 其中风险中性密度 $\tilde{p}(x)$ 的估计方法将在 3.4 节具体讨论. 下面先考虑 (4.4.5) 的实现问题.

4.4.2 风险中性测度下标的资产价格的模拟

为了应用 (4.4.5) 对期权进行估值, 必须在非参数情形下模拟生成标的资产在 T 时刻的价格. 为简单起见, 这里假定在期权的存续期内, 标的资产无分红, 无风险利率 r 为常数.

根据 4.4.1 节的讨论，一种自然的想法是先根据标的资产的历史数据估计出扩散系数 $\hat{\sigma}$，然后，根据 (4.4.1)，取 Δ 为能整除 T 的充分小的正数，利用欧拉逼近递推生成 $\{S_t\}$ 在 $t_j = j\Delta, j = 1, \cdots, \frac{T}{\Delta}$ 处的模拟值. 注意到 (4.4.1) 的离散化表示为

$$S_{t_{j+1}} - S_{t_j} = r_{t_i} S_{t_j}(t_{j+1} - t_j) + \sigma(S_{t_j})\left(\tilde{B}_{t_{j+1}} - \tilde{B}_{t_j}\right),$$

其中，Brown 运动的增量 $\tilde{B}_{t_{j+1}} - \tilde{B}_{t_j} \sim N(0, t_{j+1} - t_j)$，故模拟轨道的递推公式为

$$\begin{aligned}
&S_0 = x, \\
&S_{t_j}^{(i)} = S_{t_j-1}^{(i)} + rS_{t_j-1}^{(i)}\Delta + \hat{\sigma}\left(S_{t_j-1}^{(i)}\right)\left(\Delta B_j^{(i)}\right), \\
&j = 1, \cdots, \frac{T}{\Delta}, i = 1, \cdots, M,
\end{aligned} \quad (4.4.7)$$

其中，对每个 i，$\Delta B_j^{(i)}, j = 1, \cdots, \frac{T}{\Delta}$ 为独立同分布的 $N(0, \Delta)$ 变量.

上述欧拉逼近递推生成标的资产轨道的方法的优点是计算公式简洁，且比较容易实现. 但要注意递推结果的精度依赖于充分小的 Δ 以及扩散系数的非参数估计 $\hat{\sigma}(\cdot)$ 的精度. 在实际操作中，Δ 要取得充分小，但也不能太小，否则计算量会很大. 此外，这种非参数逼近很大程度上依赖于单因子假设，即价格过程是一个 Itô 过程，其漂移系数与扩散系数仅是状态的函数，只是函数的参数结构未知. 当单因子假设不成立时，例如随机波动率或带跳的情形，上述方法就不再适用.

另一种模拟标的资产轨道的非参数法是先用 4.3 节给出的 "正则估值法" 估计风险中性概率分布 $\hat{\pi}^*$，再利用 $\hat{\pi}^*$ 生成 S_T 的模拟值.

仍设标的资产价格的历史数据为 $S_{t_i}, i = -1, -2, \cdots, -H$，其中，记 $t_{i+1} - t_i = \Delta$，t_i 时刻对应的 T 时期收益为 $R_{t_i} = S_{t_i}/S_{t_i-T}, i = -1, \cdots, \frac{T}{\Delta} - H$ (不妨设 Δ 整除 T)，则市场测度下 T 时刻标的资产价格的分布为

$$\hat{\pi}_j = P\left(S_T = S_0 R_{t_j}\right) = \frac{1}{H - \frac{T}{\Delta}}. \quad (4.4.8)$$

由 (4.4.8)，T 时刻风险中性概率测度下的分布 π^* 的正则估计量为

$$\hat{\pi}_j^* = \frac{\exp\left[\gamma^* e^{-rT} R_{t_j}\right]}{\sum_j \exp\left[\gamma^* e^{-rT} R_{t_j}\right]}, \quad j = -1, \cdots, -\left(H - \frac{T}{\Delta}\right), \quad (4.4.9)$$

式中 γ^* 是 Lagrange 乘子，是下列无约束的凸问题的解：

$$\gamma^* = \arg\min_\gamma \sum_j \exp\left[\gamma\left(e^{-rT} R_{t_j} - 1\right)\right]. \quad (4.4.10)$$

于是, 简单欧式期权在 0 时刻的价值为

$$\hat{u}(T,K) = e^{-rT} \sum_{j=1}^{H-\frac{T}{\Delta}} \max(S_0 R_{t_j} - K, 0)\hat{\pi}_j^*. \qquad (4.4.11)$$

4.4.3 美式期权的非参数定价

在当前的金融市场中, 欧式期权的交易相对较少, 而美式期权的交易非常普遍. 与欧式期权不同, 美式期权可以在到期之前的任何时刻行权, 这使得美式期权的定价就比较复杂, 因为除了要确定每时刻的期权价值之外, 还需要确定最优停止策略, 也就是一种决定期权行权时刻的准则. 因而, 即使是在最简单的定价模型下美式期权也没有像 Black-Scholes 公式那样的显式解, 而是通过一些数值方法进行定价. 其中 Monte Carlo 模拟法是一种应用比较广泛的定价方法 [38−41]. 其基本思路是模拟产生标的资产在风险中性测度下的轨道, 在每个可能的行权时刻, 比较代表继续持有所对应的期权的价值的延续值与立即行权的收益来决定美式期权是否行权, 而美式期权在该时刻的价值就是延续值与行权的收益的最大值. 在这两个值中, 立即行权的收益容易计算, 而延续值需要根据标的资产的信息进行估计. 延续值的估计问题是用 Monte Carlo 模拟法对美式期权进行估值所要解决的关键性问题.

根据期权定价理论, 假定美式期权支付函数为 $\tilde{h}(S_t)$, 到期日为 T, Υ_t 为取值于 $[t,T]$ 的 $\mathcal{F}_t$ 停时集, 则期权的值函数为

$$v(t,x) = \sup_{\tau \in \Upsilon_t} \tilde{E}^{t,x}[e^{-\int_t^\tau r_u du}\tilde{h}(S_\tau)]. \qquad (4.4.12)$$

在实际操作中, 考虑到期日之前的任何时刻执行美式期权的可能性是不现实的. 假定存在有限个行权机会 $t_1 < \cdots < t_M$. 以 $V_i(x)$ 表示在给定 $S_{t_i} = x$ 的条件下, t_i 时刻的期权的值 $v(t_i,x)$ 的现值, 并记 h_i 为 t_i 时刻的支付函数 $\tilde{h}_i$ 的现值, 即 $V_i(x) = d_{0,i}v(t_i,x)$, $h_i(x) = d_{0,i}\tilde{h}_i(x)$, $d_{0,i}$ 是 0 到 t_i 时段内的贴现因子. 则期权在每个可能行权时刻 t_i 的值可以通过如下递推过程计算:

$$V_M(x) = h_M(x),$$
$$V_{i-1}(x) = \max\left(h_{i-1}(x), \tilde{E}\left[V_i(S_{t_i})|S_{t_{i-1}} = x\right]\right). \qquad (4.4.13)$$

根据无套利的要求, 在任一时刻, 当执行期权的收益大于或等于继续持有的价值时就应当行权, 因此最优执行时刻是

$$\tau = \inf\left(t_i; h_i(x) \geqslant E\left(V_{i+1}\left(S_{t_{i+1}}\right)|S_{t_i} = x\right)\right). \qquad (4.4.14)$$

记期权在 t_i 时刻的延续值为

$$C_i(x) = \tilde{E}\left[V_i(S_{t_{i+1}})|S_{t_i} = x\right], \quad i = 1,\cdots,m-1, \qquad (4.4.15)$$

延续值无法精确地计算出来，需要根据模拟轨道与期权的支付函数进行估计. 由 (4.4.15) 易见，它相当于 t_{i+1} 时刻的期权值 V_i 关于标的资产在 t_i 时刻现价的非参数回归. 可以用第 2 章介绍的任何一种非参数估计法估计延续值. 可按照以下步骤对美式期权进行估值:

(i) 在风险中性测度下独立地模拟 n 条 Markov 链 $(S_0, S_{t_1}^{(j)} \cdots, S_{t_M}^{(j)}), j = 1, \cdots, n$ 作为标的资产价格的实现, 其中 $S_{t_j}^{(j)}$ 为第 j 条模拟轨道在第 i 个执行日的状态.

(ii) 对每条模拟轨道计算终端期权值 $\hat{V}_{Mj} = h_M(S_{t_M}^{(j)}), j = 1, \cdots, n$.

(iii) 对 $i = M - 1, \cdots, 1$, 反向递推估计期权值: 先用非参数法估计延续值 $\hat{C}_{ij}$, 则期权值是延续值与执行值的最大值: $\hat{V}_{ij} = \max(h(S_{t_i}^{(j)}), \hat{C}_{ij})$.

由以上三个步骤可见, 美式期权估值的难点在于延续值的非参数估计. 关于延续值的估计, 文献中采用较多的是所谓的"回归法"[38-43], 它相当于第 2 章的"正交序列法". 不过, 这些方法有个明显的缺陷: 用于回归的基函数, 多数是低阶多项式, 对期权定价的估计精度影响很大, 这就产生了选择合适的基函数的问题. 另外, 采用的基函数个数越多, 计算复杂性越大, 我们必须决定合适的基函数个数. 简言之, 基函数的类型和数量的选择直接影响模拟的精确性. 文献 [44] 提出用核估计法估计延续值, 这种方法避免了基函数选择的麻烦, 但也注意到期权值函数关于资产价格往往是不可微的, 而多数核函数都是可微函数. 用有限个核函数的线性组合一般无法有效地逼近不可微的期权支付函数. 解决这一问题的途径之一是文献 [45] 提出的对核函数的修正, 另一个途径就是用小波法估计延续值.

我们所面临的问题是在每个时刻 t_i, 利用随机设计样本点 $(S_{t_i}^{(j)}, V_{i+1,j}), j = 1, \cdots, n$ 构造在节点 $S_{t_j}^{(j)}$ 的延续值的小波估计量 $\hat{C}_{ij}$. 参照文献 [45] 的做法, 先用局部多项式法估计回归函数在等步长点的值, 进一步用这些点的值估计小波系数, 最后用门限的思想构造非线性小波估计. 文献 [45] 证明这样得到的小波估计量在 Besov 空间中可达到一致最优收敛速度.

引进符号

$$N = 2^J \approx \frac{n}{\ln^2 n}, \quad \xi_n = 2^{-J} \left| m + \frac{1}{2} \right|, \quad A_m = \left\{ j; S_{t_i}^{(j)} \in \left[\frac{m}{N}, \frac{m+1}{N} \right] \right\},$$

$$|A_m| = \text{card}(A_m), \quad z_{m,j} = N \left(S_{t_i}^{(j)} - \xi_n \right), \quad Z_{m,j} = (1, z_{m,j}, \cdots, z_{m,j}^D)^{\mathrm{T}},$$

$$u = (1, 0, \cdots, 0)^{\mathrm{T}} \text{ 为} (D+1) \text{阶向量}, \quad U_m = \sum_{j \in A_m} Z_{m,j} Z_{m,j}^{\mathrm{T}},$$

$$\Lambda_m = \left\{ u^{\mathrm{T}} U_m^{-1} u \leqslant k_A |A_m|^{-1}, |U_m| > 0 \right\}, \quad \Lambda = \bigcap_{m=0}^{N-1} \Lambda_m,$$

其中 $a_n \approx b_n$ 表示 $0 < \liminf \dfrac{a_n}{b_n} \leqslant \limsup \dfrac{a_n}{b_n} < \infty$, k_A 为一常数.

4.4 一维扩散模型下期权的非参数定价

给定由尺度函数 ϕ 和母小波组成的小波系:

$$\phi_{lk} = 2^{1/2}\phi(2^l x - k), \quad \psi_{lk} = 2^{1/2}\psi(2^l x - k), \quad k, l \in Z.$$

非线性小波估计的构造分以下三个步骤:

(i) 用 D 次局部多项式估计 $C_i(x)$ 在 ξ_m 点的值. 如果 $U_m > 0$, 则 $C_i(\xi_n)$ 唯一的局部多项式估计为

$$\tilde{C}_i(\xi_n) = \sum_{j \in A_m} u^{\mathrm{T}} U_m^{-1} Z_{m,j} V_{i+1,j}.$$

用如下修正的估计:

$$\hat{C}_i(\xi_n) = \sum_{j \in A_m} u^{\mathrm{T}} U_m^{-1} Z_{m,j} V_{i+1,j} I_{\Lambda_m}, \tag{4.4.16}$$

其中 $I_{(\cdot)}$ 表示示性函数.

(ii) 函数 $C_i(x)$ 的小波系数的估计由下式给出:

$$\hat{\alpha}_{l_0 k} = \frac{1}{N} \sum_{m=0}^{N-1} \hat{C}_i(\xi_n) \phi_{l_0 k}(\xi_n), \hat{\beta}_{lk} = \frac{1}{N} \sum_{m=0}^{N-1} \hat{C}_i(\xi_n) \psi_{lk}(\xi_n), \tag{4.4.17}$$

其中 $\xi \approx \dfrac{N}{\sqrt{n} \ln n}$.

(iii) 应用 Donoho 等的门限小波的思想, 构造延续值的非线性小波估计如下:

$$\hat{C}_{ij} = \sum_{k=0}^{2^{l_0}-1} \hat{\alpha}_{l_0 k} \phi_{l_0 k}\left(S_{t_i}^{(j)}\right) + \sum_{l=l_0}^{l_1} \sum_{k=0}^{2^l-1} \delta\left(\hat{\beta}_{lk}, \lambda_l\right) \psi_{lk}\left(S_{t_i}^{(j)}\right), \tag{4.4.18}$$

其中 $\delta(\cdot, \cdot)$ 表示硬门限 $\delta(x,t) = x I_{\{|x|>t\}}$ 或软门限 $\delta(x,t) = \mathrm{sgn}(x)(|x|-t)^+$.

文献 [45] 给出了使 (4.4.8) 式成为自适应估计量的参数设定方法以及对应估计量的收敛速度: 假定期权的值函数属于某个 Besov 空间 $B_{p,q}^s$, 参数 (s,p,q) 满足 $\max\left\{\dfrac{1}{p}, \dfrac{1}{2}\right\} < s \leqslant s_0, 1 \leqslant p, q \leqslant \infty$, 并要求所使用的小波基具有 $r_0 (\geqslant s_0)$ 阶正则条件, 且使用的局部多项式的次数 $D > s_0$, 取

$$\lambda_l = \sqrt{t_n(l-l_0)/n}, \quad \frac{3}{2} \leqslant \alpha < 1, \quad 2^{l_0} \approx n^{\frac{1}{2s_0+1}}, \quad 2^{l_1} \approx n^{\alpha}, \quad k_A \geqslant 2/\lambda_0, \tag{4.4.19}$$

其中 λ_0 是 $(N+1) \times (N+1)$ 阶矩阵 $V = (v_{\alpha\beta})$ 的最小特征根. 矩阵元 $v_{\alpha\beta} = \int_{|x| \leqslant 1/2} x^\alpha x^\beta dx$. 若 t_n 满足条件 $t_n \to \infty$ 且 $t_n (\ln n)^{-\beta} \to 0$ 对任意 $\beta > 0$ 成立, 则

$$\sup_{C \in B_{p,q}^s} \tilde{E} \left\| \hat{C}_{ij} - C_{ij} \right\|_{L^2} = O\left(\ln n \cdot n^{-\frac{2s}{2s+1}}\right).$$

由以上描述可见, 正则估值法是一种纯 "数据驱动" 的方法, 它与模型设定没有任何关系, 但它是由过去的检验推断未来的分布, 故也有一个隐含的假设就是标的资产价格过程的增长比例是时齐的, 即 $\forall t, \frac{S_{t+T}}{S_t}$ 与 $\frac{S_T}{S_0}$ 同分布. 对于几何 Brown 运动,

$$\frac{S_{t+T}}{S_t} = \exp\left\{\left(\mu - \frac{1}{2}\sigma^2\right)T + \sigma(B_{t+T} - B_t)\right\}.$$

$B_{t+T} - B_t$ 与 $B_T - B_0$ 同分布, 因此正则估价法对标的资产价格满足几何 Brown 运动的期权估价精确度很高, 文献 [32] 的模拟分析也正说明了这一点. 对于对标的资产价格满足一般扩散过程的情形, 欧拉逼近法与正则估价法孰优孰劣尚有待考证.

下面通过模拟分析考察一下两种估值法在 CEV 模型下的表现. 在 (3.2.8) 式的 CEV 模型中, 取 $\Delta = 1/252, \mu = 0.3, \sigma = 0.2, \beta = 0.8$, 模拟产生两年共计 504 个历史数据. 无风险利率取当前同业拆借利率的均值 $r = 0.024$, 分别对到期时刻 $T = 1/4, 1/2, 1$, 及敲定价 $K = 0.9S_0, S_0, 1.1S_0$, 使用正则估值法和欧拉逼近法计算期权价格估计值, 并计算基础资产价格满足 CEV 模型条件下期权的理论价格 [38]:

$$C(T,K) = S_0 Q\left(2y; 2 + \frac{2}{2-\beta}, 2x\right) - Ke^{-r\tau}\left(1 - Q\left(2x; \frac{2}{2-\beta}, 2y\right)\right), \quad (4.4.20)$$

其中, $y = k^* K^{2-\beta}, x = k^* S_0^{2-\beta} e^{(r)(2-\beta)T}, k^* = \dfrac{2r}{\sigma^2(2-\beta)(e^{r(2-\beta)T} - 1)}, Q(x; v, \lambda) = \displaystyle\int_x^\infty P'^2_{\chi v}(y)dy$ 为自由度 v, 非中心参数 λ 的非中心 χ^2 分布的余分布函数.

现得到 50 组实验数据, 整理成表 4.4.1. 表中估计均值是根据模拟生成的 50 条样本轨道计算出来的期权价格估计值 $\hat{u}_i$ 的平均, 均方差为 $\sqrt{\dfrac{1}{50}\displaystyle\sum_{i=1}^{50}(\hat{u}_i - u)^2}$, u 为对应的期权理论价格.

表 4.4.1 CEV 模型下两种估值法比较

T	K	理论值	欧拉逼近法		正则估值法	
			估计均值	均方差	估计均值	均方差
1/4	$0.9S_0$	11.19	11.18	0.0031	11.18	0
	S_0	1.388	0.625	0.7653	1.24	0.1572
	$1.1S_0$	0	0	0	0	0
1/2	$0.9S_0$	11.75	11.74	0.058	11.75	0
	S_0	2.188	1.256	0.9316	1.852	0.3375
	$1.1S_0$	0.009	0	0.0028	0.002	0.0042
1	$0.9S_0$	12.89	12.87	0.0097	12.88	0.0018
	S_0	3.563	2.507	1.0635	2.746	0.9896
	$1.1S_0$	0.169	0	0.8606	0.004	0.8742

从表 4.4.1 可见,当标的资产满足 CEV 模型时,对于敲定价 $K = 0.9S_0$ 和 S_0 的实值和平值欧式看涨期权,正则估值法比欧拉逼近法要精确. 但对于敲定价 $K = 1.1S_0$ 虚值期权,欧拉逼近法更精确些. 两种估值法的误差都随着距到期时间 T 的增加而增大,但时间因素对正则估值法的影响更明显.

注 样本轨道的模拟可调用配书光盘中的程序 CEV_SAMPLE,正则定价的计算可调用功能函数 OPT, CAL, estimate, TH.

附　录

A. 引理 4.1.2 证明

出于技术上的考虑,首先需对 $X_{t_i}, i = 1, 2, \cdots, n$ 进行再抽样,以得到均匀设计的样本点.

记
$$C_\lambda = [(\lambda - 1)h_n, \lambda h_n), \quad \lambda \in Z.$$

易见,至多有 $\left[\dfrac{\beta - \alpha}{h_n}\right]$ 个 C_λ 覆盖 D,记这些子区间为 $C_{\lambda_k}, k = 1, \cdots, \left[\dfrac{\beta - \alpha}{h_n}\right]$,令

$$N_{t_i}^\lambda = \min\left(\sum_{j<i} 1_{\{X_{t_j} \in C_\lambda\}}, [nh_n\delta]\right), \quad i = 1, \cdots, n$$

表示到 t_i 时刻为止的所有样本点中落在 C_λ 内的样本点数与 $nh_n\delta$ 的最小值,显然,在事件 $A(\delta, D)$ 发生的条件下,$N_{t_i}^\lambda$ 随 i 单调不减,且必有 $i \leqslant n$ 使 $N_{t_i}^\lambda = [nh_n\delta]$. 定义如下单增的停时序列:

$$\tau_1 = 0, \quad \text{对} i \geqslant 2 : \tau = \inf\left\{t_j > \tau_{i-1}, \sum_{\lambda_k}(N_{t_j}^{\lambda_k} - N_{\tau_{i-1}}^{\lambda_k}) \geqslant 1\right\} \wedge 1.$$

这就得到了一列新的样本观察值:$X_{\tau_1}, X_{\tau_2}, \cdots, X_{[n\delta(\beta - \alpha)]}$. 在这列观察值中,落在每个区间 C_{λ_k} 中的样本点数均为 $[nh_n\delta]$. 记 α_{τ_i} 为 X_{τ_i} 所属的子区间的前端点,再令 m_{τ_i} 为到 τ_i 对应的时刻止,落入该子区间中的样本点数,记 $\xi_{\tau_i} = \alpha_{\tau_i} + \dfrac{m_{\tau_i}}{[n\delta]}$,则 $\xi_{\tau_i}, i = 1, \cdots, [n\delta(\beta - \alpha)]$ 构成区间 D 的均匀等分点,相邻两点间的距离为 $\dfrac{1}{[n\delta]}$.

记 $Y_{\tau_i} = \dfrac{n}{T}(X_{\tau_i+1} - X_{\tau_i})^2$,由 $|X_{\tau_i} - \xi_{\tau_i}| \leqslant h_n$,得

$$|\sigma^2(X_{\tau_i}) - \sigma^2(\xi_{\tau_i})| \leqslant Ch_n, \tag{A.1}$$

式中 C 为某常数,问题化为在回归模型

$$Y_{\tau_i} = \sigma^2(\xi_{\tau_i}) + e_n(\tau_i, \omega) + \varepsilon_{\tau_i}, \quad i = 1, \cdots, [n\delta(\beta - \alpha)] \tag{A.2}$$

中回归函数 $\sigma^2(\cdot)$ 的非参数估计.

设 $\phi(x)$ 为在 $[K_{\min}, K_{\max}]$, 有限支撑的尺度函数, 满足 Lipschitz 条件, 且 $\|\phi\|_\infty \leqslant 1$,
$$\phi_{jk}(x) = \phi(2^j x - k). \tag{A.3}$$

记 $\varepsilon = \delta(\beta - \alpha)$, 取 $\sigma^2(x)$ 的小波估计为
$$\hat{\sigma}_n^2(x) = \sum_k \hat{a}_{j_n k} \phi_{j_n k}(x), \tag{A.4}$$

其中
$$\hat{a}_{j_n k} = \frac{1}{[n\varepsilon]} \sum_{i=1}^{[n\varepsilon]} \phi_{j_n k}(\xi_{\tau_i}) Y_{\tau_i}. \tag{A.5}$$

以下证明过程中, K 在不同的式子中表示不同的正常数. 由 (A.5) 式及引理 4.1.1 得

$$\begin{aligned}
\hat{a}_{j_n k} - a_{j_n k} &= \frac{1}{[n\varepsilon]} \sum_{i=1}^{[n\varepsilon]} (\phi_{j_n k}(\xi_{\tau_i}) Y_{\tau_i} - a_{j_n k}) \\
&= \frac{1}{[n\varepsilon]} \sum_{i=1}^{[n\varepsilon]} \left[n \int_{\tau_i}^{\tau_i + \frac{1}{n}} \phi_{j_n k}(\xi_{\tau_i}) \sigma^2(X_s) ds + \phi_{j_n k}(\xi_{\tau_i}) \varepsilon_{\tau_i} \right] - a_{j_n k} \\
&= \frac{1}{[n\varepsilon]} \sum_{i=1}^{[n\varepsilon]} \sigma^2(X_{\tau_i}) \phi_{j_n k}(\xi_{\tau_i}) - a_{j_n k} \\
&\quad + \frac{1}{[n\varepsilon]} \sum_{i=1}^{[n\varepsilon]} n \int_{\tau_i}^{\tau_i + \frac{1}{n}} \phi_{j_n k}(\xi_{\tau_i})(\sigma^2(X_s) - \sigma^2(X_{\tau_i})) ds \\
&\quad + \frac{1}{[n\varepsilon]} \sum_{i=1}^{[n\varepsilon]} \phi_{j_n k}(\xi_{\tau_i}) \varepsilon_{\tau_i},
\end{aligned}$$

式中,
$$\varepsilon_{\tau_i} = 2n \int_{\tau_i}^{\tau_i + \frac{T}{n}} (X_t - X_{\tau_i}) \sigma(X_t) dW_t.$$

记
$$A_1(n) = \frac{1}{[n\varepsilon]} \sum_{i=1}^{[n\varepsilon]} \sigma^2(X_{\tau_i}) \phi_{j_n k}(\xi_{\tau_i}) - a_{jk},$$

$$A_2(n) = \frac{1}{[n\varepsilon]} \sum_{i=1}^{[n\varepsilon]} n \int_{\tau_i}^{\tau_i + \frac{1}{n}} \phi_{j_n k}(\xi_{\tau_i})(\sigma^2(X_s) - \sigma^2(X_{\tau_i})) ds,$$

$$A_3(n) = \frac{1}{[n\varepsilon]} \sum_{i=1}^{[n\varepsilon]} \phi_{j_n k}(\xi_{\tau_i}) \varepsilon_{\tau_i}.$$

以下分别考察 A_1, A_2, A_3 的收敛速度. 注意到

$$A_1(n) = \frac{1}{[n\varepsilon]} \sum_{i=1}^{[n\varepsilon]} (\sigma^2(X_{\tau_i}) - \sigma^2(\xi_{\tau_i})) \phi_{j_n k}(\xi_{\tau_i}) + \frac{1}{[n\varepsilon]} \sum_{i=1}^{[n\varepsilon]} \sigma^2(\xi_{\tau_i}) - a_{j_n k},$$

由条件 A2 及 τ_i, ξ_{τ_i} 的取法, 有

$$|\sigma^2(X_{\tau_i}) - \sigma^2(\xi_{\tau_i})| = C_2 |X_{\tau_i} - \xi_{\tau_i}| \leqslant C_2 h_n.$$

而 $\phi_{j_n k}$ 在长为 $2^{-j_n}(2N-1)$ 的区间上有有限支撑, 而这样的区间最多包含 $[n2^{-j_n}(2N-1)\varepsilon]$ 个长为 $\frac{1}{[n\varepsilon]}$ 的子区间, 故 A_1 的求和式中最多有 $[n2^{-j_n}(2N-1)\varepsilon]$ 个 $\phi_{j_n k}$ 非零. 再由 $\|\phi\|_\infty \leqslant 1$, 于是

$$\tilde{E}\left\{\left|\frac{1}{[n\varepsilon]} \sum_{i=1}^{[n\alpha]} [\sigma^2(X_{\tau_i}) - \sigma^2(\xi_{\tau_i})] \phi_{j_n k}(\xi_{\tau_i})\right|^r \Big| A(\delta, D)\right\}$$

$$\leqslant C_2 h_n^r \tilde{E}\left\{\left|\frac{1}{[n\varepsilon]} \sum_{i=1}^{[n\alpha]} 2^{j/2} \phi(2^{j_n} \xi_{\tau_i} + k)\right|^r \Big| A(\delta, D)\right\}$$

$$\leqslant C_2 h_n^r 2^{-j_n r/2}.$$

再由对 $a_{j_n k} = \int_0^1 \sigma^2(x) \phi_{jk}(x) dx$ 的 Riemann 逼近, 注意到 $\xi_{\tau_1}, \cdots, \xi_{\tau_{[n\varepsilon]}}$ 构成 $[\alpha, \beta]$ 区间的 $[n\varepsilon]$ 个等分点

$$\tilde{E}\left\{\left|\frac{1}{n\varepsilon} \sum_{i=1}^{n\varepsilon} \sigma^2(\xi_{\tau_i}) \phi_{j_n k}(\xi_{\tau_i}) - a_{j_n k}\right|^r \Big| A(\delta, D)\right\}$$

$$= \tilde{E}\left\{\left|\frac{1}{[n\varepsilon]} \sum_{i=1}^{[n\varepsilon]} \int_{\xi_{\tau_i}}^{\xi_{\tau_i} + \frac{1}{[n\varepsilon]}} [\sigma^2(\xi_{\tau_i}) \phi_{j_n k}(\xi_{\tau_i}) - \sigma^2(x) \phi_{j_n k}(x)] dx\right|^r \Big| A(\delta, D)\right\},$$

式中 $K = K(\varepsilon, \delta) > 0$ 为常数. 由于 $\phi_{j_n k}$ 在长为 $2^{-j_n}(2N-1)$ 的区间上有有限支撑, 故上述求和式中 $\phi_{jk}(x)$ 最多在 $[n2^{-j_n}(2N-1)\varepsilon]$ 个积分区间上非零, 在这些区间上,

$$|\sigma^2(\xi_{\tau_i}) \phi_{j_n k}(\xi_{\tau_i}) - \sigma^2(x) \phi_{j_n k}(x)|$$

$$\leqslant |\sigma^2(\xi_{\tau_i}) - \sigma^2(x)| \phi_{jk}(\xi_{\tau_i}) + \sigma^2(x) |\phi_{j_n k}(\xi_{\tau_i}) - \phi_{j_n k}(x)|$$

$$\leqslant C_2|\xi_{\tau_i} - x|\phi_{j_n k}(\xi_{\tau_i}) + C_1(1+|x|)|\phi_{j_n k}(\xi_{\tau_i}) - \phi_{j_n k}(x)|$$
$$\leqslant \frac{2K}{[n\varepsilon]}2^{\frac{j_n}{2}}.$$

于是

$$\tilde{E}\left\{\left|\frac{1}{[n\varepsilon]}\sum_{i=1}^{[n\varepsilon]}\sigma^2(\xi_{\tau_i})\phi_{j_n k}(\xi_{\tau_i}) - a_{j_n k}\right|^r \Big| A(\delta, D)\right\}$$
$$\leqslant C_2 \tilde{E}\{|\xi_{\tau_i} - x|\phi_{j_n k}(\xi_{\tau_i})|A(\delta, D)\} + C_1 \tilde{E}\{(1+|x|)|\phi_{j_n k}(\xi_{\tau_i}) - \phi_{j_n k}(x)|A(\delta, D)\}$$
$$\leqslant \frac{K}{[n\varepsilon]}\{[2^{-j_n}n\varepsilon]+2\}n^{-1}2^{j_n/2}|^r$$
$$\leqslant K^r n^{-r} 2^{-j_n r/2}.$$

由 Minkowski 不等式得

$$(E[|A_1(n)|^r|A(\delta,D)])^{\frac{1}{r}} \leqslant \left[E\left(\left|\frac{1}{[n\varepsilon]}\sum_{i=1}^{[n\varepsilon]}(\sigma^2(X_{\tau_i}) - \sigma^2(\xi_{\tau_i}))\phi_{j_n k}(\xi_{\tau_i})\right|^r \Big| A(\delta, D)\right)\right]^{\frac{1}{r}}$$
$$+ \left[E\left(\left|\frac{1}{[n\varepsilon]}\sum_{i=1}^{[n\varepsilon]}\sigma^2(\xi_{\tau_i})\phi_{j_n k}(\xi_{\tau_i}) - a_{j_n k}\right|^r \Big| A(\delta, D)\right)\right]^{\frac{1}{r}}$$
$$\leqslant K^{\frac{1}{r}}(h_n^r + n^{-r})^{\frac{1}{r}} 2^{-j_n/2},$$

于是, 结合 (A.5) 得

$$\tilde{E}\{|A_1(n)|^r|A(\delta, D)\} \leqslant K(h_n^r + n^{-r})2^{-j_n r/2} \leqslant K n^{-\frac{r}{2}}. \tag{A.6}$$

由条件 A2 及引理 4.1.1, 类似上述分析可得

$$\tilde{E}\{|A_2(n)|^r|A(\delta, D)\} \leqslant K 2^{-j_n r/2} n^{-r/2} \leqslant K n^{-r/2}. \tag{A.7}$$

对最后一项, 记

$$\tilde{\varepsilon}_{\tau_i} = \int_{\tau_i}^{\tau_i + \frac{T}{n}}(X_t - X_{\tau_i})\sigma(X_t)dW, \quad i=1,\cdots,[n\varepsilon],$$

则 $\tilde{\varepsilon}_{\tau_i}(i=1,\cdots,[n\varepsilon])$ 是鞅差序列, 故 $\phi_{jk}(\xi_{\tau_i})\tilde{\varepsilon}_{\tau_i}(i=1,\cdots,[n\varepsilon])$ 也是鞅差序列. 从而 $\left\{\sum_{i=1}^{n}\phi_{j_n k}(\xi_{\tau_i})\tilde{\varepsilon}_{\tau_i}, 0 \leqslant n \leqslant [n\varepsilon]\right\}$ 是鞅. 由 Rosenthal 不等式[7],

$$\tilde{E}\{|A_3(n)|^r|A(\delta, D)\}$$

附　录

$$\leqslant KE\left\{\sum_{i=1}^{[n\alpha]}\phi_{j_nk^2}^2(\xi_{\tau_{i+1}})E(\tilde{\varepsilon}_{\tau_{i+1}}^2|\mathcal{F}_{\tau_i})|A(\delta,D)\right\}^{r/2}$$
$$+\sum_{i=1}^{[n\alpha]}E\left\{|\phi(\xi_{\tau_{i+1}})\tilde{\varepsilon}_{\tau_{i+1}}|^r|A(\delta,D)\right\}. \tag{A.8}$$

注意, 由 (4.1.2),

$$\tilde{E}(\tilde{\varepsilon}_{\tau_I}^2|\mathcal{F}_{\tau_I}) = \tilde{E}\left[\int_{\tau_1}^{\tau_i+\frac{1}{n}}(X_s-X_{\tau_i})^2\sigma^2(X_s)ds|\mathcal{F}_{\tau_i}\right]$$
$$\leqslant \sup_{t\in[0,1-\frac{1}{n}]}\tilde{E}\left[\int_t^{t+\frac{1}{n}}\left[\int_t^s\sigma(X_u)\sigma(X_s)dW_u\right]^2 ds|\mathcal{F}_t\right]$$
$$=\sup_{t\in[0,1-\frac{1}{n}]}\tilde{E}\left[\int_t^{t+\frac{1}{n}}\int_t^s\sigma^2(X_u)\sigma^2(X_s)duds|\mathcal{F}_t\right]$$
$$\leqslant \sup_{t\in[0,1-\frac{1}{n}]}C_1\tilde{E}\left[\int_t^{t+\frac{1}{n}}[(1+|X_u|)(1+|X_s|)ds|\mathcal{F}_t\right]$$
$$=\sup_{t\in[0,1-\frac{1}{n}]}C_1n^{-1}\tilde{E}\left[\int_t^{t+\frac{1}{n}}(1+|X_s|)^2ds|\mathcal{F}_t\right]$$
$$\leqslant C_1n^{-2}\sup_{t\in[0,1-\frac{1}{n}]}\tilde{E}[(1+|X_1|)^2|\mathcal{F}_t],$$

故

$$\tilde{E}\left\{\sum_{i=1}^{[n\alpha]}\phi_{j_nk}^2(\xi_{\tau_{i+1}})E(\tilde{\varepsilon}_{\tau_{i+1}}^2|\mathcal{F}_{\tau_i})|A(\delta,D)\right\}^{r/2}$$
$$\leqslant C_1n^{-r}\sup_{t\in[0,1-\frac{1}{n}]}\tilde{E}\left[\left(\sum_{i=1}^{[n\alpha]}\phi_{j_nk}^2(\xi_{\tau_{i+1}})\right)^{\frac{r}{2}}\tilde{E}[(1+|X_1|)^2|\mathcal{F}_t],|A(\delta,D)\right].$$

由于 ϕ_{j_nk} 在长为 $2^{-j_n}(2N-1)$ 的区间上有有限支撑, 故上述求和式中 ϕ_{j_nk} 最多有 $[n2^{-j_n}(2N-1)\varepsilon]$ 个非零, 再由 $\|\phi\|_\infty \leqslant 1$, 得

$$\tilde{E}\left\{\sum_{i=1}^{[n\alpha]}\phi_{j_nk}^2(\xi_{\tau_{i+1}})E(\tilde{\varepsilon}_{\tau_{i+1}}^2|\mathcal{F}_{\tau_i})|A(\delta,D)\right\}^{r/2}$$
$$\leqslant C_1^r n^{-r}\{2^{-j_n}[n\varepsilon]2^{j_n}\}^{\frac{r}{2}}\sup_{t\in[0,1-\frac{1}{n}]}\tilde{E}\{\tilde{E}[(1+|X_1|)^2|\mathcal{F}_t]|A(\delta,D)\}$$

$$\leqslant C_1^r \tilde{E}[(1+|X_1|)^2] n^{-\frac{r}{2}}.$$

在上述证明过程中, X_1 与事件 $A(\delta, D)$ 独立, 故

$$E\{1+|X_1||A(\delta, D)\} = E[1+|X_1|].$$

对 (A.8) 式右端第二项, 由 Burckholder-Davis-Gundy 不等式及 Hölder 不等式得

$$\tilde{E}\{|\tilde{\varepsilon}|^r | A(\delta, D)\} \leqslant K\tilde{E}(\langle \tilde{\varepsilon}_{\tau_i}\rangle^{\frac{r}{2}}|A(\delta, D))$$

$$= K_1 \tilde{E}\left\{\left[\int_{\tau_1}^{\tau_i + \frac{1}{n}}(X_s - X_{\tau_i})^2 \sigma^2(X_s) ds\right]^{\frac{r}{2}} | A(\delta, D)\right\}$$

$$\leqslant K_1 \sup_{t \in [0, 1-\frac{1}{n}]} \tilde{E}\left[\left\{\int_t^{t+\frac{1}{n}}\left[\int_t^s \sigma(X_u) dW_u\right]^2 \sigma^2(X_s) ds\right\}^{\frac{r}{2}} | A(\delta, D)\right]$$

$$\leqslant K_1 n^{(1-\frac{r}{2})} \sup_{t \in [0, 1-\frac{1}{n}]} \tilde{E}\left[\int_t^{t+\frac{1}{n}}\left\{\int_t^s \sigma(X_u)\sigma(X_s) dW_u\right\}^r ds | A(\delta, D)\right]$$

$$\leqslant K_1 n^{(1-\frac{r}{2})} \sup_{t \in [0, 1-\frac{1}{n}]} \tilde{E}\left[\int_t^{t+\frac{1}{n}}\left\{\int_t^S \sigma^2(X_u)\sigma^2(X_s) du\right\}^{\frac{r}{2}} ds | A(\delta, D)\right]$$

$$\leqslant K_2 n^{(1-\frac{r}{2})} \sup_{t \in [0, 1-\frac{1}{n}]} \tilde{E}\left[\int_t^{t+\frac{1}{n}}(s-t)^{\frac{r}{2}-1}\int_t^s \sigma^r(X_u)\sigma^r(X_s) du ds | A(\delta, D)\right]$$

$$\leqslant K_2 n^{(1-\frac{r}{2})} \sup_{t \in [0, 1-\frac{1}{n}]} C_1 \tilde{E}\left[\int_t^{t+\frac{1}{n}}(s-t)^{\frac{r}{2}-1}\int_s^t [(1+|X_u|)^r(1+|X_s|)^r ds | A(\delta, D)\right]$$

$$= K_2 n^{(1-\frac{r}{2})} C_1 \sup_{t \in [0, 1-\frac{1}{n}]} \left[\int_t^{t+\frac{1}{n}}(s-t)^{\frac{r}{2}-1} \tilde{E}[(1+|X_s|)^{2r}|A(\delta, D)] ds\right]$$

$$\leqslant K_2 C_1 \frac{2}{r} \tilde{E}[(1+|X_1|)^{2r}] n^{-r},$$

式中 K_1, K_2 为两个不同的常数. 故当 $r \geqslant 2$ 时,

$$\sum_{i=1}^{[n\varepsilon]} \tilde{E}\left\{|\phi(\xi_{\tau_{i+1}})\tilde{\varepsilon}_{\tau_{i+1}}|^r | A(\delta, D)\right\} \leqslant (2^{-j}[n\varepsilon] + 2) \cdot 2^{j\mu/2} \cdot Kn^{-r}$$

$$\leqslant K 2^{j(\frac{r}{2}-1)} n^{-r+1} \leqslant Kn^{-\frac{r}{2}}.$$

利用 Minkowski 不等式, 得

$$\tilde{E}\{|A_3(n)|^r\} \leqslant Kn^{-\frac{r}{2}}. \tag{A.9}$$

结合 (A.7)~(A.9), 对

$$\tilde{E}\{|\hat{a}_{jk} - a_{jk}|^r |A(\delta, D)\} = E\{|A_1(n) + A_2(n) + A_3(n)|^r |A(\delta, D)\}$$

再次用 Minkowski 不等式, 则引理得证.

<h2 style="text-align:center">参 考 文 献</h2>

[1] Prakasa Rao B L S. Statistical inference for diffusion type processes[G]. New York: Oxford University Press Inc., 1999: 225-256.

[2] Spokoiny V G. Adaptive drift estimation for nonparametric diffusion model[J]. Annals of Statistics, 2000, 28(3): 815–836.

[3] Bandi F M and Phillips P C B. Fully nonparametric estimation of scalar diffusion models[J]. Econometrica, 2003, 71(1): 241-283

[4] 许之彦. 扩散过程的统计推断 [D]. 华东师范大学博士学位论文, 2003.

[5] Hoffmann M. Adaptive estimation in diffusion process[J]. Stoch.Proc.Appl., 1999, 79: 135-163.

[6] Fan J and Zhang C. A re-examination of diffusion estimators with applications to financial model validation[J]. Journal of the American Statistical Association, 2003, 98: 118-134.

[7] Bernt K. Stochastic differential equations–An introduction with applications, Fourth edition[G]. Springer-Verlag, 1995.

[8] Chen P. Nonparametric estimation of the diffusion coefficient under the linear growth condition[J]. 南京大学数学半年刊, 2005, 22(2): 292-298.

[9] 陈萍, 杨孝平. 资产方程扩散系数的小波估计 [J]. 工程数学学报, 2004, 21(2): 212-216.

[10] Ait-Sahalia Y. Nonparametric pricing of interest rate derivative securities[J]. Econometrica, 1996, 64(3): 527-560.

[11] Stanton R. A nonparametric model of term structure dynamics and the market price of interest rate risk[J]. J. of Finance, 1997, 52: 1973–2002.

[12] Florens D. On estimation the diffusion coefficient from discrete observations[J]. J. App. Prob., 1993, 30: 790-804.

[13] Fan J and Gijbels I. Local polynomial modeling and its applications[G]. London: Chapman and Hall, 1996.

[14] Donoho D L, Johnstone I M, Kerkyacharian G and Picard D. Density estimation by wavelet thresholding[J]. Ann.Statist.,1996, 24(2): 508-539.

[15] 陈萍, 杨孝平, 王金德. 扩散系数小波估计的强相合性 [J]. 数学年刊 (A), 2005, 26(5): 675-682.

[16] 陈萍. 随机波动率模型的统计推断及其衍生证券的定价 [D]. 南京理工大学博士论文, 2004.

[17] Ait-Sahalia Y. Transition densities for interest rate and other nonlinear diffusion[J]. J. Finance, 1999, 54(1): 361-1 395.

[18] Ait-Sahalia Y. Maximum-likelihood estimation of discretely-sampled diffusions: a closed——form approximation approach[J]. Econ. Ometrica, 2002, 70: 223-262.

[19] Hall P and Presnell B. Intentionally biased bootstrap methods[J]. J. Roy. Stat. Soc. B, 1999, 61: 143–158.

[20] Fan J and Yim T H. A cross validation method for estimating conditional densities[J]. Biometrika, 2004, 91(4): 819-834.

[21] Cox J C and Ross S A. The Valuation of options for alternatives stochastic processes[J]. J. Financial Econ.3, 1976: 145-166

[22] Wong E. Stochastic Process in Information and Dynamical Systems[M]. New York: McGraw-Hill, 1971

[23] Stutzer M. A simple nonparametric approach to derivative security valuation[J]. J. Finance, 1996, 51: 1633-1652

[24] Alcock J and Carmichael T. Nonparametric american option pricing[J]. J. Futures Markets, 2008, 28(8): 717-748.

[25] Banz, Rolf, and Merton Miller. Prices for state-contingent claims: some estimates andpplications[J]. J. Business, 1978, 51, 653-672.

[26] Breeden Douglas, and Robert H. Litzenberger. Prices of state-contingent claims implicitin option prices[J]. J. Business, 1978, 51: 621-651.

[27] Black F and Scholes M. The pricing of options and corporate liabilities[J]. J. Political Economy, 1973, 81: 637-659.

[28] Aït-Sahalia Y and Andrew W L. Nonparametric estimation of state-price densities implicit in financial asset prices[J]. J. Finance, 1998, 53(2): 499-547

[29] Aït-Sahalia Y. Testing continuous-time models of the spot interest rate[J]. Rev. Financial Stud., 1996, 9: 385-426.

[30] Kwok Y K. Mathematical Models of Financial Derivatives[M]. New York:Springer, 1998.

[31] 姜礼尚. 衍生证券定价的数学模型和方法 [M]. 北京: 高等教育出版社, 2003.

[32] Stutzer M. A simple nonparametric approach to derivative security valuation[J]. J. Finance, 1996, 51: 1633-1652

[33] Carriére J. Valuation of early-exercise price of options using simulations and nonparametric regression[J]. Insurance: Mathematics and Economics, 1996, 19: 19-30.

[34] Tsitsiklis J and Van R B. Regression methods for pricing complex American-style options[J]. IEEE. Trans. Auto. Control., 2001, 12: 694-703.

[35] Glasserman P. Monte Carlo Methods in Financial Engineering[M]. New York:Springer, 2004.

参考文献

[36] Han G S, Kim B H, Lee J. Kernel-based Monte Carlo simulation for American option pricing[J]. Expert Systems Appl., 2009, 36 : 4431-4436.

[37] 张双林, 郑中国. 随机设计变量情形回归函数的非线性小波估计 [J]. 中国科学 (A), 1999, 24(4): 311-319

[38] Hsu Y L, Lin T I, Lee C F. Constant elasticity of variance(CEV) option pricing medel: Integration and detailed derivation[J]. Math. Comp. Simulation, 2008, 79 : 60-71.

[39] Longstaff F A and Schwartz E S. Valuing american options by simulation: a simple least-squares approach[J]. Rev. Financial Stud., 2001, 14: 113-147.

[40] Tsitsiklis J and Van R B. Optimal stopping of Markov processes: Hilbert space theory, approximation algorithms, and an application to pricing high dimensional nancial derivatives[J]. IEEE. Trans. Auto. Control., 1999, 44: 1840-1851.

[41] Tsitsiklis J and Van R B. Regression methods for pricing complex American-style options[J]. IEEE. Trans. Auto. Control., 2001, 12: 694-703.

[42] Clement L, Lamberton D, and Protter P. An analysis of a least squares regression algorithm for American option pricing[J]. Finance and Stochastics, 2002, 6: 449-471.

[43] Glasserman P. Monte Carlo Methods in Financial Engineering[M]. New York: Springer, 2004.

[44] Han G S, Kim B H, Lee J. Kernel-based Monte Carlo simulation for American option pricing[J]. Expert Systems Appl., 2009, 36 : 4431-4436.

[45] 张双林, 郑中国. 随机设计变量情形回归函数的非线性小波估计 [J]. 中国科学 (A), 1999, 24(4): 311-319

第 5 章 时变扩散模型非参数统计分析

早期的扩散方程统计推断主要针对一维扩散系数或漂移系数. 目前关于时变扩散模型的研究也越来越受到关注. 例如在金融中, 经济条件随时变动, 因此有必要设想资产的瞬时期望收益以及瞬时波动率既依赖于时间, 也与指定的状态变量如股票或债券的价格水平有关. 这意味着基础状态变量应该是一个时变的扩散过程. 为此, 文献中提出了一些包含时变参数的模型[1-4]. Fan[5] 等将这些参数模型归纳到一类统一的半参数的模型, 并研究了模型参数估计及检验问题. 在第 3 章我们已经提到, 参数或半参数模型往往不能适应经济数据复杂的变动特征, 相对来说, 非参数模型由于对模型中各类未知函数的模糊设定而具有适应面更广、灵活度更高的特点, 更适合描述复杂多变的经济规律. 本章着重考虑时变扩散模型的非参数统计分析问题.

与一维扩散模型不同, 时变扩散模型中待估的漂移系数和扩散系数都是时间与状态的二元函数, 但我们却只能观察到随时间变化的一条样本轨道, 故不能简单地用二元函数的估计方法构造时变漂移系数与扩散系数的估计量. 对于时变的扩散系数, 本章采用 "分时段" 估计法构造其非参数估计量, 给出了估计量的大样本性质并考虑波动率的时变性检验, 对上证指数的时变性进行了实证分析. 此外, 由上一章的讨论可见, 扩散方程漂移系数估计量的相合性与极限分布只能在 $n \to \infty, T \to \infty$ 情况下给出, 而不能在有限时间段内得到. 因此, 上述分时段估计法不适用于时变漂移系数的估计. 时变漂移系数的估计问题尚有待解决.

5.1 时变扩散系数的非参数估计

5.1.1 时变扩散系数的非参数估计模型

设过程 $X_t, 0 \leqslant t \leqslant T$ 是定义在概率空间 $(\Omega, \mathcal{F}, P)$ 上的随机过程, 满足

$$dX_t = \mu(t, X_t)dt + \sigma(t, X_t)dB_t, \quad 0 \leqslant t \leqslant T, \quad X_0 = x, \tag{5.1.1}$$

式中 B_t 为标准 Brown 运动. 二元函数 $\mu(t,x)$ 与 $\sigma(t,x)$ 分别称为过程 X_t 的漂移系数与扩散系数. 记 $C_i(i=1,2,3)$ 为常数, $\{\mathcal{F}\}_t$ 为由 $\{X_s, s \leqslant t\}$ 生成的 σ 代数. 关于 $\mu(\cdot)$ 与 $\sigma(\cdot)$ 作如下假设:

A1 (线性增长条件). 函数 μ 与 σ 可测, 且

5.1 时变扩散系数的非参数估计

$$|\mu(t,x)| + |\sigma(t,x)| \leqslant C_1(1+|x|), \quad x \in R, t \in [0,T].$$

A2 (Lipschitz 条件). $\forall x,y \in R, t \in [0,T]$,

$$|\mu(t,x) - \mu(t,y)| + |\sigma(t,x) - \sigma(t,y)| \leqslant C_2|x-y|.$$

A3. $|\sigma(t_1,x) - \sigma(t_2,X)| \leqslant C_3|t_1-t_2| t_1,t_2 \in [0,T], x \in R.$

A4. $\theta(t,X_t) = \dfrac{\mu(t,X_t)}{\sigma(t,X_t)}$ 满足 Novikov 条件, 即

$$E\left\{\exp\left[\frac{1}{2}\int_0^t \theta(u,X_u)du\right]\right\} < \infty.$$

我们要基于观察值 $(X_{t_i}, i=1,\cdots,n)$ 估计 $\sigma^2(t,x)$, 其中 $t_i = \dfrac{iT}{n}$.

为估计扩散系数 $\sigma(\cdot,\cdot)$, 首先需要将讨厌参数 μ 消去. 设 $\theta(t,x)$ 满足假设条件 A4, 令

$$W_t = \int_0^t \theta(u,X_u)du + B_t,$$

$$Z(t) = \exp\left\{-\int_0^t \theta(u,X_u)dB_u - \frac{1}{2}\int_0^t \theta^2(u,X_u)du\right\},$$

在 $(\Omega, \mathcal{F}_T)$ 上定义测度 $\tilde{P}$:

$$\tilde{P}(A) = \int_A Z(T)dP, \quad \forall A \in \mathcal{F}_T,$$

根据 Girsanov 定理, 过程 $\{W_t, 0 \leqslant t \leqslant 1\}$ 在概率测度 $\tilde{P}$ 下是 Brown 运动, 且 $\tilde{P}$ 等价于 P. 将 W_t 代入 (5.1.1), 过程 $\{X_t\}$ 满足

$$dX_t = \sigma(t,X_t)dW_t, \tag{5.1.2}$$

因而 $\{X_t\}$ 是 $\tilde{P}$ 下的鞅.

由于不能直接对扩散系数 $\sigma(\cdot,\cdot)$ 进行观察, 只能用过程 X_t 的样本间接估计, 下面先讨论 $\sigma^2(t,X_t)$ 的样本点的选择问题. 运用 Itô 引理, 我们得到下面的分解, 对于 $i = 0,1,\cdots,n-1$,

$$\frac{n}{T}(X_{t_{i+1}} - X_{t_i})^2 = \frac{n}{T}\int_{t_i}^{t_{i+1}} \sigma^2(s,X_s)ds + \varepsilon_i, \tag{5.1.3}$$

式中,

$$\varepsilon_i = \frac{2n}{T}\int_{t_i}^{t_{i+1}} (X_s - X_{t_i})\sigma(s,X_s)dW_s. \tag{5.1.4}$$

由 Itô 积分性质,有

$$\tilde{E}\varepsilon_i = \frac{2n}{T}\tilde{E}\int_{t_i}^{t_{i+1}}(X_s-X_{t_i})\sigma(s,X_s)\,dW_s = 0,$$

其中 $\tilde{E}$ 是关于 $\tilde{P}$ 的期望. 因此, 在根据观察量 $\frac{n}{T}(X_{t_{i+1}}-X_{t_i})^2$ 估计 $\frac{n}{T}\int_{t_i}^{t_{i+1}}\sigma^2(s,X_s)ds$ 时, ε_i 可看成噪声项. 从而我们将问题转化为非参数回归问题: 由随机设计样本点 $X_{t_i}, i=1,\cdots,n$ 产生的带有噪声的数据 $\frac{n}{T}(X_{t_{i+1}}-X_{t_i})^2$ 来估计 $\frac{n}{T}\int_{t_i}^{t_{i+1}}\sigma^2(s,X_s)ds$.

注意到 (5.1.3) 中的回归函数是 $n\int_{t_i}^{t_{i+1}}\sigma^2(s,X_s)ds$ 而不是 $\sigma^2(t_i,X_{t_i})$, 我们通过下列引理证明当采样间隔 $\frac{T}{n}\to 0$ 时, $\int_{t_i}^{t_{i+1}}\sigma^2(s,X_s)ds$ 将趋近于 $\sigma(t_i,X_{t_i})$.

引理 5.1.1[6] 设过程 X_t 满足随机微分方程 (5.1.2), 其中 $\sigma(\cdot,\cdot)$ 满足条件 A1~A4. 设对 $r>2, \tilde{E}[|X_1|^r]<\infty$. 记 $\Upsilon=\{0,t_1,t_2,\cdots,t_{n-1}\}$, 对任意停时 $\tau\in\Upsilon$, 定义

$$e_n(\tau,\omega)=\frac{n}{T}\int_{\tau}^{\tau+\frac{T}{n}}\sigma^2(u,X_u)du-\sigma^2(\tau,X_\tau), \tag{5.1.5}$$

则存在常数 K, 使得对任意 $r>2$, 有

$$\tilde{E}[|e_n(\tau,\omega)|^r]<K\left(\frac{T}{n}\right)^{\frac{r}{2}}. \tag{5.1.6}$$

本引理的证明过程对于时变环境下估计量的大样本性质的研究有重要的参考意义, 参见本章附录 A. 上述引理结论表面上看来与 t 无关, 但在证明过程中隐含着条件 A3 成立. 这表明只有当 $\sigma(t,x)$ 关于 t 具有一定的光滑性时, 引理才能成立. 记

$$\tilde{Y}_{t_i}=\frac{n}{T}(X_{t_{i+1}}-X_{t_i})^2, \quad e_n(t_i)=\frac{n}{T}\int_{t_i}^{t_{i+1}}\sigma^2(s,X_s)ds-\sigma^2(t_i,X_{t_i}). \tag{5.1.7}$$

根据引理 5.1.1, 可将 $e_n(t_i)$ 看作测量误差. (5.1.4) 式中回归函数的非参数估计问题现在转化为在带有测量误差的回归模型:

$$\tilde{Y}_{t_i}=\sigma^2(t_i,X_{t_i})+[e_n(t_i)+\varepsilon_{t_i}], \quad i=0,\cdots,n-1 \tag{5.1.8}$$

中估计回归函数 $\sigma^2(\cdot,\cdot)$ 的非参数估计问题, 式中 $e_n(t_i)+\varepsilon_{t_i}$ 可看作误差项.

与一维扩散的情况类似, 将 $\tilde{Y}_{t_i}=\frac{n}{T}(X_{t_{i+1}}-X_{t_i})^2, i=1,\cdots,n$ 作为扩散系数

的初始样本. 参考例 4.1.1 的分析, 对上述初始样本作小波修正, 得到小波修正样本 $Y_{t_i}, i = 1, \cdots, n$. 图 5.1.1 给出了时变扩散系数 $\sigma(t, X_t) = \sigma^{\frac{1}{2}} X_t$ 的 "理论轨道" "初始样本轨道" 与 "小波修正样本轨道" 的对比, 从图上可见, 在时变扩散情形, 小波修正样本轨道仍比初始样本轨道更接近理论轨道.

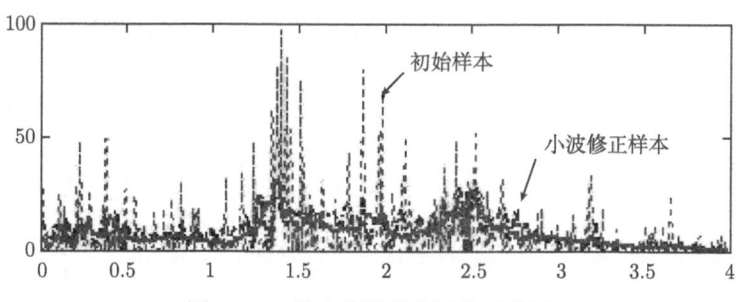

图 5.1.1 样本轨道的小波修正效果

根据上述分析, 在 (5.1.8) 式中, 用小波修正样本代替初始样本, 得到

$$Y_{t_i} = \sigma^2(t_i, X_{t_i}) + [e_n(t_i) + \varepsilon_{t_i}], \quad i = 0, \cdots, n-1. \tag{5.1.9}$$

(5.1.9) 式给出了时变扩散系数非参数估计的通用模型, 我们可以将回归函数的非参数估计如核估计、局部多项式估计、小波估计等方法推广到时变扩散系数的估计上来, 在讨论估计量的极限性质的时候, 可以对 (5.1.9) 中的回归函数, 系统误差和随机误差三项分别讨论, 还可以分别通过改进样本构造或改进函数估计方法以提高估计精度.

5.1.2 时变扩散系数的核估计

考虑模型 (5.1.9) 中 $\sigma^2(\cdot, \cdot)$ 的核估计问题, 由于 $\sigma^2(t, X)$ 为双变量函数, 而观察的数据只有一组, 即为单轨道, 所以不能沿用传统的二元函数核估计的构造. 为解决这一问题, 我们采用 "分时段" 的处理方式, 其基本思路是: 对于任一固定 t_i, 参考观察值序列的变化幅度, 选择一合适的常数列 $\gamma_i, i = 1, \cdots, n$, 在时间段 $[t_i - \gamma_i, t_i + \gamma_i]$ 内, 假设 $\sigma^2(t, X_t)$ 仅是 X_t 的函数, 即 $\sigma^2(t, X_t) = \sigma^2(X_t), t \in [t_i - \gamma_i, t_i + \gamma_i], i = 1, \cdots, n$. 从而在每一时间段内, 问题就转化为如下非时变的回归函数的估计问题:

$$Y_{t_i} = \sigma^2(X_{t_i}) + [e_n(t_i) + \varepsilon_{t_i}], \quad i = 1, \cdots, n. \tag{5.1.10}$$

利用上述转化, 可将一维扩散模型中扩散系数的核估计法推广到了时变扩散情形. 其方法如下: 取 $\gamma_n > 0$, 使得当 $n \to \infty$ 时, $\gamma_n \to 0$, $n\gamma_n \to \infty$. 对于给定时刻 t, 令

$$i_0^{(t)} = \inf\{i; t_i \in [t - \gamma_n, t + \gamma_n]\},$$

$$i_1^{(t)} = \sup\{i; t_i \in [t-\gamma_n, t+\gamma_n]\}.$$

记 $t_i^{\gamma_n} \in [t_{i_0^{(t)}}, t_{i_1^{(t)}}]$, $t_i^{\gamma_n} = i_0^{(t)} + i\Delta$. 令 $n_{\gamma_n} = [(i_1^t - t_0^t)/\Delta]$, 式中 $[R]$ 表示 R 的整数部分. 对适当的 $\varepsilon_{\gamma_n} > 0$, 对每个 $t_i^{\gamma_n}$ 定义停时序列

$$\tau_{i,0}^{\gamma_n} = \inf\{t_l \geqslant 0 : |X_{t_l} - X_{t_i^{\gamma_n}}| \leqslant \varepsilon_{\gamma_n}, l \in [i_0^{(t)}, i_1^{(t)}]\},$$

$$\tau_{i,j+1}^{\gamma_n} = \inf\{t_l \geqslant \tau_{i,j}^{\gamma_n} : |X_{t_l} - X_{t_i^{\gamma_n}}| \leqslant \varepsilon_{r_n}, l \in [i_0^{(t)}, i_1^{(t)}]\}, \quad j = 0, \cdots, m_{\gamma_n}(t_i^{\gamma_n}),$$

其中 $m_{\gamma_n}(t_i^{\gamma_n}) = \sum_{l=1}^{n_{\gamma_n}} I_{\{|X_{t_l} - X_{t_i^{\gamma_n}}| \leqslant \varepsilon_{\gamma_n}\}} \forall i \leqslant n_{\gamma_n}, l \in [i_0^{(t)}, i_1^{(t)}]$, 表示落在 $X_{t_i^{\gamma_n}}$ 的 ε_{n,γ_n} 邻域内的观察值的个数, 其中 I_A 为集合 A 的示性函数. 记 $\Delta_{\gamma_n} = \dfrac{2\gamma_n}{n_{\gamma_n}}$, 令

$$\tilde{\sigma}^2(t_i^{\gamma_n}, X_{t_i^{\gamma_n}}) = \frac{1}{m_{\gamma_n}(t_i^{\gamma_n})\Delta_{\gamma_n}} \sum_{j=0}^{m_{\gamma_n}(t_i^{\gamma_n})-1} [X_{\tau_{i,j}^{\gamma_n} + \Delta_n T} - X_{\tau_{i,j}^{\gamma_n}}]^2,$$

构造 (5.1.10) 式中函数 $\sigma^2(t,x)$ 的核估计量为

$$\hat{\sigma}^2(t,x) = \frac{\sum_{i=0}^n K\left(\dfrac{X_{t_i^{\gamma_n}} - x}{h_{\gamma_n}}\right) \hat{\sigma}^2(t_i^{\gamma_n}, X_{t_i^{\gamma_n}})}{\sum_{i=0}^n K\left(\dfrac{X_{t_i^{\gamma_n}} - x}{h_{\gamma_n}}\right)}, \tag{5.1.11}$$

其中 $K(.)$ 是一个标准核函数. 可以证明, 当分时参数 γ_n 及对应的带宽 h_{γ_n} 满足适当条件时, 估计量 (5.1.11) 满足强相合性. 我们有如下命题:

定理 5.1.1[7] 如果 $h_{\gamma_n} \to 0$ 使得 $\dfrac{1}{h_{\gamma_n}}(\log(1/\Delta_{\gamma_n}))^{\frac{1}{2}} = o(1), \gamma_n \to 0$ 使得 $\dfrac{\gamma_n^{1/2}}{h_{\gamma_n}}(\Delta_{\gamma_n} \log(1/\Delta_{\gamma_n}))^{\frac{1}{2}} = o_{\text{a.s.}}(1)$ 则 $\hat{\sigma}^2(t,x) \xrightarrow{a.s} \sigma(t,x)$.

证明见本章附录 B.

本定理表明, 由 (5.1.11) 式定义的核估计量 $\hat{\sigma}^2(t,x)$ 在任意等价概率测度 $\tilde{P}$ 下都是时变的扩散系数的平方 $\sigma^2(t,x)$ 的强相合估计量. 这一性质在在金融衍生品定价中非常有用, 它保证了 $\hat{\sigma}^2(t,x)$ 不论是在市场概率测度还是在风险中性测度下都是 $\sigma^2(t,x)$ 的强相合估计.

5.1.3 时变扩散系数的局部多项式估计

考虑模型 (5.1.9) 中 $\sigma^2(\cdot,\cdot)$ 的局部多项式估计问题, 仍采用上一小节 "分时段" 的处理方式, 即假定在时间段 $[t_i - \gamma_i, t_i + \gamma_i]$ 内, $\sigma^2(t, X_t)$ 仅是 X_t 的函数, 即

5.1 时变扩散系数的非参数估计

$\sigma^2(t, X_t) \triangleq m_{t_i}(X_t)$, $t \in [t_i - \gamma_i, t_i + \gamma_i]$, $i = 1, \cdots, n$. 仿照一维回归函数局部多项式的估计, 假设 $m_{t_i}(x)$ 在 x_0 处的 $p+1$ 阶导数存在, 运用 Taylor 展开, 有

$$m_{t_i}(x) = m_{t_i}(x_0) + m'_{t_i}(x_0) + \frac{m''_{t_i}(x_0)}{2!}(x - x_0)^2 + \cdots + \frac{m^{(p)}_{t_i}(x_0)}{p!}(x - x_0)^p.$$

通过局部最小加权二乘估计来确定上述多项式中的系数, 最小化下式:

$$\sum_{i=1}^{n} \left\{ Y_{t_i} - \sum_{j=1}^{p} \beta_j (X_{t_i} - x_0)^j \right\}^2 K_h(X_{t_i} - x_0), \tag{5.1.12}$$

其中 h 是窗宽, K 为标准核函数, $K_h(\cdot) = K(\cdot/h)$, 则 (5.1.12) 的解为 $\hat{\beta} = (X^{\mathrm{T}} W X)^{-1} X^{\mathrm{T}} W y$.

将每个时间段上的样本点个数用 $n_t = 2n\gamma_n$ 表示, 令

$$S_{n_t, j} = \sum_{i=1}^{n_t} K_h(X_{t_i} - x_0)(X_{t_i} - x_0)^j, \quad S_{n_t} = X^{\mathrm{T}} W X,$$

S_{n_t} 为 2×2 矩阵 $(S_{n_t, j+l})_{0 \leqslant j, l \leqslant 1}$. 首先注意到 $\hat{\beta}_0$ 可以表示成

$$\hat{\beta}_0 = e_1^{\mathrm{T}} \beta = e_1^{\mathrm{T}} S_{n_t}^{-1} X^{\mathrm{T}} W y = \sum_{i=1}^{n_t} W_0^{n_t} \left(\frac{X_{t_i} - x_0}{h} \right) Y_{t_i},$$

其中 $e_1^{\mathrm{T}} = (1, 0, \cdots, 0)$, $W_0^{n_t} = e_1^{\mathrm{T}} S_{n_t}^{-1} \{1, th\}^{\mathrm{T}} K(t)/h$, 上述表达式表明 $\hat{\beta}_0$ 的估计量十分类似于传统的核估计, 但 "核" $W_0^{n_t}$ 依赖于样本点即局部域, 这就解释了局部多项式能自动适应不同的样本点及边界点的原因. 另外可以证明, 权 $W_0^{n_t}$ 满足下面离散矩条件:

$$\sum_{i=1}^{n_t} (X_i - x_0)^q W_0^{n_t} \left(\frac{X_i - x_0}{h} \right) = \delta_{0, q}, \quad q = 0, 1.$$

为了下面讨论的方便, 这里先记 $K_j = S_{n_t, j}$, 这不影响我们的分析. 在 x_0 点处, $\hat{\beta}_0$ 即为我们的 $\hat{\sigma}^2(t, x)$ 在 x_0 处的估计值, 所以

$$\hat{\sigma}^2(t, x) = \frac{1}{K_0 K_2 - K_1^2} \left[K_2 \sum_{i=i_0^t}^{i_1^t} Y_{t_i} K_h(X_{t_i} - x) - K_1 \sum_{i=i_0^t}^{i_1^t} Y_{t_i} (X_{t_i} - x) K_h(X_{t_i} - x) \right].$$
$$\tag{5.1.13}$$

由于在非时变情形, 局部多项式估计量的收敛速度要比核估计快, 由核估计的强相合性可推知, 估计量 (5.1.13) 亦应满足强相合性. 因而在各种等价测度下, 均可用 (5.1.13) 式估计 $\hat{\sigma}^2(t, x)$.

5.1.4 时变扩散系数的小波估计

下面构造模型 (5.1.9) 中 $\sigma^2(\cdot,\cdot)$ 的小波估计,仍采用上一小节"分时段"的处理方式,即选定适当的分时参数 γ_n,对任意时刻 $t \in [0,T]$,假定在时间段 $[t-\gamma_n, t+\gamma_n]$ 内,$\sigma^2(t, X_t)$ 仅是 X_t 的函数. 设 ϕ 为有界且有有限支撑的尺度函数. 给定整数 (k,j),令

$$\phi_{jk}(x) = 2^{\frac{1}{2}}\phi\left(2^j x - k\right), \tag{5.1.14}$$

作 (5.1.9) 中回归函数 σ^2 的小波估计为

$$g_n(t,x) = \sum_{k \in Z} \hat{a}_{j_n k}^{(t)} \phi_{j_n k}(x), \tag{5.1.15}$$

式中

$$\hat{a}_{j_n k}^{(t)} = \frac{1}{[n\gamma_n v_t]} \sum_{i=1}^{[n\gamma_n v_t]} Y_{\tau_i^{(t)}} \phi_{j_n k}\left(\xi_{\tau_i^{(t)}}\right). \tag{5.1.16}$$

以下我们将考虑估计量的大样本性质. 包括估计量 g_n 在指定区间 D_t 上的 L^r 收敛速度以及逐点强收敛性. 这些结论对于我们选取分时参数 γ_n 有参考意义.

首先,与一维情形类似,对确定的点 (t,x),为使估计量 $g_n(t,x)$ 充分有效,过程 X_t 必须在点 (t,x) 附近有"足够多"的观察值,这意味着对某个适当的 $\delta > 0$ 及充分小的 h_n,记 $L_n(x) = \dfrac{1}{nh_n}\sum_{i=1}^n I_{|X_{t_i}-x| \leqslant \frac{h_n}{2}}$,则 $L_n(x) \geqslant \delta$. 这表明说落入区间 $(x-h_n/2, x+h_n/2]$ 的样本观察值个数不少于 $[nh_n\delta]$,其中 $[x]$ 表示小于等于实数 x 的最大整数. 给定适当的闭区间 $D = [\alpha,\beta]$ 及 h_n,使当 $n \to \infty$ 时,$h_n \to 0, nh_n \to \infty$,记

$$A(\delta, D) - \{\inf_{x \in D_\gamma} L_n(x) \geqslant \delta\}.$$

以下将在事件 $A(\delta, D)$ 发生的条件下讨论估计量 $g_n(t,x)$ 的和性质. 首先,当 Y_{τ_i} 为初始样本时,文献 [6] 中给出了时变扩散系数小波估计量的收敛速度. 由于该命题的证明篇幅很大,我们仅引用结论.

定理 5.1.2 设条件 A1~A4 成立,给定 $t \in [0,1]$,取 R 上的闭区间 $D_t = [\alpha_t, \beta_t]$,令

$$\gamma_n \leqslant n^{-\frac{2}{5}}, \quad h_n \leqslant (n\gamma_n)^{-\frac{1}{3}}, \quad 2^{j_n} \sim (n\gamma_n)^{\frac{1}{3}}, \tag{5.1.17}$$

其中 $a \sim b$ 表示存在常数 $K_1 < 0, K_2 > 0$,使得 $K_1 b \leqslant a \leqslant K_2 b$. 设 ϕ 为 Lipschitz 函数,在长为 $2N-1$ 的区间上有限支撑,且满足 $\|\phi\|_\infty \leqslant 1$,$g_n$ 如 (5.1.15)~(5.1.16) 定义,其中参数 γ_n, j_n, h_n 按 (5.1.17) 式选取. 又设对 $r > 2, E[|X_1|^{2r}] < \infty$,则存

在常数 $K = K(v_t, D_t, r)$, 使得

$$\tilde{E}\left\{\int_{D_t} |g_n(t,x) - \sigma^2(t,x)|^r dx \Big| \mathcal{A}(\nu, D_t)\right\} \leqslant K(n\gamma_n)^{-\frac{r}{3}}.$$

利用定理 5.1.1 容易得到下列强收敛性的结论.

定理 5.1.3 设假设条件 A1~A4 成立. 令 D_t 为 R 上的闭区间, g_n 中的参数 γ_n, j_n, h_n 按 (5.1.17) 式选取, $\check{P}$ 为任意与 $\tilde{P}$ 等价的概率测度. 设

$$\gamma_n = n^{-\kappa}, \quad \frac{2}{5} \leqslant \kappa < 1, \quad \tilde{E}\left[|X_1|^{\left[\frac{3}{1-\kappa}\right]+1}\right] < \infty,$$

则

$$\check{P}\left\{\lim_{n\to\infty} \int_{D_t} |g_n(t,x) - \sigma^2(t,x)| dx = 0 \Big| \mathcal{A}(\nu, D_t)\right\} = 1. \tag{5.1.18}$$

事实上, $\forall \varepsilon > 0$, 令

$$G_n = \left\{\int_{D_t} |g_n(t,x) - \sigma^2(t,x)| dx \geqslant \varepsilon\right\}.$$

由 Markov 不等式, 对所有 $r > 1$,

$$\begin{aligned}\tilde{P}\{G_n|\mathcal{A}(\nu, D_t)\} &\leqslant \frac{1}{\varepsilon^r}\tilde{E}\left\{\left(\int_{D_t}|g_n(t,x)-\sigma^2(t,x)|dx\right)^r \Big|\mathcal{A}(\nu, D_t)\right\} \\ &\leqslant \frac{C_r}{\varepsilon^r}\tilde{E}\left\{\int_{D_t}|g_n(t,x)-\sigma^2(t,x)|^r dx \Big| \mathcal{A}(\nu, D_t)\right\},\end{aligned} \tag{5.1.19}$$

式中 C_r 是与 r 有关的常数. 由定理 5.1.1, 存在常数 $K > 0$ 使得

$$\tilde{E}\left\{\int_{D_t}|g_n(t,x)-\sigma^2(t,x)|^r dx \Big| \mathcal{A}(\nu, D_t)\right\} \leqslant K(n\gamma_n)^{-\frac{r}{3}}. \tag{5.1.20}$$

在不等式 (5.1.34) 中, 取 $r > \dfrac{1-\kappa}{3}$, 结合 (5.1.15) 式, 有

$$\tilde{P}\{G_n|\mathcal{A}(\nu, D_t)\} \leqslant \frac{Kn^{-\frac{(1-\kappa)r}{3}}}{\varepsilon^r}, \tag{5.1.21}$$

式中 $\dfrac{1-\kappa}{3} > 1$. 于是

$$\sum_{n=1}^{\infty} \tilde{P}\{G_n|\mathcal{A}(\nu, D_t)\} < \infty. \tag{5.1.22}$$

根据 Borel-Canteli 引理, 有

$$\tilde{P}\left\{\limsup_{n\to\infty} G_n \Big| \mathcal{A}(\nu, D_t)\right\} = 0. \tag{5.1.23}$$

由于 $\breve{P}$ 等价于 $\tilde{P}$, 由 (5.1.37) 式, 有

$$\breve{P}\left\{\limsup_{n\to\infty} G_n | \mathcal{A}(\nu, D_t)\right\} = 0.$$

即 (5.1.18) 式成立.

以上定理证明了时变扩散系数的小波估计量的强相合性. 这一性质在实践中非常有用. 例如, 在衍生证券定价时, 经常需要了解在等价测度下估计量的性质: 扩散系数的估计不仅应在市场测度下收敛, 也应在风险中性测度下收敛. 强收敛性保证了这一点. 该定理的一个重要应用是可以在任意等价测度下用同样构造的小波估计量估计扩散系数. 例如, 在金融市场中, 小波估计量在市场概率测度和风险中性测度下都是强收敛的. 以下我们通过模拟试验说明时变扩散系数的具体估计方法.

例 5.1.1 时变扩散系数小波估计的模拟试验.

假定 X_t 的理论模型如下:

$$dX_t = \mu X_t dt + \sigma^{\frac{t}{2}} X_t dB_t, \tag{5.2.24}$$

其中 1 扩散系数为 $\sigma(t,x) = \sigma^{\frac{t}{2}} x$ 是时变的. 我们拟通过模拟试验说明如何根据 X_t 的一段离散观察值构造扩散系数 $\sigma(t,x)$ 的小波估计并考察估计效果. 分以下四个步骤进行:

第 1 步. 取 $T = 4, \mu = 0, \sigma = 0.5$, 采样间隔取 $\Delta_n = 1/252$, 模拟产生 X_t 的样本轨道 $\{x_{i\Delta}, i = 1, \cdots, n\}$. 取 $n = 1009$, 这相当于四年每个交易日采样一次的数据.

第 2 步. 利用 $\{x_{i\Delta}, i = 1, \cdots, n\}$, 令 $\tilde{Y}_{t_i} = \frac{n}{T}(X_{(i+1)\Delta} - X_{i\Delta})^2, i = 1, \cdots, n$, 作为扩散系数的初始样本. 对上述初始样本作小波修正, 得到小波修正样本 $Y_{t_i}, i = 1, \cdots, n$.

第 3 步. 根据定理 5.1.1, 取分时参数 $\gamma_n \approx n^{-\frac{2}{5}}$, 用 (5.1.14)~(5.1.16) 式沿样本轨道求每个样本点处扩散系数的分时段的小波估计. 具体作法是: 对每时刻 $t_i \in [\gamma_n + \Delta_n, T - \gamma_n]$, 选取 $[t_i - \gamma_n, t_i + \gamma_n]$ 时段内的样本 $\{(X_{t_j}, Y_{t_j}), j = i - n_{\gamma_n}, \cdots, i + n_{\gamma_n}\}$. 其中 $n_{\gamma_n} = [\gamma_n/\Delta_n]$. 按照例 4.1.1 的方法, 基于上述样本求出扩散系数在 X_{t_i} 处的估计值 $\hat{\sigma}(t_i, X_{t_i}) = \hat{\sigma}_{t_i}(X_{t_i})$. 估计效果见图 5.1.2. 以上估计过程可通过调用配书光盘中的 "C-7时变扩散系数小波估计函数 TDSIG_WAVM" 来实现. 在图 5.1.2 中还同时显示了直接调用 "C-2 扩散系数小波估计函数 SIG_WAVM" 的估计轨道, 相当于将样本看成是来自没有时变因素的一维扩散模型的情形处理. 从图上易见, 时变估计比非时变估计更接近理论轨道. 事实上, 在样本点 $\{X_{t_i}, i = n_{\gamma_n} + 1, \cdots, n - n_{\gamma_n}\}$ 处, 扩散系数时变估计的均方误差为 0.4842, 而非时变估计均方误差为 0.8979. 表明对时变扩散系数, 采用时变估计还是有必要的.

5.2 时变扩散模型设定检验

注 由于时变估计法需要对每个样本点重复进行样本选择、数据整理及小波估计的运算，计算量较大，因此函数 TDSIG_WAVM 的运行速度较慢. 在模拟分析中我们还发现，如果在模型 (5.1.24) 中取 $\mu=1$，则扩散系数 $\sigma(t,x)=\sigma^{\frac{t}{2}}x$ 的非时变估计与时变估计的效果没什么区别. 分析其原因应该是当 $\mu=1$ 时，X_t 的样本轨道随时间变化的趋势非常明显，根据状态 X_{t_i} 的取值就基本上可以决定它对应的时刻，而小波估计是一种局部化的估计方法，即对估计量 $\hat{\sigma}(X_{t_i})$ 有重要贡献的样本点都是取值在 $x=X_{t_i}$ 附近的点. 如果不同时段内 X_{t_i} 的取值显著不同，则对非时变估计 $\hat{\sigma}(X_{t_i})$ 有重要贡献的样本点 $\{X_{t_j}, |X_{t_j}-X_{t_i}|<h_n\}$ 和构造时变估计 $\hat{\sigma}_{t_i}(X_{t_i})$ 的所选取的样本点 $\{X_{t_j}, |t_j-t_i|<\gamma_n\}$ 几乎是相同的. 此时，运用耗费时间的时变估计法反而是多余的.

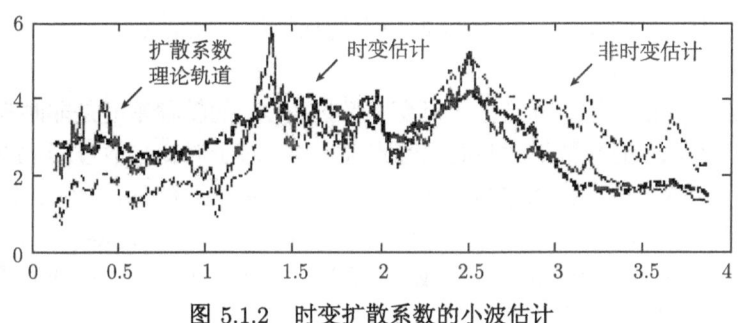

图 5.1.2 时变扩散系数的小波估计

5.2 时变扩散模型设定检验

在涉及时变扩散过程建模的问题中，有一个问题应引起重视，即若数据满足随机微分方程，则其漂移系数与扩散系数可能是时变的，也可能是常数或仅是状态的函数. 漂移系数与扩散系数是否具有时变性，决定了该用哪一类模型来拟合数据. 因此，检验模型的时变性是非常必要的. 注意到时变扩散过程不再具有不变的一维边缘密度，故 3.3 节中提到的基于边缘密度的 AIT 检验法不适用于时变模型，而基于转移密度的检验法仍然适用. 下面将一维扩散模型的广义残差拟合优度检验法拓展到时变情形.

5.2.1 设定模型的广义残差拟合优度检验

设状态变量 X_t 满足时变扩散模型：

$$dX_t = \mu_0(t, X_t)\,dt + \sigma_0(t, X_t)\,dB_t, \tag{5.2.1}$$

式中 $\mu_0(t, X_t)$ 和 $\sigma_0(t, X_t)$ 都是真实的漂移和扩散系数，B_t 是标准 Brown 运动. 通

常假定 $\mu_0(t, X_t)$ 和 $\sigma_0(t, X_t)$ 属于某个参数集:

$$\mu_0 \in M_\mu = \{\mu(\cdot, \theta), \theta \in \Theta\} \text{ 和 } \sigma_0 \in M_\sigma = \{\sigma(\cdot, \theta), \theta \in \Theta\},$$

这里 Θ 是一个有限维的参数空间. 考虑模型设定假设:

H_0: 存在某 $\theta_0 \in \Theta$, 使得

$$P\{\mu(t, X_t, \theta_0) = \mu_0(t, X_t), \sigma(t, X_t, \theta_0) = \sigma_0(t, X_t)\} = 1. \tag{5.2.2}$$

H_A: 对所有 $\theta \in \Theta$, 均有

$$H_A: P\{\mu(t, X_t, \theta) = \mu_0(t, X_t), \sigma(t, X_t, \theta) = \sigma_0(X_t)\} < 1. \tag{5.2.3}$$

我们要根据过程 $\{X_t\}$ 在 $[0,T]$ 时段内的离散样本 $X_0, X_{t_1}, \cdots, X_{t_n}$, 检验假设 H_0 是否成立.

与一维扩散模型的不同点在于时变扩散过程 X_t 的转移密度是非时齐的, 即转移密度 $p(x,t|y,s)$ 的函数形式与时间起点 s 有关. 对于时变扩散过程 (5.2.1), 给定漂移系数 $\mu(t, X_t, \theta)$ 和扩散系数 $\sigma(t, X_t, \theta)$, 则转移密度集 $\{p(x,t|y,s,\theta)\}$ 就随之确定. 当且仅当 (5.2.2) 中的 H_0 成立时, 存在某一 $\theta_0 \in \Theta$, 使得 $p(x,t|y,s,\theta_0) = p_0(x,t|y,s)$, 对于几乎所有的 $t > s$ 成立. 于是, (5.2.2) 和 (5.2.3) 中的原假设 H_0 与备择假设 H_1 可以等价地写成

$$H_0: p_0(x, t|y, s) = p(x, t|y, s, \theta_0), \tag{5.2.4}$$

对某 $\theta_0 \in \Theta$, 几乎所有的 t 成立. 相应的备择假设为

$$H_A: p_0(x, t|y, s) \neq p(x, t|y, s, \theta), \tag{5.2.5}$$

对所有的 $\theta \in \Theta$, 某些 $t > s$ 成立.

我们可以直接将一维扩散模型的广义残差拟合优度检验法推广到时变扩散模型的检验. 分如下两个步骤:

第 1 步. 在每个样本点处计算对应的广义残差. 令

$$Z_i(\theta) = \int_{-\infty}^{X_{t_i}} p(x, t_i | X_{t_{i-1}}, t_{i-1}, \theta) dx, \quad i = 1, \cdots, n. \tag{5.2.6}$$

根据 3.5 节的讨论, 在原假设 H_0 下, 广义残差序列 $\{Z_{t_i}(\theta_0), i = 1, \cdots, n\}$ 应为独立的 $U[0,1]$ 随机变量序列. 因此, 下一步仍是通过列联表拟合优度检验法检验广义残差序列中任意两个不同时刻的状态服从 $[0,1] \times [0,1]$ 上的均匀分布. 于是

第 2 步. 对 $\forall k \geq 1$ 将 $\{(Z_i, Z_{i-k}), i = 1, \cdots, n-k\}$ 看作二维总体 (X, Y) 的样本, 用列联表 χ^2 拟合优度检验法检验 (X, Y) 是否服从 $[0,1] \times [0,1]$ 均匀分布. 具

体做法是将矩形 $[0,1] \times [0,1]$ 做 m^2 等分，例如 $m = [(n-j)/100]$，记 $n_{ij}^{(k)}$ 为样本点 $\{Z_\tau, Z_{\tau-k}\}$ 落在第 i 行第 j 列的网格 D_{ij} 中的频数，在 $\{Z_\tau, Z_{\tau-k}\}$ 服从 $[0,1] \times [0,1]$ 上的均匀分布的假设下，$P\{(Z_\tau, Z_{\tau-k}) \in D_{ij}\} = \dfrac{1}{m^2}$，根据皮尔逊定理，近似地有

$$K(k) = \sum_{j=1}^{m} \sum_{i=1}^{m} \dfrac{\left(n_{ij}^{(k)} - n/m^2\right)^2}{n/m^2} \sim \chi^2\left(m^2 - 1\right). \tag{5.2.7}$$

于是检验的拒绝域为 $K(k) \geqslant \chi_\alpha^2(m^2 - 1)$。

下面具体考虑一种简单但常见的情形 —— 分段几何 Brown 运动的模型设定检验. 注意到股票价格的波动规律往往会受到经济环境的影响，因而模型的漂移和扩散很可能是随时间而改变的，但经济环境也不是随时在变化，在一定的阶段保持稳定，因而我们有理由假设模型的漂移率和波动率在相对较短的时期内为常数，鉴于通常假定股票价格服从几何 Brown 运动，假定股票价格满足如下分段几何 Brown 运动

$$dX_t = \mu_t X_t dt + \sigma_t X_t dB_t, \tag{5.2.8}$$

其中 $\mu_t = \sum\limits_{i=1}^{m} \mu_i 1_{\{\gamma_{i-1} \leqslant t < \gamma_i\}}$, $\sigma_t = \sum\limits_{i=1}^{m} \sigma_i 1_{\{\gamma_{i-1} \leqslant t < \gamma_i\}}$, $t_0 = 0, t_m = T, \mu_i, \sigma_i$ 为常数；若存在 $i \neq j$ 使 $p\left[x, t_i | \ln X_{t_{i-1}}, t_{i-1}, \theta_i\right] \neq p\left[x, t_j | \ln X_{t_{j-1}}, t_{j-1}, \theta_j\right]$，则说明模型具有时变性.

考虑 (5.2.1) 的对数形式，

$$d \ln X_t = \left(\mu_t - \dfrac{1}{2}\sigma_t^2\right) dt + \sigma_t dB_t, \tag{5.2.9}$$

$Y_t = \ln X_t$ 的转移密度可分段表示为

$$\begin{aligned}&p\left[y, t_i | \ln X_{t_{i-1}}, t_{i-1}, \mu_i, \sigma_i\right] \\ &= \dfrac{1}{\sqrt{2\pi \Delta_n} \sigma_i} \exp\left\{-\dfrac{1}{2\sigma_i^2 \Delta_n}\left(y - \left(\mu_i - \dfrac{\sigma_i^2}{2}\right)\Delta_n - \ln X_{t_{i-1}}\right)\right\},\end{aligned} \tag{5.2.10}$$

$\gamma_{i-1} \leqslant t_{i-1} \leqslant t_i \leqslant \gamma_i.$

在模型为分段几何 Brown 运动前提下，如果模型没有时变性，则表明 (5.2.10) 式中 $\mu_1 = \cdots = \mu_m, \sigma_1 = \cdots = \sigma_m$，即过程 X_t 服从几何 Brown 运动，此时，用全样本产生的广义残差序列 $Z_\tau(\theta)$ 应为独立的 [0,1] 均匀分布检验随机变量序列；如果模型有时变性，并且是分段几何 Brown 运动，则 (5.2.10) 式中的 $\mu_1, \cdots, \mu_m$ 不全相等或 $\sigma_1, \cdots, \sigma_m$ 不全相等，此时，用全样本产生的广义残差序列 $Z_\tau(\theta)$ 应与独立的 [0,1] 均匀分布随机变量序列有较显著的差异，而用每段样本

$\{X_{i\Delta_n}, t_{i-1} \leqslant i\Delta_n \leqslant t_i\}$ 所产生的广义残差序列 $Z_\tau^{(i)}(\theta)$ 仍应为独立的 [0,1] 均匀分布随机变量序列. 因而, 我们可对全样本与分段样本分别进行广义残差拟合优度检验, 如果对全样本的检验接受几何 Brown 运动假设, 则说明模型没有时变性; 如果对全样本的检验拒绝几何 Brown 运动假设, 而每个分段样本的检验接受几何 Brown 运动假设, 则说明模型满足分段几何 Brown 运动. 当然, 如果有分段样本的检验拒绝几何 Brown 运动假设, 则表明模型不是分段几何 Brown 运动的, 我们需要重新设定模型.

根据上面的分析, 把模型满足几何 Brown 运动作为原假设, 即

$$H_0: p\left[\ln x, t_i | \ln X_{t_{i-1}}, t_{i-1}; \mu_i, \sigma_i\right]$$
$$= \frac{1}{\sqrt{2\pi\Delta_n}\sigma_1} \exp\left\{-\frac{1}{2\sigma_1^2\Delta_n}\left(\ln x - \left(\mu_1 - \frac{\sigma_1^2}{2}\right)\Delta_n - \ln X_{t_{i-1}}\right)\right\}, \quad i = 1, \cdots, n. \tag{5.2.11}$$

备择假设为

$$H_1: \exists i \neq j, p\left[x, t_j | \ln X_{t_{i-1}}, t_{i-1}, \mu_i, \sigma_i\right] \neq p\left[x, t_j | \ln X_{t_{j-1}}, t_{j-1}, \mu_j, \sigma_j\right]. \tag{5.2.12}$$

设 $\{X_{t_i}, i = 0, 1, \cdots, n\}$ 是过程 $\{X_t\}$ 在 $[0, T]$ 时段内的等间隔观察值, 记 $Y_{t_i} = \ln X_{t_i}$, 令

$$Z_i(\theta) = \int_{-\infty}^{Y_{t_i}} p(x, t_i | Y_{t_{i-1}}, t_{i-1}, \theta) dx = \Phi\left(\frac{Y_{t_i} - \left(\mu_1 - \frac{\sigma_1^2}{2}\right)\Delta_n - Y_{t_{i-1}}}{2\sigma_1^2\Delta_n}\right),$$
$$i = 1, \cdots, n. \tag{5.2.13}$$

则 $\{Z_i(\theta), i = 1, \cdots, n\}$ 就是由 $Y_{t_i}, i = 1, \cdots, n$ 所生成的广义残差序列. 按 (5.2.7) 计算检验统计量 $K(k)$, 水平为 α 的拒绝域为 $\forall k, K(k) \geqslant \chi_\alpha^2(m^2 - 1)$. 若拒绝原假设, 表明模型可能具有时变性, 尚需进一步对每个分段样本 $\{X_{\tau\Delta_n}, t_{i-1} \leqslant \tau\Delta_n \leqslant t_i, i = 1, \cdots, m\}$ 重复上述检验, 若均接受几何 Brown 运动假设, 则可认为分段几何 Brown 运动的模型设定成立.

为了考察上述检验法的功效, 这里对 $m = 2$ 时的分段几何 Brown 运动进行模拟分析. 在模型 (5.2.10) 中令 $T = 4, t_1 = 2, \Delta_n = 1/244$, 首先, 取 $\mu_1 = 0.5, \sigma_1 = 0.1$, 调用配书光盘中的 "A-1 几何 Brown 运动样本轨道模拟函数 GEO_Brown" 模拟产生 488 个数据作为 X_t 的样本轨道的第一段样本, 相当于两年的每日收盘数据. 再取 $\mu_2 = 0.5, \sigma_2 = 0.2$, 模拟产生 488 个数据作为 X_t 的样本轨道的第二段样本. 将两段样本合在一起组成合样本, 记作 $Y_\tau, \tau = 1, \cdots, 976$. 样本轨道图形见图 5.2.1. 给定 $k = 1, 2$, 调用 "D-1 几何 Brown 运动广义残差序列函数 G_Ress" 生成几何 Brown

运动模型设定下的广义残差序列, 再对 $k=1,2,\cdots,10$, 调用 "D-2 广义残差序列拟合优度检验函数" 计算检验统计量 $K(k)$ 及检验的 p 值 $P(k)$. 对给定的显著性水平 α, 若对所有的 $k, p(k)>\alpha$, 则接受原假设, 表明模型没有时变性, 若拒绝原假设, 则进一步用同样方法对每个分段样本 $Y_\tau, \tau=1,\cdots,488$ 及 $Y_\tau, \tau=489,\cdots,976$ 分别进行广义残差拟合优度检验. 若每段检验结果都是接受原假设, 则表明分段几何 Brown 运动的模型设定成立. 图 5.2.2 给出了对全样本和两段分段样本检验统计量 $K(1),\cdots,K(10)$ 对应的 p 值. 从图 5.2.2 可见, 对全样本的几何 Brown 设定检验的 p 值全是 0, 均拒绝原假设. 而两个分段样本的几何 Brown 设定检验的 p 值全部在 0.05 以上, 在水平 $\alpha=0.05$ 下接受几何 Brown 运动模型设定. 不过, 重复上述试验也会发现, 考察 10 个检验统计量 $K(k), k=1,\cdots,10$ 容易因采样的随机性而发生过度拒绝的现象, 实际上最能体现数据相关性的量是 $K(1)$, 只要 $K(1)$ 在接受域内就表明模型与几何 Brown 运动差异不大.

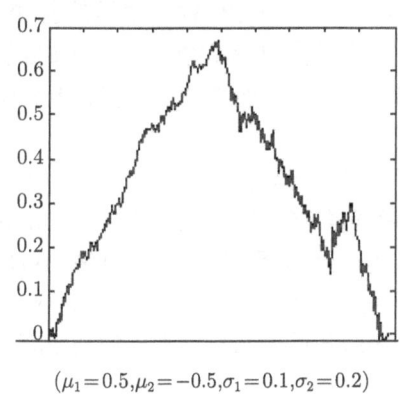

($\mu_1=0.5, \mu_2=-0.5, \sigma_1=0.1, \sigma_2=0.2$)

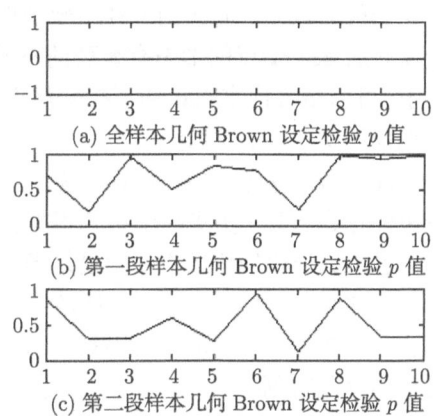

(a) 全样本几何 Brown 设定检验 p 值

(b) 第一段样本几何 Brown 设定检验 p 值

(c) 第二段样本几何 Brown 设定检验 p 值

图 5.2.1 X_t 的样本轨道图 5,2,1 分段几何 Brown 运动检验

为了考察漂移率的时变性和波动率的时变性的检验效果, 我们又取第二组参数 $\mu_1=0.5, \sigma_1=0.1, \mu_2=-0.5, \sigma_2=0.2$, 分别对每组参数模拟产生 100 条样本轨道进行检验, 检验统计量 $K(1), K(2)$ 的均值及检验结果见表 5.2.1.

表 5.2.1 分段几何 Brown 运动检验结果

样本	$\mu_1=\mu_2=0.5, \sigma_1=0.1, \sigma_2=0.2$			$\mu_1=0.5, \mu_2=-0.5, \sigma_1=\sigma_2=0.1$		
	$K(1)$	$K(2)$	检验结果	$K(1)$	$K(2)$	检验结果
第一段	49.499	55.5622	97%接受	49.499	55.5622	96%接受
第二段	33.0361	44.1486	96%接受	44.8617	45.4671	97%接受
全样本	151.6256	153.9671	92%拒绝	103.7856	102.1848	16%拒绝

从表 5.2.1 易见, 每个分段样本检验的功效均很高, 以大概率接受每个分段部分的几何 Brown 运动模型设定. 当分段模型的波动率有 0.1 的差异时, 全样本的检验

功效为 92%, 可以检验出模型的时变性, 但当分段模型的波动率相同而漂移率分别为 ±0.5 时, 全样本的检验功效很差, 基本无法识别模型的时变性. 具体考察 $K(1)$, $K(2)$ 的数据还可发现, 它们的数值基本接近, 说明对于分段几何 Brown 运动设定, 只需考察检验统计量 $K(1)$ 即可. 为了考察我们的检验法对分段几何 Brown 运动漂移率变化的识别能力, 表 5.2.2 列出了 $\mu_1 = 0.5, \sigma_1 = \sigma_2 = 0.1$ 时, 对应不同的 μ_2 的分段几何 Brown 运动的全样本检验结果.

表 5.2.2 检验法对分段几何 Brown 运动漂移率变化的检验结果 ($\mu_1 = 0.5, \sigma_1 = \sigma_2 = 0.1$)

$\mu_2 = 1$		$\mu_2 = -1$		$\mu_2 = 1.5$		$\mu_2 = 2.5$	
$K(1)$	拒绝率	$K(1)$	拒绝率	$K(1)$	拒绝率	$K(1)$	拒绝率
98.84	6%	129.38	58%	106.07	22%	129.91	65%

由表 5.2.2 可见, 当 $\mu_2 - \mu_1 \leqslant 1$ 时, 基于广义残差的检验法对对漂移率的时变性识别能力较差. 但我们从样本轨道图形 (图 5.2.1) 可以看出, 样本轨道的前 488 个点和后 488 个点的形态有显著的不同, 但波动率的变化不易察觉. 所以在实际操作中, 可以结合样本轨道的形态变化识别漂移率的时变性, 而通过上面提到的检验法识别波动率的时变性.

注 上述检验法的应用中, 需要注意时变节点的选择问题. 目前尚未有一种理论上的选择方法, 在实践中结合根据具体的实际背景, 根据经验来确定. 例如, 影响大盘指数演化规律的主要因素是当前的政策导向及经济环境, 反映在行情上可用 "牛市" "熊市" "盘整" 三个时期划分. 在考虑短期利率建模时, 当前存贷款利率政策是决定短期利率波动的主要因素, 所以应考虑利率政策的发布日作为短期利率演化过程的分段时刻.

以上关于分段几何 Brown 运动模型设定检验的思想也可以推广到其他的分段模型, 如分段 CIR 模型、分段 CKLS 模型等. 假定为 X_t 的转移密度形如

$$p(y, t_i | x, t_{i-1}, \theta_i), \quad \gamma_{i-1} < t_{i-1} < t_i \leqslant \gamma_i, \quad i = 1, \cdots, m, \qquad (5.2.14)$$

即在每个时间段内满足参数为 θ_i 的指定模型. 以模型不具有时变性为原假设, 则有

$$H_0: p(y, t_i | x, t_{i-1}, \theta_i) = p(y, t_j | x, t_{j-1}, \theta_j), \quad i \neq j, \qquad (5.2.15)$$

对 $i, j = 1, \cdots, m$ 及几乎所有的 τ 成立.

相应的备择假设为

$$H_A: \exists i \neq j, \quad p(y, t_i | x, t_{i-1}, \theta_i) \neq p(y, t_j | x, t_{j-1}, \theta_j), \qquad (5.2.16)$$

对某些 τ 成立.

检验方法与分段几何 Brown 运动的检验类似, 先对全样本进行模型设定检验, 若拒绝原假设, 则表明模型可能具有时变性. 下一步对每段样本进行模型设定检验, 若每段都能通过检验, 则表明分段模型的设定是正确的.

5.2.2　时变性的非参数检验

从直观上来看, 具有时变性的数据应该有上升或下降的趋势, 例如股市行情的牛市或熊市, 我们可以通过一种经典的非参数检验法——Cox-Stuart 趋势检验, 来检验这类数据的时变性.

Cox-Stuart 趋势检验的基本思想是对时间序列 $\{x_i, i=1,\cdots,n\}$, 考察序列是否随着时间呈现增长或下降趋势, 也就是对下列假设对的检验:

$$H_0: \text{数据无趋势}; \quad H_1: \text{数据呈上升或下降趋势}.$$

从直观上来看, 假如数据有上升趋势, 则后期数据大于前期数据的情况会多一些, 因而, 取适当的步长 c, 令 $D_i = x_i - x_{i-c}, i = 1, \cdots, n - c$, D_i 取正值的概率应显著大于其取负值的概率. 同理, 假如数据有上升趋势, 则 D_i 取正值的概率应显著小于其取负值的概率. 也就是说, 如果数据没有显著的上升或下降趋势, 则 $D_i < 0$ 或 $D_i > 0$ 的概率都是 $\dfrac{1}{2}$, 于是, 记

$$S^+ = \#\{D_i > 0, i = 1, \cdots, n-c\}, S^- = n - c - S^+ = \#\{D_i < 0, i = 1, \cdots, n-c\}.$$

则在原假设下, S^+, S^- 均服从二项分布 $B(n-c, 0.5)$. 若数据有上升趋势, 则 S^+ 显著偏大同时 S^- 显著偏小; 反之, 若数据有下降趋势, 则 S^- 显著偏大同时 S^+ 显著偏小. 故当 $\min(S^+, S^-)$ 显著偏小时说明数据有上升或下降的趋势. 因此, 记数据 $\{x_i, i = 1, \cdots, n\}$ 的统计量 $\min(S^+, S^-)$ 取值为 $\min(s^+, s^-)$, 则当检验的 p 值 $p = P\{\min(S^+, S^-) < \min(s^+, s^-)\} < \dfrac{\alpha}{2}$ 时, 拒绝 H_0, 认为数据有上升或下降的趋势.

现考虑扩散模型 (5.2.1) 的一种特殊情形——广义几何 Brown 运动,

$$dX_t = \mu_t X_t dt + \sigma_t X_t dB_t, \quad 0 \leqslant t \leqslant T, \quad X_0 = x, \tag{5.2.17}$$

其中, 漂移率 μ_t 和波动率 σ_t 仅是时间 t 的函数. 设 $\{X_{t_i}, i = 1, \cdots, n\}$ 是满足方程 (5.2.17) 的过程 X_t 的 n 个等间隔采样值, 要考察其漂移率和波动率是否具有随时间上升或下降的趋势, 只需对漂移率和波动率的样本值分别进行 Cox-Stuart 趋势检验即可.

为了获得漂移率和波动率的样本, 需对 (5.2.17) 作一变形. 由 Itô 公式,

$$d\ln X_t = \left(\mu_t - \frac{1}{2}\sigma_t^2\right)dt + \sigma_t dB_t \triangleq \tilde{\mu}_t dt + \sigma_t dB_t, \tag{5.2.18}$$

于是, 根据前面的分析, (5.2.18) 式中的漂移系数 $\tilde{\mu}_t$ 与扩散系数 σ_t 的初始样本分别为

$$\tilde{Z}_{t_i} = \frac{n}{T}\left(\ln X_{t_{i+1}} - \ln X_{t_i}\right), \quad i = 1, \cdots, n-1,$$

$$\tilde{Y}_{t_i} = \frac{n}{T}\left(\ln X_{t_{i+1}} - \ln X_{t_i}\right)^2, \quad i = 1, \cdots, n-1.$$

通过小波变换得到小波修正的样本, 记为 $Z_{t_i}, i = 1, \cdots, n-1$ 和 $Y_{t_i}, i = 1, \cdots, n-1$.

先对 $\{Y_{t_i}, i = 1, \cdots, n-1\}$ 作 Cox-Stuart 趋势检验, 如果拒绝原假设, 则认为波动率 σ_t 有随时间上升或下降的趋势, 如果原假设不被拒绝, 则可进一步利用 $\{Z_{t_i}, i = 1, \cdots, n-1\}$ 考察漂移率的时变性. 由于在前一步的检验中接受了 σ_t 为常数的假设, 故可认为 $\tilde{\mu}_t$ 与 μ_t 具有相同的趋势.

注 采用 Cox-Stuart 趋势检验只能检验单纯的上升或下降趋势, 假如一段数据中既有上升趋势, 又有下降趋势, 则 Cox-Stuart 趋势检验就无法识别了. 因此, 在用 Cox-Stuart 趋势检验时变性的时候要结合对时序图的观察, 如果图中明显显示出包含了两种趋势, 则应分段检验.

5.3 实证分析 —— 上证指数时变性的检验

通常认为股票指数或股票价格的演化规律可以用几何 Brown 运动描述, 本节运用上面给出的检验法, 对上证指数每日收盘点位数据进行分段几何 Brown 运动的模型设定检验. 选取上证交易所自从 1990 年 12 月成立到 2011 年 12 月共 5123 个交易日的数据, 其演化形态见图 5.3.1.

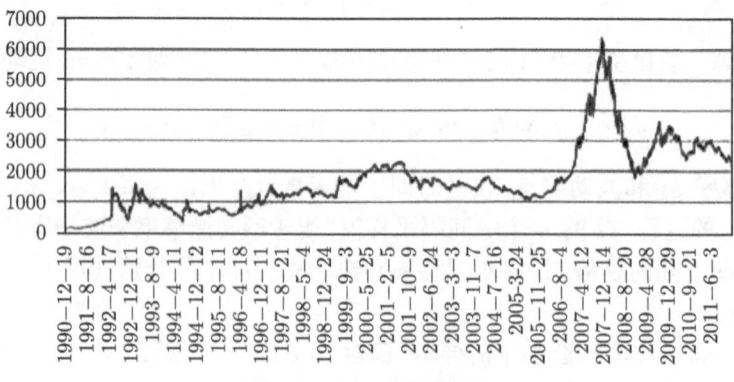

图 5.3.1 上证指数走势

我们从图中可以看出，股价在某些时间区间的走势比较平缓，而在另外时间段上，波动比较剧烈，这与中国的国情紧密相关，联系上图，我们回顾一下中国股市中的大事.

自 1990 年开门营业至 2011 年年底，中国股市走过了 21 年的历程. 这 21 年大致可以分为四个阶段.

1. 中国股市第一阶段：1000 点价值中轴阶段.

1990~1996 年 6 月间，中国股市始终以 1000 点为价值中轴，1500 点成为股民心中不可逾越的一道"坎". 6 年间，中国股市经历了频繁的三轮暴涨暴跌.

(1) 第一轮暴涨暴跌：100 点 —1429 点 —400 点 (跌幅超过 50%).

以 1990 年 12 月 19 日为基期，中国股市从 100 点起步. 1992 年 5 月 25 日，中国股市就狂涨至 1429.01 点，这是中国股第一个大牛市的"顶峰". 在一年半的时间里，上证指数暴涨 1300 多点. 随后股市市便是迅猛而恐慌的回跌，暴跌 5 个月后，1992 年 11 月 17 日，上证指数回落至 400 点下方，达到 393.52 点.

(2) 第二轮暴涨暴跌：400 点 —1536 点 —333 点 (跌幅超过 50%).

上证指数从 1992 年底的 400 点低起航，开始了它的第二轮"大起大落". 从 400 点附近急速地窜至 1993 年 2 月 15 日 1536.82 点收盘 (上证指数第一次站在了 1500 点之上)，仅用了 3 个月的时间，上证指数上涨了 1100 点. 股市在 1500 点站稳了 4 天以后，便调头持续下跌. 这一次下跌基本上没有遇到任何阻力，但下跌时间较上一轮较长，达 17 个月之久. 1994 年 7 月 29 日，上证指数跌至这一轮的最低点 333.92 点收盘.

(3) 第三轮暴涨暴跌：333 点 —1052 点 —512 点 (跌幅超过 50%).

由于三大政策救市，1994 年 8 月 1 日，新一轮行情再次启动，这一轮大牛行情来得更猛烈而短暂，仅用一个多月的时间，上证指数就涨至 1994 年 9 月 13 日的最高点 1053 点，涨幅为 215%，随后便展开了更加漫长的熊市. 直至 1996 年 1 月 22 日，上证指数跌至 514.46 点的最低点. 这轮下跌总耗时 16 个月.

2. 中国股市第二阶段：1000 点底部确认阶段 (耗时 9 年).

直至 1997 年 2 月 21 日，中国股市再次站在 1000 点，这是一个转折性的重大标志，是一个新阶段的开始，从此以后，中国股市的收盘价一直牢牢站在了 1000 点之上. 尽管 2005 年 6 月 6 日，上证综指盘中一度直穿 1000 点大关，但当日股指仍顽强地收在了 1000 点上方.

从 1996 年 1 月到 2005 年 6 月，中国股市经历了第四轮暴涨暴跌. 其主要意义是：这一轮暴涨暴跌奋力冲破了 1500 点的历史"箱底"，并将 1000 点"价值中轴"变成了新的市场"箱底".

(4) 第四轮暴涨暴跌：512 点 —2245 点 —998 点 (跌幅超过 50%).

1996 年初，这一波大牛市悄无声息地在常规年报披露中发起. 上证指数从 1996

年 1 月 19 日的 500 点上方启动. 2001 年 6 月 14 日, 上证指数冲向 2245 点的历史最高峰. 5 年牛市累计涨幅超过 300%. 自此, 正式宣布我国持续 5 年之久的此轮大牛市的真正终止.

在第四次大牛市的上升通道中, 它所表现出来的 "一波三折" 行情, 极好地化解了股市阶段性暴涨过程中所聚集的泡沫, 这极有利的牛市行情的延长: 512 点 (1996 年 1 月)—1510 点 (1997 年 5 月)—1047 点 (1999 年 5 月)—1756 点 (1999 年 6 月)—1361 点 (2000 年 1 月)—2245 点 (2001 年 6 月).

第四轮牛熊交替与前三轮的不同在于: 第四轮行情是一轮 "慢牛" 行情, 它表现为 "一波三折" 的上涨, 同时以表现为一波三折的下跌: 2245 点—1500 点—1200 点—1000 点. 正是这样, 这一轮涨跌持续 9 年之久, 是中国股市 20 年来唯一经历的一次 "慢牛慢熊" 模式.

3. 中国股市第三阶段: 1500 点底部确认阶段 (耗时 3 年).

2005 年下半年, 中国股市从千点上方重新整固, 重拾信心, 再次揭开中国股市 20 年中涨跌最为猛烈的第五轮暴涨暴跌序幕.

(5) 第五轮暴涨暴跌: 998 点—6124 点—1664 点 (跌幅超过 50%).

2005 年 6 月 6 日, 上证指数跌破 1000 点, 最低为 998.23 点. 与 2001 年 6 月 14 日的 2245 点相比, 总计跌幅超过 50%, 标志着此轮熊市底部的正式确立.

2005 年下半年, 上证综指从 1000 点附近启动新一轮的大牛市, 2006 年 5 月 9 日, 上证指数终于再次站在 1500 点. 2006 年 11 月 20 日, 上证指数站上 2000 点.

2006 年 12 月 14 日, 上证指数首次创出历史最高纪录, 收于 2249.11 点. 8 个交易日后, 2006 年 12 月 27 日, 上证指数首次冲破 2500 点大关. 2007 年 2 月 26 日, 大盘首次站上 3000 点大关. 2007 年 5 月 9 日, 大盘首次站上 4000 点大关. 2007 年 8 月 23 日, 大盘首次站上 5000 点大关.

2007 年 10 月 15 日, 大盘首次站上 6000 点. 次日便创下 6124 点的历史最高纪录. 大盘在 6000 点之上仅站了 3 日便调头向下, 这标志着本轮牛市的正式终结.

2008 年 10 月 28 日, 中国股市继续暴跌至 1664 点, 这才探出本轮熊市的绝对底部, 1500 点从此成为中国股市的历史新 "箱底".

4. 中国股市第四阶段: 新的价值中轴是 2500 点.

在 2008 年全球金融危机的影响下, 全年跌幅达 70% 以上, 出现了中国证券史上跌幅最大的一年. 2009 年, 在国家一系列宏观经济刺激政策的作用下, 大盘快速脱离 1664 点沼泽, 展开了非理性超跌后的单边反弹, 最高至 3478.01 点. 2010~2011 年, 中国股市一直在 2100 点到 3100 点的大箱体震动. 在跌破 2200 点时, 银行股的市盈率, 市净率比指数在 1664 点, 998 点时还要低. 上证指数受到很强的支撑. 当指数上升到 3000 点附近时, 遇到估值及扩容压力, 指数掉头向下运行.

从直观上来看, 全部 21 年的上证指数收盘价很难用一个参数不变的几何 Brown

运动描述，即上证指数收盘价具有时变性，那么是否满足分段几何 Brown 运动规律呢？下面我们对此进行检验.

首先用"广义残差拟合优度检验"法对全部 5123 个数据作几何 Brown 运动模型设定检验，取平面网格的分组数 $m^2 = 18^2$，算得检验统计量 $K(1) \approx 7484$，而显著性水平 $\alpha = 0.05$ 的拒绝域为 $\chi^2_{0.05}(323) \approx 366$，故全样本不满足几何 Brown 运动假设.

接下来，根据上证指数走势，考虑将 21 年的数据适当分段. 对于每段样本分别检验几何 Brown 运动假设，首先按照前面提到的 4 个阶段分割数据进行分段几何 Brown 运动模型设定检验，其中，设第 k 段数据个数为 n_k，则广义残差拟合优度检验的分组数取为 $m_k = [\sqrt{n_k/10}]$. 检验的拒绝域为 $K(1) \geqslant \chi^2_\alpha(m_k)$. 计算结果列于表 5.3.1 (时间以年为单位).

表 5.3.1 四阶段几何 Brown 运动模型设定检验

时间段		1990-12-19 1996-1-22	1996-1-23 2005-6-6	2005-6-7 2010-5-7	2010-5-7 2011-12-31
参数估计	$\hat{\mu}$	0.6258	0.0280	0.2282	-0.0908
	$\hat{\sigma}$	0.7191	0.2363	0.3249	0.198
$K(1)$		6800.09	616.36	342.06	48.05
$\chi^2_{0.05}(m_k)$		171.90	228.57	123.22	49.80

从表 5.3.1 可见，前三个阶段的几何 Brown 运动模型设定均被拒绝，而最后一个阶段数据满足几何 Brown 运动模型设定. 这从直观上也可以理解，从图 5.2.1 可以看出，最后一个时间段的演变形态比较单纯，可以看作是盘整期，而前三段时期行情都包含了典型的 "牛市" "熊市" 和 "盘整" 三类形态. 我们还需要对每段行情再作细分，进一步进行分段模型设定检验. 考虑 2005-6-7 到 2010-5-17 这一段行情，从直观上看，这段行情包含了两段牛市和两段熊市行情，我们先分四段进行模型设定检验.

表 5.3.2 2005-6-7~2010-5-17 阶段行情的几何 Brown 运动模型设定检验 (I)

时间段		2005-6-7 2007-11-12	2007-11-12 2008-10-24	2008-10-24 2009-11-5	2009-11-5 2010-5-7
参数估计	$\hat{\mu}$	0.6991	-0.9945	0.6360	-0.4247
	$\hat{\sigma}$	0.2707	0.4333	0.3282	0.2647
$K(1)$		150.75	25.58	36.29	21.21
$\chi^2_{0.05}(m_k)$		65.17	24.99	36.41	15.49

表 5.3.2 显示，尽管我们按照直观上的行情模式进行了分段，但分段数据仍然拒绝几何 Brown 运动假设. 这说明我们的分段还不够精确. 为了找到合理的分段

节点，我们从时间起点开始对 3 个月以上的数据每增加一周检验一次，发现可以找到适当的时间节点，使得两个时间节点之间的行情能够通过几何 Brown 运动的模型设定检验. 部分计算结果见表 5.3.3.

表 5.3.3 2005-6-7~2008-4-18 阶段行情的几何 Brown 运动模型设定检验 (II)

时间段		2005-6-7 2006-05-8	2006-5-8 2006-08-21	2006-08-21 2007-01-30	2007-01-30 2007-05-22	2007-05-22 2007-09-18	2007-09-18 2008-04-18
参数 估计	$\hat{\mu}$	0.342	0.184	1.449	1.396	0.826	-0.8939
	$\hat{\sigma}$	0.181	0.262	0.240	0.32	0.373	0.3875
$K(1)$		21.98	10.16	10.909	5.376	13.71	16.514
$\chi^2_{0.05}(m_k)$		36.41	15.50	15.507	7.814	15.507	24.995

综上所述，由于上证指数全部数据的样本拒绝几何 Brown 运动假设，而适当分段后每段样本接受几何 Brown 运动假设，故用有时变性的分段几何 Brown 运动描述上证指数比直接用几何 Brown 运动更为贴切.

附　　录

A. 引理 5.1.1 证明

对于任意的 $s < t$，根据 Burckholder-Davis-Gundy 不等式，有

$$\tilde{E}[|X_t - X_s|^r]$$
$$= \tilde{E}\left[\left|\int_s^t \sigma(u, X_u) dW_u\right|^r\right]$$
$$\leqslant \tilde{E}\left[\left|\int_s^t \sigma^2(u, X_u) du\right|^{\frac{r}{2}}\right]$$
$$\leqslant C_1^{\frac{r}{2}} \tilde{E}\left[\left|\int_s^t (1 + |X_u|)^2 du\right|^{\frac{r}{2}}\right] \quad \text{(条件 A2)}$$
$$\leqslant C_1^{\frac{r}{2}} (t-s)^{\frac{r}{2}-1} \tilde{E}\left[\int_s^t (1 + |X_u|)^r du\right] \quad \text{(Hölder 不等式)}.$$

因此，由方程 (5.2.3) 知，$X_u = \int_0^u \sigma(s, X_s) ds$ 是鞅，且 $(1 + |X_u|)^r$ 是下鞅，有

$$\tilde{E}\left[\int_s^t (1 + |X_u|)^r du\right] \leqslant \tilde{E}[(1 + |X_1|)^r](t - s).$$

从而

$$\tilde{E}(|X_t - X_s|^r) \leqslant C_1^{\frac{r}{2}} \tilde{E}[(1 + |X_1|)^r](t - s)^{\frac{r}{2}}.$$

附　录

运用条件 A1, A2 以及 Hölder 不等式, 对于任意的停时 $\tau, 0 \leqslant \tau \leqslant 1$, 得到

$$\tilde{E}[|e_n(\tau,\omega)|^r]$$
$$\leqslant \sup_{t\in \Upsilon} n^r \tilde{E}\left[\left(\int_t^{t+\frac{T}{n}} |\sigma(u,X_u) - \sigma(t,X_t)||\sigma(u,X_u) + \sigma(t,X_t)|du\right)^r\right]$$
$$\leqslant \sup_{t\in \Upsilon} n^r C_2^r C_1^r \tilde{E}\left[\left(\int_t^{t+\frac{T}{n}} |X_u - X_t|(2+|X_u|+|X_t|)du\right)^r\right]$$
$$\leqslant n^r C_2^r C_1^r \sup_{t\in \Upsilon} \tilde{E}\left[\left(\int_t^{t+\frac{T}{n}} |X_u - X_t|^2 du\right)^{\frac{r}{2}} \left(\int_t^{t+\frac{T}{n}} (2+|X_u|+|X_t|)^2 du\right)^{\frac{r}{2}}\right]$$
$$\leqslant n^r C_2^r C_1^r \sup_{t\in \Upsilon} \left(\tilde{E}\left[\left(\int_t^{t+\frac{T}{n}} |X_u - X_t|^2 du\right)^{r^2}\right]\right)^{\frac{1}{2r}}$$
$$\left(\tilde{E}\left[\left(\int_t^{t+\frac{T}{n}} (2+|X_u|+|X_t|)^2 du\right)^{\frac{r^2}{2r-1}}\right]\right)^{\frac{2r-1}{2r}}.$$

(A.1)

在 (A.1) 式中

$$\left(\int_t^{t+\frac{T}{n}} |X_u - X_t|^2 du\right)^{r^2}$$
$$\leqslant \left(\int_t^{t+\frac{T}{n}} |X_u - X_t|^{2r^2} du\right)^{\frac{1}{r^2}r^2} \left(\int_t^{t+\frac{T}{n}} 1^{\frac{r^2}{r^2-1}} du\right)^{\frac{r^2-1}{r^2}r^2}$$
$$= \int_t^{t+\frac{T}{n}} |X_u - X_t|^{2r^2} du \cdot \left(\frac{T}{n}\right)^{r^2-1}.$$

故

$$\left(\tilde{E}\left[\left(\int_t^{t+\frac{T}{n}} |X_u - X_t|^2 du\right)^{r^2}\right]\right)^{\frac{1}{2r}}$$
$$\leqslant \left(\int_t^{t+\frac{T}{n}} \tilde{E}|X_u - X_t|^{2r^2} du \cdot \left(\frac{T}{n}\right)^{r^2-1}\right)^{\frac{1}{2r}}$$
$$\leqslant K \left(\int_t^{t+\frac{T}{n}} (u-t)^{r^2} du \left(\frac{T}{n}\right)^{r^2-1}\right)^{\frac{1}{2r}}$$
$$\leqslant K \left(\frac{T}{n}\right)^{\frac{1-r^2}{2r}} \left(\frac{T}{n}\right)^{\frac{r^2-1}{2r}} \leqslant K \left(\frac{T}{n}\right)^r. \quad \text{(A.2)}$$

对于 (A.1) 式中的另一项积分,

$$\left(\int_t^{t+\frac{T}{n}} (2+|X_u|+|X_t|)^2 du\right)^{\frac{r^2}{2r-1}}$$
$$\leqslant \left(\int_t^{t+\frac{T}{n}} (2+|X_u|+|X_t|)^{\frac{2r^2}{2r-1}} du\right) \left(\int_t^{t+\frac{T}{n}} 1 du\right)^{\left(1-\frac{2r-1}{r^2}\right)\cdot\frac{r^2}{2r-1}}$$
$$\leqslant \left(\int_t^{t+\frac{T}{n}} (2+|X_u|+|X_t|)^{\frac{2r^2}{2r-1}} du\right) \left(\frac{T}{n}\right)^{\left(\frac{r^2}{2r-1}-1\right)}.$$

故有

$$\tilde{E}\left[\left(\int_t^{t+\frac{T}{n}} (2+|X_u|+|X_t|)^2 du\right)^{\frac{r^2}{2r-1}}\right]$$
$$\leqslant \left\{\left(\int_t^{t+\frac{T}{n}} \tilde{E}\left[(2+|X_u|+|X_t|)^{\frac{2r^2}{2r-1}}\right] du\right) \left(\frac{T}{n}\right)^{\left(\frac{r^2}{2r-1}-1\right)}\right\}^{\frac{2r-1}{2r}}. \quad (A.3)$$

由 (A.3), $X_u = \int_0^u \sigma(s, X_s) dW_s$ 是鞅, 且固定 X_t, $(2+|X_u|+|X_t|)^{\frac{2r^2}{2r-1}}$ 在 $[t,1]$ 上是下鞅, 于是

$$\tilde{E}\left[(2+|X_u|+|X_t|)^{\frac{2r^2}{2r-1}}\right] \leqslant \tilde{E}\left[(2+|X_1|+|X_t|)^{\frac{2r^2}{2r-1}}\right].$$

类似地, X_t 是鞅, 且 $(2+|X_1|+|X_t|)^{\frac{2r^2}{2r-1}}$ 在 $t\in[0,1]$ 上是下鞅, 故有

$$\tilde{E}\left[(2+|X_1|+|X_t|)^{\frac{2r^2}{2r-1}}\right] \leqslant \tilde{E}\left[(2+2|X_1|)^{\frac{2r^2}{2r-1}}\right],$$

(A.3) 化为

$$\left\{\tilde{E}\left[\left(\int_t^{t+\frac{T}{n}} (2+|X_u|+|X_t|)^2 du\right)^{\frac{r^2}{2r-1}}\right]\right\}^{\frac{2r-1}{2r}}$$
$$\leqslant \left\{\left(\int_t^{t+\frac{T}{n}} \tilde{E}\left[(2+2|X_1|)^{\frac{2r^2}{2r-1}}\right] du \cdot \left(\frac{T}{n}\right)^{\frac{r}{2r-1}-1}\right)\right\}^{\frac{2r-1}{2r}}$$
$$= 2^r \left(\tilde{E}[1+|X_1|]^{\frac{2r^2}{2r-1}}\right)^{\frac{2r-1}{2r}} \left(\frac{T}{n}\right)^{\frac{2r-1}{2r}} \left(\frac{T}{n}\right)^{\left(\frac{r^2}{2r-1}-1\right)\cdot\frac{2r-1}{2r}} \leqslant K \left(\frac{T}{n}\right)^{\frac{r}{2}}. \quad (A.4)$$

结合不等式 (A.2),(A.4), 不等式 (A.1) 化为

$$\tilde{E}[|e_n(\tau,\omega)|^r] < K\left(\frac{T}{n}\right)^{\frac{r}{2}}.$$

引理得证.

B. 定理 5.1.1 的证明

先考虑如下表达:

$$\frac{\frac{\Delta_{\gamma_n}}{h_{\gamma_n}}\sum_{i=1}^{n}K\left(\frac{X_{t_i^{\gamma_n}}-x}{h_{\gamma_n}}\right)(\tilde{\sigma}^2(t_i^{\gamma_n},X_{t_i^{\gamma_n}})-\sigma^2(t_i^{\gamma_n},X_{t_i^{\gamma_n}}))}{\frac{\Delta_{\gamma_n}}{h_{\gamma_n}}\sum_{i=1}^{n}K\left(\frac{X_{t_i^{\gamma_n}}-x}{h_{\gamma_n}}\right)}$$

$$+\frac{\frac{\Delta_{\gamma_n}}{h_{\gamma_n}}\sum_{i=1}^{n}K\left(\frac{X_{t_i^{\gamma_n}}-x}{h_{\gamma_n}}\right)\sigma^2(t_i^{\gamma_n},X_{t_i^{\gamma_n}})}{\frac{\Delta_{\gamma_n}}{h_{\gamma_n}}\sum_{i=1}^{n}K\left(\frac{X_{t_i^{\gamma_n}}-x}{h_{\gamma_n}}\right)}. \quad (B.1)$$

对于 (B.2) 式, 先证明:

$$\frac{\frac{\Delta_{\gamma_n}}{h_{\gamma_n}}\sum_{i=1}^{n}K\left(\frac{X_{t_i^{\gamma_n}}-x}{h_{\gamma_n}}\right)\sigma^2(t_i^{\gamma_n},X_{t_i^{\gamma_n}})}{\frac{\Delta_{\gamma_n}}{h_{\gamma_n}}\sum_{i=1}^{n}K\left(\frac{X_{t_i^{\gamma_n}}-x}{h_{\gamma_n}}\right)}$$

$$=\frac{\int_{t-\gamma_n}^{t+\gamma_n}\frac{1}{h_{\gamma_n}}K\left(\frac{X_s-x}{h_{\gamma_n}}\right)\sigma^2(t_i^{\gamma_n},X_{t_i^{\gamma_n}})ds+O_{\text{a.s.}}\left(\frac{1}{h_{\gamma_n}}(\Delta_{\gamma_n}\log(1/\Delta_{\gamma_n}))^{1/2}\right)}{\int_{t-\gamma_n}^{t+\gamma_n}\frac{1}{h_{n\gamma_n}}K\left(\frac{X_s-x}{h_{\gamma_n}}\right)ds+O_{\text{a.s.}}\left(\frac{1}{h_{\gamma_n}}(\Delta_{\gamma_n}\log(1/\Delta_{\gamma_n}))^{1/2}\right)}.$$

考虑下式:

$$\frac{\Delta_{\gamma_n}}{h_{\gamma_n}}\sum_{i=1}^{n}K\left(\frac{X_{i\Delta_{\gamma_n}}-x}{h_{\gamma_n}}\right)\sigma^2(t_i^{\gamma_n},X_{t_i^{\gamma_n}})-\int_0^T\frac{1}{h_{\gamma_n}}K\left(\frac{X_s-x}{h_{\gamma_n}}\right)\sigma^2(s,X_s)ds. \quad (B.2)$$

由核函数 $K(\cdot)$ 的性质和 $\sigma^2(\cdot,\cdot)$ 的性质, 对于式 (B.2) 有

$$\frac{1}{h_{\gamma_n}}\left|\sum_{i=0}^{n_{\gamma_n}-1}\int_{i\Delta_{\gamma_n}}^{(i+1)\Delta_{\gamma_n}}\left[K\left(\frac{X_{t_i^{\gamma_n}}-x}{h_{\gamma_n}}\right)\sigma^2(t_i^{\gamma_n},X_{t_i^{\gamma_n}})-K\left(\frac{X_s-x}{h_{\gamma_n}}\right)\sigma^2(s,X_s)\right]ds\right|$$

$$+\left|\frac{\Delta_{\gamma_n}}{h_{\gamma_n}}K\left(\frac{X_0-x}{h_{\gamma_n}}\right)\sigma^2(0,X_0)\right|+\left|\frac{\Delta_{\gamma_n}}{h_{\gamma_n}}K\left(\frac{X_{n_{\gamma_n}\Delta_{n,\gamma_n}}-x}{h_{\gamma_n}}\right)\sigma^2(t_i^{\gamma_n},X_{t_i^{\gamma_n}})\right|$$

$$\leqslant \frac{1}{h_{\gamma_n}} \left| \sum_{i=0}^{n_{\gamma_n}-1} \int_{i\Delta_{\gamma_n}}^{(i+1)\Delta_{\gamma_n}} \left[K\left(\frac{X_s-x}{h_{\gamma_n}}\right) \sigma^2(t_i^{\gamma_n}, X_{t_i^{\gamma_n}}) \right. \right.$$

$$\left. \left. - K\left(\frac{X_{i\Delta_{\gamma_n}}-x}{h_{\gamma_n}}\right) \sigma^2(t_i^{\gamma_n}, X_{t_i^{\gamma_n}}) \right] ds \right|$$

$$+ \frac{1}{h_{\gamma_n}} \left| \sum_{i=0}^{n_{\gamma_n}-1} \int_{i\Delta_{\gamma_n}}^{(i+1)\Delta_{\gamma_n}} \left[K\left(\frac{X_S-x}{h_{\gamma_n}}\right) \sigma^2(s, X_s) - K\left(\frac{X_s-x}{h_{\gamma_n}}\right) \sigma^2(t_i^{\gamma_n}, X_{t_i^{\gamma_n}}) \right] ds \right|$$

$$+ C_{\gamma_n}^1 O_{a.s}\left(\frac{\Delta_{\gamma_n}}{h_{\gamma_n}}\right)$$

$$\leqslant \frac{1}{h_{\gamma_n}} \sum_{i=0}^{n_{\gamma_n}-1} \int_{i\Delta_{\gamma_n}}^{(i+1)\Delta_{\gamma_n}} \left| K'\left(\frac{\tilde{X}_{is}-x}{h_{\gamma_n}}\right) \right| \left| \frac{X_s-x}{h_{\gamma_n}} \right| |\sigma^2(t_i^{\gamma_n}, X_{t_i^{\gamma_n}})| ds$$

$$+ \frac{1}{h_{\gamma_n}} \left| \sum_{i=0}^{n_{\gamma_n}-1} \int_{i\Delta_{\gamma_n}}^{(i-1)\Delta_{\gamma_n}} K\left(\frac{X_s-x}{h_{\gamma_n}}\right) (\sigma^2(s, X_s) - \text{sigma}^2(t_i^{\gamma_n}, X_{t_i^{\gamma_n}})) ds \right|$$

$$+ C_{\gamma_n}^1 O_{a.s}\left(\frac{\Delta_{\gamma_n}}{h_{\gamma_n}}\right), \tag{B.3}$$

其中 $C_{\gamma_n}^1$ 是一个适当的常数,式中的 $\tilde{X}_{is}$ 是连接 X_s 和 $X_{t_i^{\gamma_n}}$ 的线段上的一个值. 定义

$$k_{\gamma_n} = \max_{i \leqslant n_{\gamma_n}} \sup_{i\Delta_{\gamma_n} \leqslant s \leqslant (i+1)\Delta_{\gamma_n}} |X_s - X_{i\Delta_{\gamma_n}}|. \tag{B.4}$$

由扩散过程连续性的 Levy 模[12] 有

$$P\left(\left[\lim_{\Delta_{\gamma_n} \to 0} \sup \frac{k_{\gamma_n}}{(\Delta_{\gamma_n} \log(1/\Delta_{\gamma_n}))^{1/2}} = C_{\gamma_n}^2 \right]\right) = 1, \tag{B.5}$$

其中 $C_{\gamma_n}^2$ 是一个适当的常数. 然后由式 (B.5) 可得

$$k_{\gamma_n} = O_{\text{a.s.}}((\Delta_{\gamma_n} \log(1/\Delta_{\gamma_n}))^{\frac{1}{2}}).$$

因此,如果 $h_{\gamma_n} \to 0$ 使得 $\frac{1}{h_{\gamma_n}}(\log(1/\Delta_{\gamma_n}))^{\frac{1}{2}} = o(1)$,则当 $n \to \infty$ 时,

$$\frac{k_{\gamma_n}}{h_{\gamma_n}} = O_{\text{a.s.}}(1). \tag{B.6}$$

由上式有

$$K'\left(\frac{\tilde{X}_{is}-x}{h_{\gamma_n}}\right) = K'\left(\frac{X_s-x}{h_{\gamma_n}} + o_{\text{a.s.}}(1)\right), \quad i = 1, \cdots, n_{\gamma_n}, \tag{B.7}$$

对适当的常数 C_5，由式 (B.3) 和式 (B.7)、K' 的绝对积分的性质以及 $\bar{L}_X(t,\cdot)$ 和 $\sigma^2(\cdot,\cdot)$ 的连续性以及式 (B.3) 有

$$\left(\frac{k_{\gamma_n}}{h_{\gamma_n}}\right)\frac{1}{h_{\gamma_n}}\int_{t-\gamma_n}^{t+\gamma_n}\left|K'\left(\frac{X_s-x}{h_{\gamma_n}}+o_{\text{a.s.}}(1)\right)\right|\left|\sigma^2(s,X_s+o_{\text{a.s.}}(1))\right|ds$$

$$=\left(\frac{k_{\gamma_n}}{h_{\gamma_n}}\right)\frac{1}{h_{\gamma_n}}\int_{-\infty}^{\infty}\left|K'(q+o_{\text{a.s.}}(1))\right|\left|\sigma^2(t_p,qh_{\gamma_n}+x)\right|\bar{L}_X(2\gamma_n,qh_{\gamma_n}+x)dq$$

$$\leqslant C_{\gamma_n}^3\left(\frac{k_{\gamma_n}}{h_{\gamma_n}}\right)O_{\text{a.s.}}(\bar{L}_X(2\gamma_n,x)).$$

由于 $\bar{L}_X(2\gamma_n,x)=\gamma_n^{\frac{1}{2}}\dfrac{1}{\sigma}L_w\left(1,\dfrac{a}{\gamma_n^{\frac{1}{2}}\sigma}\right)=O_{\text{a.s}}(\gamma_n^{\frac{1}{2}})$，所以式 (B.5) 有

$$\text{式 (B.4)} \leqslant C_{\gamma_n}^2\left(\frac{k_{\gamma_n}}{h_{\gamma_n}}\right)O_{\text{a.s.}}(\gamma_n^{\frac{1}{2}}).$$

同理可证对式 (B.5) 有

$$\frac{1}{h_{\gamma_n}}\left|\sum_{i=0}^{n_{\gamma_n}-1}\int_{i\Delta_{\gamma_n}}^{(i-1)\Delta_{\gamma_n}}K\left(\frac{X_s-x}{h_{\gamma_n}}\right)\left(\sigma^2(s,X_s)-\sigma^2(t_i^{\gamma_n},X_{t_i^{\gamma_n}})\right)ds\right|$$

$$\leqslant C_{\gamma_n}^4\left(k_{\gamma_n}\right)O_{\text{a.s.}}(\gamma_n^{\frac{1}{2}}).$$

由上可得

$$\frac{\Delta_{\gamma_n}}{h_{\gamma_n}}\sum_{i=1}^{n}K\left(\frac{X_{t_i^{\gamma_n}}-x}{h_{\gamma_n}}\right)\sigma^2(t_i^{\gamma_n},X_{t_i^{\gamma_n}})$$

$$=\int_{t-\gamma_n}^{t+\gamma_n}\frac{1}{h_{\gamma_n}}K\left(\frac{X_s-x}{h_{\gamma_n}}\right)\sigma^2(t_i^{\gamma_n},X_{t_i^{\gamma_n}})ds+O_{\text{a.s.}}\left(\frac{\gamma_n^{1/2}}{h_{\gamma_n}}(\Delta_{\gamma_n}\log(1/\Delta_{\gamma_n}))^{\frac{1}{2}}\right).$$

由同样的方法可以得到

$$\frac{\Delta_{\gamma_n}}{h_{\gamma_n}}\sum_{i=1}^{n}K\left(\frac{X_{t_i^{\gamma_n}}-x}{h_{\gamma_n}}\right)=\int_{t-\gamma_n}^{t+\gamma_n}\frac{1}{h_{n,\gamma_n}}K\left(\frac{X_s-x}{h_{\gamma_n}}\right)ds$$

$$+O_{\text{a.s.}}\left(\frac{\gamma_n^{\frac{1}{2}}}{h_{\gamma_n}}(\Delta_{\gamma_n}\log(1/\Delta_{\gamma_n}))^{\frac{1}{2}}\right).$$

所以对于 (B.2) 式，令 $\gamma_n\to 0, h_{\gamma_n}\to 0, (n\to\infty)$，使得

$$\frac{\gamma_n^{\frac{1}{2}}}{h_{\gamma_n}}(\Delta_{\gamma_n}\log(1/\Delta_{\gamma_n}))^{\frac{1}{2}}=o_{\text{a.s.}}(1)$$

时, 有

$$\frac{\int_{t-\gamma_n}^{t+\gamma_n} \frac{1}{h_{\gamma_n}} K\left(\frac{X_s-x}{h_{\gamma_n}}\right) \sigma^2(t_i^{\gamma_n}, X_{t_i^{\gamma_n}}) ds + O_{\text{a.s.}}\left(\frac{\bar{L}_X(2\gamma_n, x)}{h_{\gamma_n}} (\Delta_{\gamma_n} \log(1/\Delta_{\gamma_n}))^{\frac{1}{2}}\right)}{\int_{t-\gamma_n}^{t+\gamma_n} \frac{1}{h_{n,\gamma_n}} K\left(\frac{X_s-x}{h_{\gamma_n}}\right) ds + O_{\text{a.s.}}\left(\frac{\bar{L}_X(2\gamma_n, x)}{h_{\gamma_n}} (\Delta_{\gamma_n} \log(1/\Delta_{\gamma_n}))^{\frac{1}{2}}\right)}$$

$$= \frac{\sigma^2(t,x)s(x) + o_{\text{a.s.}}(1)}{s(x) + o_{\text{a.s.}}(1)} + o_{\text{a.s.}}(1) \overset{\text{a.s.}}{\to} \sigma^2(t,x),$$

其中 $s(x)$ 是过程的速度函数.

现在考虑式 (B.1). 下面证明对固定的 $X_{t_i^{\gamma_n}}$ 有

$$\tilde{\sigma}^2(t_i^{\gamma_n}, X_{t_i^{\gamma_n}}) = \sigma^2(t_i^{\gamma_n}, X_{t_i^{\gamma_n}}) + o_{\text{a.s}}(1). \tag{B.8}$$

利用 $\sigma^2(\cdot,\cdot)$ 的 Lipschitz 性质, 有

$$\tilde{\sigma}^2(t_i^{\gamma_n}, X_{t_i^{\gamma_n}}) - \sigma^2(t_i^{\gamma_n}, X_{t_i^{\gamma_n}})$$

$$= C_{\gamma_n}^5 O_{\text{a.s}}(k_{\gamma_n}) + \frac{1}{m_{\gamma_n}(t_i^{\gamma_n}) 2\Delta_{\gamma_n}} \sum_{j=0}^{m_{\gamma_n}(t_i^{\gamma_n})-1} \int_{\tau_{i,j}^{\gamma_n}}^{\tau_{i,j}^{\gamma_n}+\Delta_{\gamma_n}} 2(X_s - X_{t_i^{\gamma_n}}) \sigma(s, X_s) dB_s$$

$$+ \frac{1}{m_{\gamma_n}(t_i^{\gamma_n}) 2\Delta_{\gamma_n}} \sum_{j=0}^{m_{\gamma_n}(t_i^{\gamma_n})-1} \int_{\tau_{i,j}^{\gamma_n}}^{\tau_{i,j}^{\gamma_n}+\Delta_{\gamma_n}} 2(X_s - X_{j\Delta}) \mu(s, X_s) ds.$$

其中

$$\int_{\tau_{i,j}^{\gamma_n}}^{\tau_{i,j}^{\gamma_n}+\Delta_{\gamma_n}} 2(X_s - X_{j\Delta}) \mu(s, X_s) ds = o_{\text{a.s}}\left(\int_{\tau_{i,j}^{\gamma_n}}^{\tau_{i,j}^{\gamma_n}+\Delta_{\gamma_n}} 2(X_s - X_{t_i^{\gamma_n}}) \sigma(s, X_s) dB_s\right).$$

定义随机积分

$$y_{\tau_{i,j}^{\gamma_n}+\Delta_{\gamma_n}} = \int_{\tau_{i,j}^{\gamma_n}}^{\tau_{i,j}^{\gamma_n}+\Delta_{\gamma_n}} 2(X_s - X_{t_i^{\gamma_n}}) \sigma(s, X_s) dB_s,$$

其关于 $\mathfrak{J}_{\tau_{i,j}^{\gamma_n}+\Delta_{\gamma_n}}^X$ 可测. 由 Itô 积分的性质有

$$E(y_{\tau_{i,j}^{\gamma_n}+\Delta_{\gamma_n}}) = E\left(\int_{\tau_{i,j}^{\gamma_n}}^{\tau_{i,j}^{\gamma_n}+\Delta_{\gamma_n}} 2(X_s - X_{t_i^{\gamma_n}}) \sigma(s, X_s) dB_s\right) = 0,$$

由 Itô 等距性有

$$\theta_{\tau_{i,j}^{\gamma_n}+\Delta_{\gamma_n}} = \text{var}(y_{\tau_{i,j}^{\gamma_n}+\Delta_{\gamma_n}}) = E\left(\int_{\tau_{i,j}^{\gamma_n}}^{\tau_{i,j}^{\gamma_n}\Delta_{\gamma_n}} 2(X_s - X_{t_i^{\gamma_n}}) \sigma(s, X_s) dB_s\right) < \infty.$$

对所有 $j < m_{\gamma_n}$ 成立. 因此 $(y_{\tau_{i,j}^{\gamma_n}+\Delta_{\gamma_n}}, \mathfrak{I}_{\tau_{i,j}^{\gamma_n}+\Delta_{\gamma_n}}^X)$ 是一个均值为 0, 方差有限的鞅差序列, 所以由强大数定理可知, 当 $n \to \infty$, $m_{\gamma_n}(t_i^{\gamma_n}) \overset{\text{a.s}}{\to} \infty$ 时, 有

$$\frac{1}{m_{\gamma_n}(t_i^{\gamma_n})2\Delta_{\gamma_n}} \sum_{j=0}^{m_{\gamma_n}(t_i^{\gamma_n})-1} y_{\tau_{i,j}^{\gamma_n}+\Delta_{\gamma_n}} \overset{\text{a.s}}{\to} 0,$$

所以有

$$\tilde{\sigma}^2(t_i^{\gamma_n}, X_{t_i^{\gamma_n}}) = \sigma^2(t_i^{\gamma_n}, X_{t_i^{\gamma_n}}) + o_{\text{a.s}}(1),$$

由上有 $\hat{\sigma}^2(t,x) \overset{\text{a.s}}{\to} \sigma(t,x)$.

下面考虑估计量的收敛速度. 对

$$\frac{1}{m_{\gamma_n}(t_i^{\gamma_n})2\Delta_{\gamma_n}} \sum_{j=0}^{m_{\gamma_n}(t_i^{\gamma_n})-1} \int_{\tau_{i,j}^{\gamma_n}}^{\tau_{i,j}^{\gamma_n}+\Delta_{\gamma_n}} 2(X_s - X_{t_i^{\gamma_n}})\sigma(s,X_s)dB_s.$$

有

$$\frac{1}{m_{\gamma_n}(t_i^{\gamma_n})2\Delta_{\gamma_n}} \sum_{j=0}^{m_{\gamma_n}(t_i^{\gamma_n})-1} \int_{\tau_{i,j}^{\gamma_n}}^{\tau_{i,j}^{\gamma_n}+\Delta_{\gamma_n}} 2(X_s - X_{t_i^{\gamma_n}})\sigma(s,X_s)dB_s$$

$$= \frac{\frac{1}{2\varepsilon_{\gamma_n}}\sum_{j=1}^{n_{\gamma_n}-1} 1_{\{|X_{j\Delta_{\gamma_n}}-X_{i\Delta_{\gamma_n}}|<\varepsilon_{\gamma_n}\}} \int_{j\Delta_{\gamma_n}}^{(j+1)\Delta_{\gamma_n}} 2(X_s - X_{t_i^{\gamma_n}})\sigma(s,X_s)dB_s}{\frac{\Delta_{\gamma_n}}{2\varepsilon_{\gamma_n}}\sum_{j=1}^{n_{\gamma_n}} 1_{\{|X_{j\Delta_{\gamma_n}}-X_{i\Delta_{\gamma_n}}|<\varepsilon_{\gamma_n}\}}}. \quad (B.9)$$

对式 (B.9) 的分子, 由文献 [11] 中定理 2 中的方法有

$$\sqrt{\bar{L}_X(2\gamma_n, X_{t_i^{\gamma_n}})\varepsilon_{\gamma_n}}$$

$$\times \frac{\frac{1}{2\varepsilon_{\gamma_n}}\sum_{j=1}^{n_{\gamma_n}-1} 1_{\{|X_{t_j^{\gamma_n}}-X_{t_i^{\gamma_n}}|<\varepsilon_{\gamma_n}\}} \int_{t_j^{\gamma_n}}^{t_{j+1}^{\gamma_n}} 2(X_s - X_{t_i^{\gamma_n}})\sigma(s,X_s)dB_s}{\frac{\Delta_{\gamma_n}}{2\varepsilon_{\gamma_n}}\sum_{j=1}^{n_{\gamma_n}} 1_{\{|X_{t_j^{\gamma_n}}-X_{t_{j+1}^{\gamma_n}}|<\varepsilon_{\gamma_n}\}}} = O_{\text{a.s}}(1),$$

所以有

$$\tilde{\sigma}^2(t_i^{\gamma_n}, X_{t_i^{\gamma_n}}) - \sigma^2(t_i^{\gamma_n}, X_{t_i^{\gamma_n}})$$

$$= C_{\gamma_n}^5 O_{\text{a.s}}(k_{\gamma_n}) + \sqrt{\bar{L}_X(2\gamma_n, X_{t_i^{\gamma_n}})\varepsilon_{\gamma_n}}$$

$$\times \frac{\frac{1}{2\varepsilon_{\gamma_n}} \sum_{j=1}^{n_{\gamma_n}-1} 1_{\{|X_{t_j^{\gamma_n}} - X_{t_i^{\gamma_n}}| < \varepsilon_{\gamma_n}\}} \int_{t_j^{\gamma_n}}^{t_{j+1}^{\gamma_n}} 2(X_s - X_{t_i^{\gamma_n}}) \sigma(s, X_s) dB_s}{\frac{\Delta_{\gamma_n}}{2\varepsilon_{\gamma_n}} \sum_{j=1}^{n_{\gamma_n}} 1_{\{|X_{t_j^{\gamma_n}} - X_{t_{j+1}^{\gamma_n}}| < \varepsilon_{\gamma_n}\}}}$$

$$= C_{\gamma_n}^5 O_{\text{a.s.}}(k_{\gamma_n}) + O_{\text{a.s.}} \left(\frac{1}{\sqrt{\bar{L}_X(2\gamma_n, X_{t_i^{\gamma_n}})\varepsilon_{\gamma_n}}} \right).$$

只要控制窗宽 ε_{γ_n} 就有

$$O_{\text{a.s.}} \left(\frac{1}{\sqrt{\bar{L}_X(2\gamma_n, X_{t_i^{\gamma_n}})\varepsilon_{\gamma_n}}} \right) \overset{\text{a.s.}}{\to} 0.$$

定理得证.

参 考 文 献

[1] Ho T S Y and Lee S B. Term structure movements and pricing interest rate contingent claims[J]. J. Finance, 1986, 41: 1011-1029.

[2] Hull J and White A. The pricing of options on assets with stochastic volatility[J]. J. Finance, 1987, 42: 281-300.

[3] Black F, Derman E and Toy W. A one-factor model of interest rates and its application to treasury bond options[J]. Finan. Analysts J., 1990, 46: 33-39.

[4] Black F and Karasinski P. Bond and option pricing when short rates are lognormal[J]. Finan. Anal. J., 1991, 47: 52-59.

[5] Fan J, Jiang J, Zhang C and Zhou Z. Time-dependent diffusion models forterm structure dynamics[J]. Statistica Sinica, 2003, 13: 965-992.

[6] Chen P, Wang J D. Wavelet estimation of the diffusion coefficient in time dependent diffusion models[J]. Science in China, Series A, 2007, 50(11): 1597-1610.

[7] 马雷, 陈萍. 时变扩散模型中扩散系数的核估计 [J]. 应用概率统计, 2012, 28(5): 489-498.

第 6 章 多维扩散模型非参数统计分析

多维扩散模型在金融工程中有广泛的应用. 例如, 第 1 章曾提到的动态金融风险度量问题、价差期权、一篮子期权、外汇期权及彩虹期权等多维衍生证券定价问题. 多维衍生证券的支付依赖于 m 个基础资产变量, 当假定标的资产过程满足多维扩散模型时, 多维衍生证券的定价与无风险利率及扩散矩阵有关, 也有些问题涉及到漂移向量及状态的转移概率密度矩阵. 这就要求我们能够根据多维基础资产的历史价格对模型参数如漂移向量、扩散矩阵、多维转移密度等做出估计. 本章将考虑多维扩散模型的非参数统计分析方法.

多维衍生证券的定价表示为多维收益函数在风险中性测度下的期望, 其取值与无风险利率及标的资产过程的扩散矩阵有关而与漂移向量无关. 此时只需根据多维基础资产的历史价格, 对描述标的资产演化规律的多维扩散过程的扩散矩阵作出估计即可, 也就是根据多维扩散过程 $\{X_t, t \geqslant 0\}$ 在 $[0, T]$ 时段内的离散观察值 $\{X_{t_i}, i = 1, \cdots, n\}$, 估计扩散过程的扩散矩阵. 但当需要预测过程的未来状态时, 必须同时估计出漂移向量与扩散矩阵.

相对于一维扩散过程的统计分析, 关于多维扩散过程的研究尚不完善, 已有的文献主要是考虑参数模型. 例如, Genon[1] 考虑扩散矩阵不依赖于状态向量且含有未知参数时, 利用拟极大似然法对未知参数进行了估计, 并证明了估计量的渐近有效性. Aït-Sahalia[2] 于 2008 年通过一系列复杂的变换得出了多维扩散过程似然函数的封闭表达式, 为估计漂移向量和扩散矩阵中的未知参数提供了统一的思路. 注意到参数模型的适应性较弱, 一旦模型选择失误, 则不可能得到正确的结论. 从这一角度来看, 对漂移向量和扩散矩阵的非参数统计分析是非常必要的. 到目前为止, 多维扩散过程的非参数统计分析方法主要是将一维扩散过程的某种非参数统计方法推广到多维情形, 例如 Brugiére[3] 在 1991 年将文献 [1] 中的关于一维扩散系数的局部时估计法推广到了多维情形并证明了估计量依概率收敛. 随后在 1993 年的文献 [4] 中导出了该估计量的极限分布, 表明局部时估计量具有渐近正态性.

应该注意到, 不论是一维还是多维扩散过程中, 对漂移系数与扩散系数的非参数估计的难点在于它们都无法直接观察. 我们所获得的样本是扩散过程 X_t 的离散轨道 $\{X_{t_i}, i = 1, \cdots, n\}$, 必须根据 $\{X_{t_i}, i = 1, \cdots, n\}$ 构造漂移系数与扩散系数的样本.

本章首先利用多维 Itô 扩散的性质, 将漂移向量和扩散矩阵的样本表示成带有系统误差的回归模型, 并讨论了系统误差的 L^r 上界以及随机误差项的 L^r 收敛速度, 建立了漂移向量与扩散矩阵非参数估计的通用模型. 在这一通用模型下, 我们可以考虑漂移向量与扩散矩阵的各种非参数估计方法的应用.

6.1 漂移向量与扩散矩阵的非参数估计模型

6.1.1 扩散矩阵的非参数估计模型

考虑定义在概率空间 $(\Omega, \mathcal{F}, P)$ 上的多维扩散方程

$$dX_t = \mu(X_t)dt + \sigma(X_t)dB_t, \quad 0 \leqslant t \leqslant T, \quad X_0 = \bar{X} \in L^2, \quad (6.1.1)$$

其中 $X_t = (X_t^{(1)}, \cdots, X_t^{(d)})^{\mathrm{T}}$ 为 d 维随机过程, 状态空间记为 $I \subseteq R^d$, $B_t = \left(B_t^{(1)}, \cdots, B_t^{(m)}\right)^{\mathrm{T}}$ 是 m 维标准 Brown 运动, $\mu(\cdot) = (\mu_1(\cdot), \cdots, \mu_d(\cdot))^{\mathrm{T}}$ 称为漂移向量, $\sigma(\cdot) = [\sigma_{ij}(\cdot)]_{d \times m}$ 称为扩散矩阵. 方程 (6.1.1) 还可写作如下形式:

$$X_t^{(k)} = X_0^{(k)} + \int_0^t \mu_i(X_s)\, ds + \sum_{j=1}^m \int_0^t \sigma_{ij}(X_s)\, dB_s^j, \quad 0 \leqslant t \leqslant T, 1 \leqslant k \leqslant d. \quad (6.1.2)$$

注意式中 $\mu_i(\cdot), \sigma_{ij}(\cdot)$ 是 $X_t = \left(X_t^{(1)}, \cdots, X_t^{(d)}\right)'$ 的函数. 假定 $\mu(\cdot), \sigma(\cdot)$ 满足如下条件: $\mu(\cdot), \sigma(\cdot)$ 可测, 且存在常数 $C_i > 0, i = 1, 2$ 使

T1: (线性增长条件) $|\mu_i(x)| + |\sigma_{ij}(x)| \leqslant C_1(1 + |x|), x \in R^d, i = 1, \cdots, d, j = 1, \cdots, m$;

T2: $|\mu_i(x) - \mu_i(y)| + |\sigma_{ij}(x) - \sigma_{ij}(y)| \leqslant C_2|x - y| x, y \in R^d, i = 1, \cdots, d, j = 1, \cdots, d$.

其中, 对于 $x \in R^d, |x|^2 = \sum_{k=1}^d \left(x^{(k)}\right)^2$. 根据随机微分方程理论[5], 方程 (6.1.1) 的解是一个时齐的 Markov 过程, 且条件 T1, T2 保证了方程 (6.1.1) 存在唯一强解.

定义 $d \times d$ 维非负对称扩散矩阵 $a = \sigma \times \sigma'$, 则多元扩散过程 X_t 的动态规律完全由其漂移向量 μ 和非负对称扩散矩阵 a 所决定. 我们的任务就是根据 d 维基础变量过程 X_t 的离散观察值 $\{X_{t_1}, \cdots, X_{t_n}\}$ 估计漂移向量 μ 和非负对称扩散矩阵 a. 本节先考虑对称扩散矩阵 a 的估计.

与一维情况类似, 观察值 $\{X_{t_1}, \cdots, X_{t_n}\}$ 并不是 a 的样本, 为得到 a 的样本, 需利用多维 Girsanov 定理[5] 作一变换, 消去多余系数 $\mu(\cdot)$. 以 $\mathcal{F}_t$ 表示由 m 维 Brown 运动 $\{B_s, 0 \leqslant s \leqslant t\}$ 生成的 σ 代数, P 表示由 d 维过程 X_t 在 $\mathcal{F}_T$ 上导出

6.1 漂移向量与扩散矩阵的非参数估计模型

的测度, 设 $\theta_t = \left(\theta_t^{(1)}, \cdots, \theta_t^{(d)}\right)^T, 0 \leqslant t \leqslant T$ 为 m 维 $\{\mathcal{F}_t\}_{t \in [0,T]}$ 适过程, 满足

$$\mu_i(X_t) = \sum_{j=1}^{m} \sigma_{ij}(X_t)\theta_t^{(j)}, \quad i = 1, \cdots, d, \tag{6.1.3}$$

且满足 Novikov 条件, 即

T3: $E^x \left\{ \exp\left[\frac{1}{2}\int_0^t \left\|\theta_u^{(j)}\right\|^2 du\right] \right\} < \infty, \quad x \in R^d.$

令

$$W_t^j = \int_0^t \theta_u^{(j)} du + B_t^{(j)}, \quad 0 \leqslant t \leqslant 1, j = 1, \cdots, m, \tag{6.1.4}$$

$$Z_t = \exp\left\{-\int_0^t \sum_{j=1}^{m} \theta_u^{(j)} dB_u^j - \frac{1}{2}\int_0^t \left\|\theta_u^{(j)}\right\|^2 du\right\}, \tag{6.1.5}$$

$$\tilde{P}(A) = \int_A Z_T dP, \quad \forall A \in \mathcal{F}_T. \tag{6.1.6}$$

由 Girsanov 定理, $\tilde{P}$ 是与 P 等价的概率测度, m 维过程 $\{W_t, 0 \leqslant t \leqslant T\}$ 在 $\tilde{P}$ 下为 Brown 运动. 将 $dB_t^{(j)} = dW_t^{(j)} - \theta_t^{(j)} dt$ 代入方程 (6.1.2) 得

$$dX_t^{(k)} = \mu_i(X_t) dt + \sum_{j=1}^{m} \sigma_{ij}(X_t) dB_t^{(j)} = \mu_i(X_t) dt + \sum_{j=1}^{m} \sigma_{ij}(X_t) \left(dW_t^{(j)} - \theta_t^{(j)} dt\right)$$

$$= \mu_i(X_t) dt + \sum_{j=1}^{m} \sigma_{ij}(X_t) dW_t^{(j)} - \sum_{j=1}^{m} \sigma_{ij}(X_t) \theta_t^{(j)} dt$$

$$= \sum_{j=1}^{m} \sigma_{ij}(X_t) dW_t^{(j)}, \quad k = 1, \cdots, d. \tag{6.1.7}$$

易见, $\{X_t; 0 \leqslant t \leqslant T\}$ 在测度 $\tilde{P}$ 下为鞅. 以下记 E^{X_s} 和 $\tilde{E}^{X_s}$ 分别为概率测度 P 与 $\tilde{P}$ 下关于 X_s 的条件期望.

下面先构造非负对称扩散矩阵 a 的样本, 不妨设 $t_i = \dfrac{iT}{n}, i = 1, \cdots, n$. 由

$$X_{t_{i+1}}^{(k)} - X_{t_i}^{(k)} = \int_{\frac{iT}{n}}^{\frac{(i+1)T}{n}} \sum_{j=1}^{m} \sigma_{kj}(X_t) dW_t^{(j)}, \quad i = 0, \cdots, n-1, k = 1, \cdots, m, \tag{6.1.8}$$

根据多维 Itô 公式 $dX_t dY_t = X_t dY_t + Y_t dX_t + dX_t \cdot dY_t$, 得

$$d\left(X_{t_{i+1}}^{(k)} - X_{t_i}^{(k)}\right)\left(X_{t_{i+1}}^{(l)} - X_{t_i}^{(l)}\right) = \left(X_{t_{i+1}}^{(k)} - X_{t_i}^{(k)}\right) d\left(X_{t_{i+1}}^{(l)} - X_{t_i}^{(l)}\right)$$

$$+ \left(X_{t_{i+1}}^{(l)} - X_{t_i}^{(l)}\right) d\left(X_{t_{i+1}}^{(k)} - X_{t_i}^{(k)}\right) + d\left(X_{t_{i+1}}^{(k)} - X_{t_i}^{(k)}\right) d\left(X_{t_{i+1}}^{(l)} - X_{t_i}^{(l)}\right)$$

$$= \left(X_{t_{i+1}}^{(k)} - X_{t_i}^{(k)}\right) \sum_{j=1}^m \sigma_{lj}(X_t) dW_t^{(j)}$$
$$+ \left(X_{t_{i+1}}^{(l)} - X_{t_i}^{(l)}\right) \sum_{j=1}^m \sigma_{kj}(X_t) dW_t^{(j)} + \sum_{j=1}^m \sigma_{kj}(X_t) \sigma_{lj}(X_t) dt.$$

写成积分形式, 即

$$\left(X_{t_{i+1}}^{(k)} - X_{t_i}^{(k)}\right)\left(X_{t_{i+1}}^{(l)} - X_{t_i}^{(l)}\right) = \int_{\frac{iT}{n}}^{\frac{(i+1)T}{n}} \sum_{j=1}^m \sigma_{kj}(X_t) \sigma_{lj}(X_t) dt$$
$$+ \int_{\frac{iT}{n}}^{\frac{(i+1)T}{n}} \left(X_{t_{i+1}}^{(k)} - X_{t_i}^{(k)}\right) \sum_{j=1}^m \sigma_{lj}(X_t) dW_t^{(j)}$$
$$+ \int_{\frac{iT}{n}}^{\frac{(i+1)T}{n}} \left(X_{t_{i+1}}^{(l)} - X_{t_i}^{(l)}\right) \sum_{j=1}^m \sigma_{kj}(X_t) dW_t^{(j)}.$$
(6.1.9)

记

$$\varepsilon_{t_i}^{kl} = \frac{n}{T}\left[\int_{\frac{iT}{n}}^{\frac{(i+1)T}{n}} \left(X_{t_{i+1}}^{(k)} - X_{t_i}^{(k)}\right) \sum_{j=1}^m \sigma_{lj}(X_t) dW_t^{(j)}\right.$$
$$\left. + \int_{\frac{iT}{n}}^{\frac{(i+1)T}{n}} \left(X_{t_{i+1}}^{(l)} - X_{t_i}^{(l)}\right) \sum_{j=1}^m \sigma_{kj}(X_t) dW_t^{(j)}\right].$$
(6.1.10)

则 $\varepsilon_{t_i}^{kl}, i = 0, \cdots, n-1$ 在 $\tilde{P}$ 下可看作随机误差序列. 事实上, 由 Itô 积分的性质知

$$\tilde{E}^{X_{t_i}}[\varepsilon_{t_i}^{kl}] = \tilde{E}\left[\frac{n}{T}\int_{\frac{iT}{n}}^{\frac{(i+1)T}{n}} \left(X_{t_{i+1}}^{(k)} - X_{t_i}^{(k)}\right) \sum_{j=1}^m \sigma_{lj}(X_t) dW_t^{(j)}\right.$$
$$\left. + \frac{n}{T}\int_{\frac{iT}{n}}^{\frac{(i+1)T}{n}} \left(X_{t_{i+1}}^{(l)} - X_{t_i}^{(l)}\right) \sum_{j=1}^m \sigma_{kj}(X_t) dW_t^{(j)}\right] = 0.$$

为表述简洁, 以下省略 $\tilde{E}^{X_{t_i}}$ 的上标. 当 $X_T \in L^4(\Omega)$ 时,

$$\text{Var}[\varepsilon_{t_i}^{kl}] = \tilde{E}\left[\left(\frac{n}{T}\int_{\frac{iT}{n}}^{\frac{(i+1)T}{n}} \left(X_{t_{i+1}}^{(k)} - X_{t_i}^{(k)}\right) \sum_{j=1}^m \sigma_{lj}(X_t) dW_t^{(j)}\right.\right.$$
$$\left.\left. + \frac{n}{T}\int_{\frac{iT}{n}}^{\frac{(i+1)T}{n}} \left(X_{t_{i+1}}^{(l)} - X_{t_i}^{(l)}\right) \sum_{j=1}^m \sigma_{kj}(X_t) dW_t^{(j)}\right)^2\right]$$
$$= \left(\frac{n}{T}\right)^2 \left\{\int_{\frac{iT}{n}}^{\frac{(i+1)T}{n}} \tilde{E}\left[\left(X_{t_{i+1}}^{(k)} - X_{t_i}^{(k)}\right)^2 \sum_{j=1}^m \sigma_{lj}^2(X_t)\right] dt\right.$$

$$+\frac{n}{T}\int_{\frac{iT}{n}}^{\frac{(i+1)T}{n}}\tilde{E}\left[\left(X_{t_{i+1}}^{(l)}-X_{t_i}^{(l)}\right)^2\sum_{j=1}^{m}\sigma_{kj}^2\left(X_t\right)\right]dt\Bigg\}$$

$$=\left(\frac{n}{T}\right)^2\Bigg\{\int_{\frac{iT}{n}}^{\frac{(i+1)T}{n}}\tilde{E}\left[\int_{\frac{iT}{n}}^{\frac{(i+1)T}{n}}\sum_{j=1}^{m}\sigma_{kj}^2\left(X_s\right)ds\cdot\sum_{j=1}^{m}\sigma_{lj}^2\left(X_t\right)\right]dt$$

$$+\frac{n}{T}\int_{\frac{iT}{n}}^{\frac{(i+1)T}{n}}\tilde{E}\left[\int_{\frac{iT}{n}}^{\frac{(i+1)T}{n}}\sum_{j=1}^{m}\sigma_{lj}^2\left(X_s\right)ds\cdot\sum_{j=1}^{m}\sigma_{kj}^2\left(X_t\right)\right]dt\Bigg\}$$

$$=\left(\frac{n}{T}\right)^2\Bigg\{\tilde{E}\int_{\frac{iT}{n}}^{\frac{(i+1)T}{n}}\int_{\frac{iT}{n}}^{\frac{(i+1)T}{n}}\sum_{j=1}^{m}\sigma_{kj}^2\left(X_s\right)\cdot\sum_{j=1}^{m}\sigma_{lj}^2\left(X_t\right)dsdt$$

$$+\tilde{E}\int_{\frac{iT}{n}}^{\frac{(i+1)T}{n}}\int_{\frac{iT}{n}}^{\frac{(i+1)T}{n}}\sum_{j=1}^{m}\sigma_{lj}^2\left(X_s\right)\cdot\sum_{j=1}^{m}\sigma_{kj}^2\left(X_t\right)dsdt\Bigg\}$$

$$\leqslant 2\left(\frac{n}{T}\right)^2\tilde{E}\left[\left(\int_{\frac{iT}{n}}^{\frac{(i+1)T}{n}}(1+|X_s|)^2ds\right)^2\right]$$

$$\leqslant \frac{2n}{T}C_1^4\Bigg\{\int_{\frac{iT}{n}}^{\frac{(i+1)T}{n}}\tilde{E}(1+|X_t|)^4dt\Bigg\}$$

$$\leqslant 2C_1^4\tilde{E}\left[(1+|X_T|)^4\right]<\infty.$$

注意到, 非负对称扩散矩阵 $a(X_t)=\sigma(X_t)\times\sigma(X_t)'$ 的第 k 行第 l 列元素

$$a_{kl}(X_t)=\sum_{j=1}^{m}\sigma_{kj}(X_t)\sigma_{lj}(X_t), \qquad (6.1.11)$$

结合 (6.1.10) 式, 可将 (6.1.6) 式写作

$$\frac{n}{T}\left(X_{t_{i+1}}^k-X_{t_i}^k\right)\left(X_{t_{i+1}}^l-X_{t_i}^l\right)=\frac{n}{T}\int_{\frac{iT}{n}}^{\frac{(i+1)T}{n}}a_{kl}(X_t)\,dt+\varepsilon_{t_i}^{kl}\simeq a_{kl}(X_t)+\varepsilon_{t_i}^{kl}.$$

于是有如下结论:

定理 6.1.1[6]   设过程 X_t 满足随机微分方程 (6.1.1), $\sigma(\cdot)$ 满足条件 T1~T3, 且存在 m 维 $\{\mathcal{F}_t\}_{t\in[0,T]}$ 适过程 $\theta_t=\left(\theta_t^{(1)},\cdots,\theta_t^{(d)}\right)',0\leqslant t\leqslant T$, 满足方程 (6.1.3). 假定存在常数 C, 使对 $r>1$, $\sup\limits_{0\leqslant s\leqslant T}\tilde{E}^{X_s}[|X_T|^{2r}]\leqslant C$. 则对任意取值于 $\Upsilon=$

$\left\{0, \dfrac{T}{n}, \dfrac{2T}{n}, \cdots, \dfrac{(n-1)T}{n}\right\}$ 的 $\mathcal{F}_t$ 停时 τ, 定义

$$e_n^{kl}(\tau) = \frac{n}{T}\int_\tau^{\tau+\frac{T}{n}} a_{kl}(X_t)dt - a_{kl}(X_\tau), \qquad (6.1.12)$$

则存在仅依赖于 r,d,m,C 的常数 $K(r,d,m,C)$, 使

$$\tilde{E}^{X_\tau}[|e_n^{kl}(\tau)|^r] \leqslant K(r,d,m,C)\left(\frac{T}{n}\right)^{\frac{r}{2}}. \qquad (6.1.13)$$

下列关于过程增量的结论在定理 6.1.1 的证明和后面估计量的构造时都是必不可少的.

引理 6.1.1 条件同定理 6.1.1, $\forall u > t, r \geqslant 2$, 存在仅依赖于 r,d,m,C 的常数 $K(r,d,m,C)$, 使得

$$\tilde{E}^{X_t}[|X_u - X_t|^r] \leqslant K_1(r,d,m,C)(u-t)^{\frac{r}{2}}. \qquad (6.1.14)$$

定理 6.1.1 的结论也可以用测度 P 下的期望表示.

推论 6.1.1 条件同定理 6.1.1, 则存在仅依赖于 r,d,m,C 的常数 $K'(r,d,m,C)$, 使

$$E^{X_\tau}[|e_n^{kl}(\tau)|^r] \leqslant K'(r,d,m,C)\left(\frac{T}{n}\right)^{\frac{r}{2}}.$$

事实上, 根据 Hölder 不等式及条件 T3,

$$E^{X_\tau}[|e_n^{kl}(\tau,\omega)|^r] = \tilde{E}^{X_\tau}\left[\frac{1}{Z_T}|e_n^{kl}(\tau,\omega)|^r\right] \leqslant \sqrt{\tilde{E}^{X_\tau}\left[\left(\frac{1}{Z_T}\right)^2\right]}\sqrt{\tilde{E}^{X_\tau}\left[|e_n^{kl}(\tau,\omega)|^{2r}\right]}$$

$$\leqslant \sqrt{\tilde{E}^{X_\tau}\left[\left(\frac{1}{Z_T}\right)^2\right]}K(2r,d,m,C)\left(\frac{T}{n}\right)^{\frac{r}{2}} \triangleq K'(r,d,m,C)\left(\frac{T}{n}\right)^{\frac{r}{2}}.$$

根据定理 6.1.1, 记

$$\eta_{t_i} = \frac{n}{T}(X_{t_{i+1}} - X_{t_i})(X_{t_{i+1}} - X_{t_i})', \quad i = 0, \cdots, n-1,$$

则 (6.1.8) 式可写成如下矩阵形式:

$$\eta_{t_i} = a(X_{t_i}) + \varepsilon_{t_i} + e_{t_i}, \qquad (6.1.15)$$

式中各项均为 $d \times d$ 矩阵, e_{t_i} 可看作系统误差, 满足 $\tilde{E}[|e_{t_i}|^r] = O\left(\left(\dfrac{T}{n}\right)^{\frac{r}{2}}\right)$.

6.1 漂移向量与扩散矩阵的非参数估计模型

(6.1.15) 式给出了扩散矩阵非参数估计的通用模型, 我们可以将多维扩散模型中扩散矩阵的非参数估计问题化为: 根据 $d \times 2$ 维随机向量 (X, η) 的带有相依性的观察数据 $(X_{t_i}, \eta_{t_i}), i = 0, 1, \cdots, n-1$, 对带有系统误差的多元回归模型 (6.1.16) 中的回归函数 $a(x)$ 作非参数估计. 其中随机误差的方差不受 T, n 的影响, 而系统误差随 $\dfrac{T}{n} \to 0$ 依 L^r 收敛到 0. 这表明沿过程轨道的采样频率是影响扩散矩阵样本精度的主要因素.

注 模型 (6.1.15) 是在与原始测度 P 等价的测度 $\tilde{P}$ 下获得的, 非参数估计量的收敛性也应在 $\tilde{P}$ 下讨论比较方便. 只要能够证明扩散矩阵的估计量强收敛到真值, 则根据测度的等价性, 在原始测度 P 下的收敛性也能得到保障. 在衍生证券定价问题中, 要求估计量满足强相合性的一个重要目的是可以在风险中性测度下, 用与市场测度下形式相同的非参数估计量估计扩散矩阵. 除了在金融中的这种实际意义, 模型 (6.1.15) 的优点是表达形式清晰, 使用方便, 缺点是由于构造模型时变换了测度, 估计量在原始测度下的极限分布不易求出, 这一问题留待进一步的研究.

6.1.2 漂移向量的非参数估计模型

仍考虑多维扩散方程 (6.1.1), 假定其漂移向量 $\mu(\cdot)$ 满足条件 T1~T2, $\{X_{t_1}, \cdots, X_{t_n}\}$ 为 $\{X_t, t \geqslant 0\}$ 在 $[0, T]$ 时段内的离散观察值. 为得到 $\mu(\cdot)$ 的样本, 由 (6.1.2),

$$X_{t_{i+1}}^{(k)} - X_{t_i}^{(k)} = \int_{t_i}^{t_{i+1}} \mu_k(X_t) \, dt + \sum_{j=1}^{m} \int_{t_i}^{t_{i+1}} \sigma_{kj}(X_t) \, dB_t^j, \quad i = 1, \cdots, n, k = 1, \cdots, d.$$
(6.1.16)

记

$$\varepsilon_{t_i}^k = \frac{n}{T} \sum_{j=1}^{m} \int_{t_i}^{t_{i+1}} \sigma_{kj}(X_t) \, dB_t^j, \tag{6.1.17}$$

则 $\varepsilon_{t_i}^k, i = 0, \cdots, n-1$ 可看作随机误差序列. 事实上, 由 Itô 积分的性质知

$$E^{X_{t_i}}[\varepsilon_{t_i}^k] = E^{X_{t_i}} \left[\frac{n}{T} \sum_{j=1}^{m} \int_{t_i}^{t_{i+1}} \sigma_{kj}(X_t) \, dB_t^j \right] = 0,$$

且当 $X_T \in L^4(\Omega)$ 时, 由 Itô 等距,

$$\mathrm{Var}[\varepsilon_{t_i}^k | X_{t_i}] = E^{X_{t_i}} \left[\left(\frac{n}{T} \sum_{j=1}^{m} \int_{t_i}^{t_{i+1}} \sigma_{kj}(X_t) \, dB_t^j \right)^2 \right]$$

$$= \left(\frac{n}{T}\right)^2 \left(\int_{\frac{iT}{n}}^{\frac{(i+1)T}{n}} E^{X_{t_i}} \left[\sum_{j=1}^{m} \sigma_{kj}^2(X_t) \right] dt \right)$$

$$\leqslant \left(\frac{n}{T}\right)^2 C_1^2 E^{X_{t_i}} \left[\int_{\frac{iT}{n}}^{\frac{(i+1)T}{n}} (1+|X_t|)^2 ds\right]$$

$$\leqslant \frac{n}{T} C_1^2 E^{X_{t_i}} \left[(1+|X_T|)^2\right]. \tag{6.1.18}$$

由 (6.1.18) 易见, 当 $\frac{n}{T} \to 0$ 时, 随机误差 $\varepsilon_{t_i}^k$ 的方差趋于 0, 因此, 为了使 $X_{t_{i+1}}^{(k)} - X_{t_i}^{(k)}$ 充分接近 $\mu(X_{t_i})$, 必须 $T \to \infty$ 且 $\frac{T}{n} \to 0$. 这解释了为什么文献中关于扩散矩阵的非参数估计量可以在有限时间内, 当观察频率趋于无穷时满足相合性, 而漂移向量在有限时间内无论观察频率多么高也无法满足相合性的原因.

结合 (6.1.18) 式, 可将 (6.1.16) 式写作

$$\frac{n}{T}\left(X_{t_{i+1}}^k - X_{t_i}^k\right) = \frac{n}{T}\int_{\frac{iT}{n}}^{\frac{(i+1)T}{n}} \mu_k(X_t) dt + \varepsilon_{t_i}^k \approx \mu_k(X_t) + \varepsilon_{t_i}^k. \tag{6.1.19}$$

关于 (6.1.19) 式中积分漂移向量与瞬时漂移向量之间的差异, 有如下结论:

定理 6.1.2 设过程 X_t 满足随机微分方程 (6.1.1), 并满足条件 T1~T3, 假定存在常数 C, 对 $r > 1$, $\sup\limits_{0 \leqslant s \leqslant T} E^{X_s}[|X_T|^{2r}] \leqslant C$. 则对任意取值于 $\Upsilon = \left\{0, \frac{T}{n}, \frac{2T}{n}, \cdots, \frac{(n-1)T}{n}\right\}$ 的 $\mathcal{F}_t$ 停时 τ, 定义

$$e_n^k(\tau) = \frac{n}{T} \int_\tau^{\tau+\frac{T}{n}} \mu_k(X_t) dt - \mu_k(X_\tau), \tag{6.1.20}$$

则存在仅依赖于 r, d, m 的常数 $K(r, d, m)$, 使

$$E^{X_\tau}[|e_n^k(\tau)|^r] \leqslant K_3(r, d, m, C) \left(\frac{T}{n}\right)^{\frac{r}{2}}. \tag{6.1.21}$$

事实上, 取 Z_T 如 (6.1.5) 式 (为书写简洁, 以下证明过程中省略 $\tilde{E}^{X_{t_i}}$ 及 $E^{X_{t_i}}$ 的上标). 根据引理 6.1.1, 利用条件 T2 及 Hölder 不等式, $\forall u > t, r \geqslant 2$,

$$E[|X_u - X_t|^r] = \tilde{E}\left[\frac{1}{Z_T}|X_u - X_t|^r\right] \leqslant \left(\tilde{E}\left[Z_T^{-2}\right]\right)^{\frac{1}{2}} \left(\tilde{E}[|X_u - X_t|^r]\right)^{\frac{1}{2}}$$

$$\leqslant \left(\tilde{E}\left[Z_T^{-2}\right]\right)^{\frac{1}{2}} K_1(r, d, m)(u-t)^{\frac{r}{2}},$$

其中, 由条件 T3, $\tilde{E}\left[Z_T^{-2}\right] < \infty$.

6.1 漂移向量与扩散矩阵的非参数估计模型

于是, 对任意 $\mathcal{F}_t$ 停时 $\tau \in \Upsilon$,

$$
\begin{aligned}
E[|e_n^k(\tau,\omega)|^r] &\leqslant \sup_{t\in\Upsilon} E\left(\left|\frac{n}{T}\int_\tau^{\tau+\frac{T}{n}} \mu_k(X_t)dt - \mu_k(X_\tau)\right|^r\right) \\
&\leqslant \left(\frac{n}{T}\right) \sup_{t\in\Upsilon} E\left(\int_t^{t+\frac{T}{n}} |\mu_k(X_u)-\mu_k(X_t)|^r du\right) \\
&\leqslant C_2^r \left(\frac{n}{T}\right) \sup_{t\in\Upsilon} \left(\int_t^{t+\frac{T}{n}} E|X_u-X_t|^r du\right) \\
&\leqslant C_2^r \left(\frac{n}{T}\right) \left(\tilde{E}\left[Z_T^{-2}\right]\right)^{\frac{1}{2}} K_1(r,d,m) \frac{2}{r+2} \left(\frac{T}{n}\right)^{\frac{r}{2}+1}.
\end{aligned}
$$

记 $K_3(r,d,m) = C_2^r \left(\tilde{E}\left[Z_T^{-2}\right]\right)^{\frac{1}{2}} K_1(r,d,m) \dfrac{2}{r+2}$, 则有

$$E[|e_n^k(\tau,\omega)|^r] \leqslant K_3(r,d,m) \left(\frac{T}{n}\right)^{\frac{r}{2}},$$

即式 (6.1.21). 根据定理 6.1.2, 记

$$\xi_{t_i} = \frac{n}{T}(X_{t_{i+1}} - X_{t_i}), \quad i = 0,\cdots,n-1,$$

则 (6.1.19) 可写成如下矩阵形式:

$$\xi_{t_i} = \mu(X_{t_i}) + \varepsilon_{t_i} + e_{t_i}, \tag{6.1.22}$$

式中各项均为 d 维向量, e_{t_i} 可看作系统误差, 满足 $\tilde{E}[|e_{t_i}|^r] = O\left(\left(\dfrac{T}{n}\right)^{\frac{r}{2}}\right)$. 问题化为: 根据 $d \times 2$ 维随机向量 (X,ξ) 的带有相依性的观察数据 $(X_{t_i},\xi_{t_i}), i = 0,1,\cdots,n-1$, 对带有系统误差的回归模型 (6.1.22) 中回归函数 $\mu(x)$ 的非参数估计问题. 其中随机误差的方差随 $\dfrac{T}{n} \to 0$ 收敛到 0, 而系统误差随 $\dfrac{T}{n} \to 0$ 依 L^r 收敛到 0. 这解释了为什么文献中漂移系数非参数估计量的大样本性质与有限样本性质均不如扩散系数的非参数估计量, 因为模型 (6.1.22) 中的两个误差互相牵制, 使得不论是取 $T \to \infty$ 还是 $n \to \infty$, 都会对样本的精度产生负面影响. 为避免这种尴尬的局面, 在有些实际问题我们可以通过改变估计目标来回避系统误差. 比如若研究的目的是预测过程未来的状态, 那么完全可以用估计积分漂移 $\nu_t = \displaystyle\int_t^{t+\frac{T}{n}} \mu(X_s)ds$ 代替瞬时漂移 $\mu(X_t)$, 则 (6.1.19) 化为 $\xi_{t_i} = \nu_{t_i} + \varepsilon_{t_i}$, 只要取 $T \to \infty$, 就可以获得 ν_t 理想的样本.

根据模型 (6.1.15) 与 (6.1.22), 扩散矩阵与漂移向量的非参数估计问题可以纳入非参数回归模型的框架来解决, 可以采用经典的泛函估计方法如核估计、局部多项式等方法构造扩散矩阵与漂移向量的非参数估计量, 但要注意在考虑估计量的大样本性质时必须结合扩散过程 $\{X_t\}$ 特有的性质.

6.2 漂移向量与扩散矩阵的核估计及其修正

设 $\{X_t = X_{t_1}, \cdots, X_{t_n}\}$ 为满足 (6.1.1) 式的扩散过程 $\{X_t, t \geqslant 0\}$ 在 $[0,T]$ 的等间隔采样, 其中 $t_i = \dfrac{iT}{n}$. 根据多元函数核估计的构造, 设 $\kappa(\cdot)$ 是一元核函数, 取步长 $h_{n,T}$, 满足当 $n, T \to \infty$ 时 $h_{n,T} \to 0$, 取乘积核函数为

$$K_{h_{n,T}}(x) = \frac{1}{h_{n,T}^d} \prod_{k=1}^{d} \kappa\left(\frac{x^{(k)}}{h_{n,T}}\right), \quad x \in R^d, \tag{6.2.1}$$

则 $\forall x \in I \subseteq R^d$, (6.1.25) 式中漂移向量的核估计为

$$\hat{\mu}_{n,T}(x) = \frac{\sum\limits_{i=1}^{n} \xi_{t_i} K_{g_{n,T}}(X_{t_i} - x)}{\sum\limits_{i=1}^{n} K_{g_{n,T}}(X_{t_i} - x)}. \tag{6.2.2}$$

(6.1.18) 式中对称扩散矩阵 $a = \sigma \times \sigma'$ 的核估计为

$$\hat{a}_{n,T}(x) = \frac{\sum\limits_{i=1}^{n} \eta_{t_i} K_{g_{n,T}}(X_{t_i} - x)}{\sum\limits_{i=1}^{n} K_{g_{n,T}}(X_{t_i} - x)}. \tag{6.2.3}$$

由于上述估计量是在 Nadaraya-Watson 估计量的基础上推广得到的, 我们仍称之为 NW 估计量.

Meynet 等[7] 在 Harris 常返条件下, 给出了多维扩散过程 (6.1.1) 的漂移向量及扩散矩阵的 Nadaraya-Watson 核估计及其极限性质. Harris 常返是比平稳及混合更弱些的条件. 直观上, 它只要求过程的连续轨道随着时间的推移访问其可接受状态的非零测集无穷多次. 因此, 它表示局部可识别的充分条件. Harris 常返过程可以是严平稳的, 也可以是极限平稳的 (遍历或正常返) 甚至是非平稳的 (零常返). 虽然获得估计量的思路不同, 但本节 (6.2.2) 与 (6.2.3) 给出的估计量形式与 Meyn 给出的完全一致, 因而 Meyn 所证明的估计量极限性质仍然成立. 根据文献 [7], 为

使由 (6.2.2), (6.2.3) 定义的估计量满足相应的极限性质, 需对过程 $\{X_t\}$, 步长 $h_{n,T}$ 及核函数 $K_{h_{n,T}}$ 作如下假设:

A1. 过程 $\{X_t\}$ 是 Harris 常返的, 具有不变测度 ϕ.

A2. (6.2.1) 中的 $\kappa(\cdot)$ 为 R 上非负有界对称函数, 满足 $\int \kappa(s)ds = 1, \int \kappa^2(s)ds < \infty, \int s^2 \kappa(s)ds < \infty$. 且对 $\forall \varepsilon > 0, v \in R^d$, 存在非负函数 $D(v,\varepsilon)$, 满足

$$\int D(v,\varepsilon)\phi(dv) < \infty, \quad \lim_{\varepsilon \to 0} \int D(v,\varepsilon)dv < \infty,$$

使对 $\forall x \in R^d$, 当 $|x - v| < \varepsilon$ 时, $|K_{h_{n,T}}(x) - K_{h_{n,T}}(v)| \leqslant D(v,\varepsilon)|x - v|$.

A3. 定义局部时估计量

$$\hat{L}_{n,T}(T,x) = \frac{T}{n} \sum_{i=1}^{n} K_{h_{n,T}}(X_{t_i} - x), \tag{6.2.4}$$

$h_{n,T}$ 满足, 当 $n, T \to \infty, h_{n,T} \to 0$, 且 $\dfrac{T}{n} \to 0$ 时,

$$\hat{L}_{n,T}(T,x) \xrightarrow{\text{a.s.}} \infty, \quad \frac{1}{h_{n,T}^d}\sqrt{\frac{T}{n}\log\frac{n}{T}} \hat{L}_{n,T}(T,x) \xrightarrow{\text{a.s.}} 0.$$

注 1 $\hat{L}_{n,T}(T,x)$ 相当于对由核函数 K 决定的广义局部时过程

$$L(T,x,h_{n,T}) = \int_0^t K_{h_{n,T}}(X_s - x)ds$$

的估计, Bandi 证明了当条件 A3 成立时, 对有限的 T, 有 $\hat{L}_{n,T}(T,x) \xrightarrow{\text{a.s.}} L(T,x,h_{n,T})$. $\hat{L}_{n,T}(T,x) \xrightarrow{\text{a.s.}} \infty$ 意味着过程在 x 点附近的占有时间趋于无穷, 这就保证了 x 点附近能得到足够多的观察值. 这是估计量满足相合性的必要条件, 而过程的 Harris 常返性可保证这一点.

Meynet 等[7] 讨论了漂移向量与扩散矩阵核估计量的收敛性, 这里归纳为如下三个定理.

定理 6.2.1(强相合性)　设条件 A1~A3 成立, 则

$$\hat{a}_{n,T}(x) \xrightarrow{\text{a.s}} a(x), \quad \forall x \in I \subset R^d;$$

若进一步有 $\hat{L}_{n,T}(T,x) h_{n,T}^d \xrightarrow{\text{a.s.}} \infty$, 则

$$\hat{\mu}_{n,T}(x) \xrightarrow{\text{a.s.}} \mu(x), \quad \forall x \in I \subset R^d.$$

定理 6.2.2(漂移向量核估计的极限分布)　设条件 A1~A3 成立, $\hat{\mu}(x)$ 的极限分布有两种情形:

(i) 若 $\hat{L}_{n,T}(T,x)h_{n,T}^d \xrightarrow{\text{a.s.}} \infty$ 且 $\hat{L}_{n,T}(T,x)h_{n,T}^{d+4} \xrightarrow{\text{a.s.}} 0$, 则

$$\sqrt{L_{n,T}(T,x)h_{n,T}^d}(\hat{\mu}_{n,T}(x)-\mu(x))$$
$$\xrightarrow{w} (a(x))^{\frac{1}{2}} N\left(0,\left(\int \kappa^2(u)du\right)^d I\right), \quad \forall X \in I \subset R^d. \tag{6.2.5}$$

(ii) 若 $h_{n,T} = O_{\text{a.s.}}(\hat{L}_{n,T}(T,x)^{-\frac{1}{d+4}})$, $\hat{L}_{n,T}(T,x)h_{n,T}^d \xrightarrow{\text{a.s.}} \infty$, 则

$$\sqrt{L_{n,T}(T,x)h_{n,T}^d}(\hat{\mu}_{n,T}(x)-\mu(x)-\Gamma^\mu(X))$$
$$\xrightarrow{w} (a(x))^{\frac{1}{2}} N\left(0,\left(\int \kappa^2(u)du\right)^d I\right), \quad \forall X \in I \subset R^d. \tag{6.2.6}$$

式中, "$\xrightarrow{w}$" 表示依分布收敛, $N(\cdot)$ 中的 I 表示单位矩阵, $\Gamma^\mu(X) = (\text{bias}_1,\cdots,\text{bias}_d)(x)$,

$$\text{bias}_g(x) = h_{n,T}^2 \left(\int s^2 k(s)ds\right)\left(\sum_{i=1}^d \frac{\partial \mu_g(x)}{\partial x_i}\frac{\frac{\partial \tilde{\phi}(x)}{\partial x_i}}{\tilde{\phi}(x)} + \frac{1}{2}\sum_{i=1}^d \frac{\partial^2 \mu_g(x)}{\partial x_i \partial x_j}\right),$$

$\forall g = 1,\cdots,d.$

$\phi(dx) = \tilde{\phi}(x)dx$ 是过程的 σ 有限不变测度.

定理 6.2.3(扩散矩阵核估计的极限分布) 设条件 A1~A3 成立, $\hat{a}_{n,T}(x)$ 的极限分布有两种情形:

(i) 若 $\sqrt{\frac{n}{T}h_{n,T}^{d+4}}\hat{L}_{n,T}(T,x) \xrightarrow{\text{a.s.}} 0$, 则

$$\sqrt{\frac{n}{T}h_{n,T}^d \hat{L}_{n,T}(T,x)}(\text{vech}\hat{a}_{n,T}(x)-\text{vech}a(x))$$
$$\xrightarrow{w} (\Xi(x))^{\frac{1}{2}} N\left(0,\left(\int \kappa^2(u)du\right)^d I\right), \quad \forall X \in I \subset R^d; \tag{6.2.7}$$

(ii) 若 $\sqrt{\frac{n}{T}h_{n,T}^{d+4}}\hat{L}_{n,T}(T,x) = O_{\text{a.s}}(1)$, 则

$$\sqrt{\frac{n}{T}h_{n,T}^d \hat{L}_{n,T}(T,x)}\left(\text{vech}\hat{a}_{n,T}(x)-\text{vech}a(x)-\Gamma^{\sigma^2}(x)\right)$$
$$\xrightarrow{w} (\Xi(x))^{\frac{1}{2}} N\left(0,\left(\int \kappa^2(u)du\right)^d I\right), \quad \forall X \in I \subset R^d. \tag{6.2.8}$$

式中, $\Xi(x) = P_D(2a(x) \otimes a(x))P'(D)$, $P_D = (D'D)^{-1}D'$, 其中 D 是 $d^2 \times \frac{(d(d+1))}{2}$

6.2 漂移向量与扩散矩阵的核估计及其修正

阶标准复制矩阵, 使得

$$\mathrm{vech}a(x) = P_D \mathrm{veca}(x) = \begin{bmatrix} a_{1,1} \\ a_{2,1} \\ a_{2,2} \\ a_{3,1} \\ \vdots \\ a_{d,d} \end{bmatrix}.$$

$\Gamma^{\sigma^2}(x) = (\mathrm{bias}_{1,1}, \mathrm{bias}_{2,1}, \cdots, \mathrm{bias}_{d,d})(x)$, 其中

$$\mathrm{bias}_{i,j}(x) = h_{n,T}^2 \left(\int s^2 k(s) ds \right) \left(\sum_{k=1}^{d} \frac{\partial a_{i,j}(x)}{\partial x_k} \frac{\frac{\partial \tilde{\phi}(x)}{\partial x_k}}{\tilde{\phi}(x)} + \frac{1}{2} \sum_{k=1}^{d} \frac{\partial^2 a_{i,j}(x)}{\partial x_k \partial x_k} \right),$$

$\forall (i,j) = (1,1), \cdots, (d,d).$

注 2 从以上三个定理可以看出, 不论是考虑估计量的强相合性还是渐近分布, 带宽 $h_{n,T}$ 的选择至关重要, 文献 [7] 指出在渐近均方误差意义下漂移估计量的最优带宽应与 $\hat{L}_{n,T}(x)^{-\frac{1}{d+4}}$ 成比例. 漂移向量与扩散矩阵估计量带宽的一种典型的取法分别是

$$h_{n,T}^\mu \approx c^\mu \left(\frac{1}{\hat{L}_{n,T}(T,x)} \right) \hat{L}_{n,T}(T,x)^{-\frac{1}{d+4}}, \tag{6.2.9}$$

$$h_{n,T}^a \approx c^a \left(\frac{1}{\log\left(\frac{n}{T}\hat{L}_{n,T}(T,x)\right)} \right) \left(\frac{n\hat{L}_{n,T}(T,x)}{T} \right)^{-\frac{1}{d+4}}. \tag{6.2.10}$$

这种选择使我们能避免估计量的极限分布中的偏倚项所带来的影响, 且以 0 为中心, 得到接近最优的收敛速度.

注 3 从 (6.2.6), (6.2.7) 还可以看出, 系统的维数越高, 非参数估计量的渐近方差越大, 表明收敛速度越慢. 同时估计量的收敛速度还与 $\hat{L}_{n,T}(T,x)$ 趋于无穷的速度有关. 而从 (6.2.4) 易见, $\hat{L}_{n,T}(T,x)$ 趋于无穷的速度与系统的维数 d、带宽 $h_{n,T}$ 以及过程的 Harris 常返都有关系, 一般无法定量化.

注 4 定理 6.2.1 给出了漂移向量与扩散矩阵核估计量当 $n \to \infty, T \to \infty$ 时的强相合性. 事实上, 在固定的观察时段 $T = \bar{T}$ 内, 扩散矩阵核估计量也可以是相容的. 文献 [7] 指出, 若当 $n \to \infty, h_{n,\bar{T}} \to 0$ 时, 有

$$\frac{1}{h_{n,\bar{T}}^d} \sqrt{\frac{\bar{T}}{n} \log \frac{n}{\bar{T}}} \hat{L}_{n,\bar{T}}(\bar{T},x) \xrightarrow{\mathrm{a.s.}} 0.$$

则
$$\hat{a}_{n,T}(x) \xrightarrow{a.s} a(x), \quad \forall x \in I \subset R^d.$$

注 5 虽然定理 6.2.3, 6.2.4 给出了估计量的渐近分布, 但在实际操作中它只能是一个参考, 因为渐近分布中的参数 $\mu_k, a_{i,j}, \tilde{\phi}$ 都是未知的. 不过定理还是给了我们一些启示, 如估计量是渐近正态的, 它的收敛速度与系统的维数 d、带宽 $h_{n,T}$ 和 $\hat{L}_{n,T}(T,x)$ 的关系, 并据此获得带宽的选择标准.

为了克服维数灾难, 可以将漂移向量和扩散矩阵设为加性模型, 例如考虑对称扩散矩阵 a 的估计, 记 $\eta_{ij}(t_k)$ 为矩阵 $\eta_{t_k} = \frac{n}{T}(X_{t_{k+1}} - X_{t_k})(X_{t_{k+1}} - X_{t_k})^T$ 的第 i 行第 j 列元素, $a_{ij}(X_t) = \sum_{l=1}^{m} \sigma_{il}(X_t)\sigma_{lj}(X_t), i = 1, \cdots, d, j = 1, \cdots, d$, 则 (6.2.3) 的 ij 分量估计式为 $\eta_{ij}(t_k) = a_{ij}(X_{t_k}) + \varepsilon_{ij}(t_k) + e_{ij}(t_k), k = 1, \cdots, n-1$. 考虑用加性模型拟合 $a_{ij}(\cdot)$, 记 $X_t^{(l)}$ 为 X_t 的第 l 分量, 令

$$\eta_{ij}(X_t) = \alpha_{ij} + \sum_{l=1}^{d} g_l\left(X_t^{(l)}\right) + \varepsilon, \tag{6.2.11}$$

其中 $g_l, l = 1, \cdots, d$ 为待估的一元函数. 为避免未定常数并保证模型的唯一性, 且满足 $E(\eta_{ij}) = \alpha_{ij}$, 还需满足以下条件:

$$E\left[g_l\left(X_t^{(l)}\right)\right] = 0, \quad l = 1, \cdots, d. \tag{6.2.12}$$

采用 2.4 节给出的后退拟合算法估计函数 g_k 的一元平滑为 S_k, S_k 可以通过任何一维非参数泛函估计法获得. 具体操作步骤如下:

第 1 步. 赋初值: 用 η_{ij} 关于 X 作多元线性回归, 记回归系数为 $c_j, j = 0, 1, \cdots, d, \hat{g}_l\left(X_t^{(l)}\right) = X_t^{(l)}$.

第 2 步. 对每个 $k = 1, \cdots, d$, 用非参数法估计 g_k:

$$\hat{g}_k\left(X_t^{(k)}\right) = S_k\left\{\eta_{ij} - c_0 - \sum_{l \neq k} c_l \hat{g}_l\left(X_t^{(l)}\right) | X_t^{(k)}\right\}.$$

第 3 步. 令 $X = [1, \hat{g}_1(X^{(1)}), \hat{g}_2(X^{(2)}), \cdots, \hat{g}_d(X^{(d)})]$, 用 η_{ij} 关于 X 作多元线性回归, 记回归系数为 $c_j, j = 0, 1, \cdots, d$, 则

$$\hat{a}_{ij}(X_t) = c_0 + \sum_{k=1}^{d} c_k \hat{g}_k\left(X_t^{(l)}\right). \tag{6.2.13}$$

循环执行 2, 3 两步, 直到结果收敛.

6.2 漂移向量与扩散矩阵的核估计及其修正

为了考察上述降维方案的估计效果, 我们作下列模拟试验.

例 6.2.1 二维基础资产价格的一般表达式为[8]

$$\begin{cases} dX_t^{(1)} = \mu_1\left(X_t^{(1)}\right)dt + \sigma_1\left(X_t^{(1)}\right)dB_t^{(1)}, \\ dX_t^{(2)} = \mu_2\left(X_t^{(2)}\right)dt + \sigma_2\left(X_t^{(2)}\right)\left(\rho dB_t^{(1)} + \sqrt{1-\rho^2}dB_t^{(2)}\right). \end{cases}$$

不妨设第一分量过程满足 CIR 模型而第二分量过程为几何 Brown 运动,

$$\begin{cases} dX_t^{(1)} = \alpha(m - X_t^{(1)})dt + \beta\sqrt{X_t^{(1)}}dB_t^{(1)}, \\ dX_t^{(2)} = \mu X_t^{(2)}dt + \sigma X_t^{(2)}\left(\rho dB_t^{(1)} + \sqrt{1-\rho^2}dB_t^{(2)}\right), \end{cases} \quad (6.2.14)$$

其中, $\rho \in (0,1)$, $\alpha, m, \beta, \rho, \mu, \sigma$ 为常数. 我们拟通过模拟试验说明如何根据 $X_t = \left(X_t^{(1)}, X_t^{(2)}\right)$ 的一段离散观察值 $\{X_{t_1}, \cdots, X_{t_n}\}$, 利用加性模型估计漂移向量及对称扩散矩阵:

$$\underset{\sim}{\mu} = \begin{pmatrix} \alpha(m - X_t^{(1)}) \\ \mu X_t^{(2)} \end{pmatrix}, \quad a = \sigma(X_t)\sigma'(X_t) = \begin{pmatrix} \beta^2 X_t^{(1)} & \beta\rho\sigma X_t^{(2)}\sqrt{X_t^{(1)}} \\ \beta\rho\sigma X_t^{(2)}\sqrt{X_t^{(1)}} & \sigma^2 X_t^{(2)} \end{pmatrix}$$

的非参数估计并考察估计效果. 分以下两个步骤进行:

第 1 步. 设 $\alpha = m = \beta = 1, \mu = 0.5, \sigma = 0.5, \rho = 0.6$, 取采样间隔 $\Delta_n = 1/252$, 初值 $X_0^{(1)} = 1, X_0^{(2)} = 10$ 模拟产生 X_t 的 $n = 1000$ 个等间隔样本数据. 具体作法是: 首先, 调用配书光盘中的 CIR_SAMPLE 函数生成第一分量过程 $\left\{X_t^{(1)}\right\}$ 的样本轨道, 再根据 $\left\{X_{t_i}^{(1)}\right\}$ 模拟第二条样本轨道. 类似于 1.2 节的分析, 由 Itô 公式,

$$d\ln X_{t_{i+1}}^{(2)} = \left(\mu - \frac{1}{2}\sigma^2\right)dt + \sigma\left(\rho dB_t^{(1)} + \sqrt{1-\rho^2}dB_t^{(2)}\right).$$

于是

$$\ln X_{t_{i+1}}^{(2)} - \ln X_{t_i}^{(2)} = \left(\mu - \frac{1}{2}\sigma^2\right)\Delta_n + \sigma Z_i^{(2)}, \quad (6.2.15)$$

其中 $Z_i^{(2)} = \Delta B_t^{(1)} + \sqrt{1-\rho^2}\Delta B_t^{(2)}$, 它与第一条轨道的 Brown 运动 $B_t^{(1)}$ 增量的相关系数为 ρ. 易证

$$Z_i^{(2)} \sim N\left(\rho Z_i^{(1)}, \sqrt{\Delta_n(1-\rho^2)}\right), \quad (6.2.16)$$

其中 $Z_i^{(1)} = \frac{2}{\beta}\left(\sqrt{X_{t_{i+1}}^{(1)}} - \sqrt{X_{t_i}^{(1)}}\right)$.

事实上, 令 $Y_t = \frac{2}{\beta}\sqrt{X_t^{(1)}}$, 则由 Itô 公式,

$$dY_t = \frac{\alpha\left(m - X_t^{(1)}\right) + \beta}{\beta\sqrt{X_t^{(1)}}}dt + dB_t^{(1)}.$$

于是, 近似有 $Z_i^{(1)} = \left(Y_{t_{i+1}}^- Y_{t_i}\right) \sim N\left(0, \sqrt{\Delta_n}\right)$, 且 $\left(Z_i^{(1)}, Z_i^{(2)}\right)$ 服从相关系数为 ρ 的二维正态分布, 在 $Z_i^{(1)}$ 已知的条件下, $Z_i^{(2)} \sim N\left(\rho Z_i^{(1)}, \sqrt{\Delta_n(1-\rho^2)}\right)$. 于是可按照 (6.2.15) 递推生成 (6.2.14) 的第二条样本轨道. 可调用配书光盘中的 CIR_GEM_SAMPLE() 实现上述模拟.

第 2 步. 用前面 "注 5" 的加性模型拟合数据. 可调用配书光盘中 "二维扩散过程漂移向量和对称扩散矩阵估计函数 DIM2_DIFFUSION" 实现相应运算.

我们将漂移向量 μ 及对称扩散矩阵 a 在每个时刻的理论状态 $\mu(X_{t_i}), i = 1, \cdots, n a(X_{t_i}), i = 1, \cdots, n$ 和它们的估计值对比作图考察估计效果, 见图 6.2.1. 估计量 $\hat{\mu}_1, \hat{\mu}_2, \hat{a}_{11}, \hat{a}_{12}, \hat{a}_{22}$ 的均方误差依次为 $1.4271, 3.0462, 0.017, 0.009, 0.244$. 可见估计精度还是较高的. 同时也可以看出与一维的情况类似, 扩散矩阵估计量比漂移向量的估计量的估计效果相对要好些.

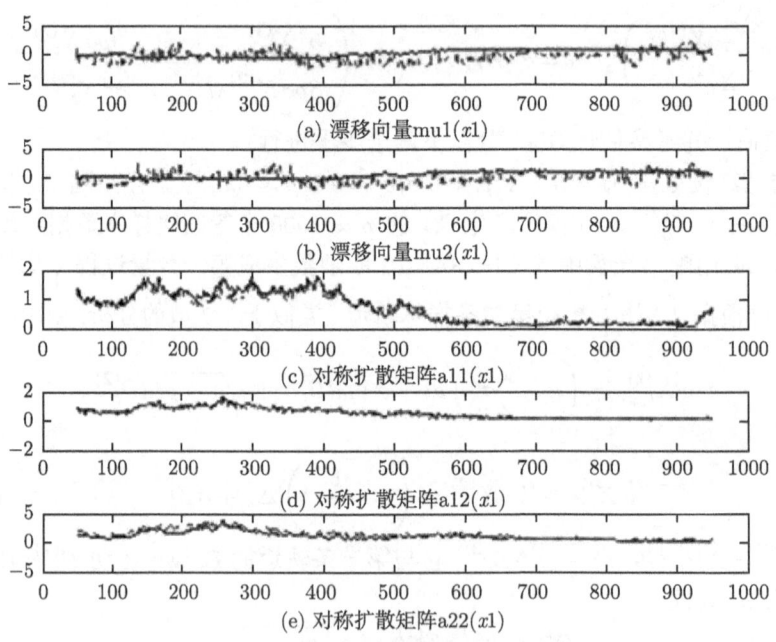

图 6.2.1 漂移向量与扩散矩阵估计效果

(图中实践代表理论曲线, 点段代表估计曲线)

6.3 多维扩散模型的检验

对于多维扩散模型, 一维模型设定检验法的直接推广就是利用联合转移密度直接定义广义残差向量序列 $\{Z_\tau(\theta)\}$, 然后判断 $\{Z_\tau(\theta)\}$ 是否独立同均匀分布的.

6.3 多维扩散模型的检验

对于联合转移密度没有显式表达式的情形, 由于联合转移密度估计中的维数灾难, 上述做法是难以实现的. 对此, 文献 [9] 提出了一种解决方案: 设 $\{X_{i,T\Delta}\}_{T=1}^{n}, i = 1, \cdots, N$ 是 N 维的连续时间过程 X_t 的离散观测数据集, 将 $\tau\Delta$ 时刻的 N 个状态变量 $(X_{1,\tau\Delta}, \cdots, X_{N,\tau\Delta})$ 的联合转移密度分解成 N 个条件密度的乘积:

$$p(X_{1,\tau\Delta}, \cdots, X_{N,\tau\Delta}, \tau\Delta | F_{(\tau-1)\Delta}, (\tau-1)\Delta, \theta)$$
$$= \prod_{i=1}^{N} p(X_{i,\tau\Delta}, \tau\Delta | F_{(\tau-1)\Delta}, X_{1,\tau\Delta}, \cdots, X_{i-1,\tau\Delta}, (\tau-1)\Delta, \theta),$$

其中, 第 i 个分量 $X_{i,\tau\Delta}$ 的条件密度 $p(X_{i,\tau\Delta}, \tau\Delta | \mathcal{F}_{(\tau-1)\Delta}, X_{1,\tau\Delta}, \cdots, X_{i-1,\tau\Delta}, (\tau-1)\Delta, \theta)$ 不仅依赖于过去信息 $F_{(\tau-1)\Delta}$, 而且依赖于同期其他分量 $\{X_{l,\tau\Delta}\}_{l=1}^{i-1}$. 然后通过相应的模型隐含转移密度转换 $X_{i,\tau\Delta}$:

$$Z_{i,\tau}^{(1)}(\theta) \equiv \int^{X_{i,\tau\Delta}} P(x, \tau\Delta / X_{i-1,\tau\Delta}, \cdots, X_{1,\tau\Delta}, \cdots, X_{1,\tau\Delta}, \mathcal{F}_{(\tau-1)\Delta}, (\tau-1)\Delta, \theta) dx,$$
$$i = 1, \cdots, N. \tag{6.3.1}$$

这种方法产生 N 个广义残差样本, 可以用来评价一种给定的多元模型是否反映了过程 X_t 的动态特性. 对每个 i, 当 $\theta = \theta_0$ 时, 在模型正确设定条件下, 序列 $\left\{Z_{i,\tau}^{(1)}\right\}_{\tau=1}^{n}$ 的各分量应该相互独立且均服从 $[0,1]$ 区间均匀分布.

检验 X_t 的每个可观测分量的广义残差可以很好地揭示所设定的多元模型是否能正确拟合 X_t 的每个分量. 为了考察模型对于 X_t 的联合分布的总体拟合效果, 可以以适当的方法联合 N 个一维的广义残差 $\{Z_{i,\tau}^{(1)}(\theta)\}_{\tau=1}^{n}$ 产生一个新的序列, 称之为多元模型的联合广义残差:

$$Z^{(2)}(\theta) \equiv [Z_{1,1}^{(1)}(\theta), \cdots, Z_{N,1}^{(1)}(\theta), Z_{1,2}^{(1)}(\theta), \cdots, Z_{N,2}^{(1)}(\theta), \cdots, Z_{1,n}^{(1)}(\theta), \cdots, Z_{N,n}^{(1)}(\theta)]^{\mathrm{T}}, \tag{6.3.2}$$

该序列 $\left\{Z_{\tau}^{(2)}(\theta)\right\}_{\tau=1}^{nN}$ 在模型正确设定时, 对于 $\theta = \theta_0$ 仍是独立同 $U[0,1]$ 分布的, 这个性质可以用来检验多元模型的整体表现. 基于 3.5 节同样的考虑, 与文献 [9] 不同的是, 我们用 3.5 节的广义残差拟合优度检验法而不是核密度法来检验广义残差序列相邻 j 步观察值之间的独立 $U[0,1]$ 分布性质.

综上, 多维扩散模型的检验按如下步骤进行:

第 1 步. 采用任何满足 $\sqrt{n}\left(\hat{\theta} - \theta^*\right) = O_P(1)$ 性质的估计量 $\hat{\theta}$, 估计设定参数模型;

第 2 步. 按 (6.3.1) 式计算模型的 N 个一维广义残差序列 $\left\{Z_{l,\tau}^{(1)}(\theta)\right\}_{\tau=1}^{n}, l = 1, \cdots, N$;

第 3 步. 给定延迟 k, 将矩形 $[0,1] \times [0,1]$ 做 m^2 等分, 对每个 $l = 1, \cdots, N$, 记

$f_{ij}^{(l,k)} = \dfrac{n_{ij}^{(l,k)}}{n}$ 为样本点 $\left(Z_{l,\tau}^{(1)}, Z_{l,\tau-k}^{(1)}\right)$ 落在第 i 行第 j 列个网格 D_{ij} 中的频率, 在 $\left(Z_{l,\tau}^{(1)}, Z_{l,\tau-k}^{(1)}\right)$ 服从 $[0,1] \times [0,1]$ 上的均匀分布的假设下, $p_{ij}^{(l,k)} = P\left\{\left(Z_{l,\tau}^{(1)}, Z_{l,\tau-k}^{(1)}\right) \in D_{ij}\right\} = \dfrac{1}{m^2}$, 根据皮尔逊定理, 近似地有

$$\chi^2(l,k) = \sum_{j=1}^{m}\sum_{i=1}^{m} \frac{\left(n_{ij}^{(l,k)} - np_{ij}^{(l,k)}\right)^2}{np_{ij}^{(l,k)}} \sim \chi^2\left(m^2 - 1\right), \tag{6.3.3}$$

于是, 检验的拒绝域为 $\chi^2(l,k) \geqslant \chi_\alpha^2(m^2-1)$.

第 4 步. 总体拟合效果检验. 如果第三步的 N 个检验结果都是接受原假设 H_0, 则需进一步考察设定模型对于 X_t 的联合分布的总体拟合效果. 按 (6.3.2) 式构造多元模型的联合广义残差序列, 并用广义残差拟合优度检验法检验此联合广义残差序列相邻 j 步观察值之间的独立 $U[0,1]$ 分布性质.

下面通过二维几何 Brown 运动的模型设定检验考察上述检验法的效果.

假定二维基础资产价格满足下列扩散模型:

$$\begin{cases} dX_t^{(1)} = \mu_1 X_t^{(1)} dt + \sigma_1 X_t^{(1)} dB_t^{(1)}, \\ dX_t^{(2)} = \mu_2 X_t^{(2)} dt + \rho\sigma_2 X_t^{(2)} dB_t^{(1)} + \sqrt{1-\rho^2}\sigma_2 X_t^{(2)} dB_t^{(2)}, \end{cases} \tag{6.3.4}$$

其中, $\rho \in (0,1)$, $\mu_i, \sigma_i, i = 1, 2$ 为常数. 我们拟通过模拟试验考察上述多维模型设定的广义残差拟合检验的效果. 分以下 4 个步骤进行:

第 1 步. 设 $\Delta = 1/252, \mu_1 = 1, \sigma_1 = 0.5, \mu_2 = -1, \sigma_2 = 0.7, \rho = 0.8, X_0 = 1, Y_0 = 10$ 模拟产生 X_t 的 500 个等间隔采样数据. 具体作法是: 首先, 令 $Y_t = \ln X_t = \left(\ln X_t^{(1)}, \ln X_t^{(2)}\right)$, 则由多维 Itô 公式有

$$\begin{cases} dY_t^{(1)} = \left(\mu_1 - \dfrac{1}{2}\sigma_1^2\right) dt + \sigma_1 dB_t^{(1)}, \\ dY_t^{(2)} = \left(\mu_2 - \dfrac{1}{2}\sigma_2^2\right) dt + \rho\sigma_2 dB_t^{(1)} + \sqrt{1-\rho^2}\sigma_2 dB_t^{(2)}. \end{cases} \tag{6.3.5}$$

于是可得到如下递推公式:

$$\begin{cases} Y_{t_{i+1}}^{(1)} = Y_{t_i}^{(1)} + \left(\mu_1 - \dfrac{1}{2}\sigma_1^2\right)\Delta + \sigma_1 Z_i^{(1)}, \\ Y_{t_{i+1}}^{(1)} = Y_{t_i}^{(2)} + \left(\mu_2 - \dfrac{1}{2}\sigma_2^2\right)\Delta + \rho\sigma_2 Z_i^{(1)} + \sqrt{1-\rho^2}\sigma_2 Z_i^{(2)}, \end{cases} \tag{6.3.6}$$

其中 $(Z^{(1)}, Z^{(2)})$ 为独立正态随机变量, $X_t = \exp(Y_t)$. 上述运算可调用配书光盘中的 GEO_Brown2 函数实现.

从上述分析可见，(6.3.4) 的模型设定与 (6.3.5) 的模型设定是等价的，以下只需检验 $Y_t = \ln X_t = \left(\ln X_t^{(1)}, \ln X_t^{(2)}\right)$ 满足 (6.3.5) 即可。

第 2 步. 估计模型参数，设 $Y_t = \ln X_t$ 的样本观察值为 $\{Y_0, Y_{\tau\Delta}, \cdots, Y_{n\tau\Delta}\}$，记

$$a_1 = \left(\mu_1 - \frac{1}{2}\sigma_1^2\right)\Delta, \quad b_1 = \sigma_1\sqrt{\Delta}, \quad a_2 = \left(\mu_2 - \frac{1}{2}\sigma_2^2\right)\Delta, \quad b_2 = \sigma_2\sqrt{\Delta},$$

$$\xi_\tau = Y_{\tau\Delta}^{(1)} - Y_{(\tau-1)\Delta}^{(1)}, \quad \eta_\tau = Y_{\tau\Delta}^{(2)} - Y_{(\tau-1)\Delta}^{(2)}, \quad \tau = 1, \cdots, n, \tag{6.3.7}$$

则由 (6.3.6) 易得

$$\hat{a}_1 = \bar{\xi} = \frac{1}{n}\sum_{i=1}^n \xi_i, \quad \hat{b}_1 = \sqrt{\frac{1}{n-1}\sum_{i=1}^n (\xi_i - \bar{\xi})^2}, \quad \hat{a}_2 = \bar{\eta} = \frac{1}{n}\sum_{i=1}^n \eta_i,$$

$$\hat{b}_2 = \sqrt{\frac{1}{n-1}\sum_{i=1}^n (\eta_i - \bar{\eta})^2}, \quad \hat{\rho} = \frac{\sum_{i=1}^n (\xi_i - \bar{\xi})(\eta_i - \bar{\eta})}{\sqrt{\sum_{i=1}^n (\xi_i - \bar{\xi})^2}\sqrt{\sum_{i=1}^n (\eta_i - \bar{\eta})^2}}. \tag{6.3.8}$$

第 3 步. 分别计算两个过程的广义残差序列。首先，由 (6.3.6)，在给定 $Y_{(\tau-1)\Delta}^{(1)}$ 的条件下，$Y_{\tau\Delta}^{(1)} \sim N\left(Y_{(\tau-1)\Delta}^{(1)} + a_1, b_1\right)$，于是

$$Z_\tau^{(1)}(\hat{\theta}) \equiv \int_{-\infty}^{Y_{\tau\Delta}} p\left(y, \tau\Delta | Y_{(\tau-1)\Delta}, \hat{\theta}\right) dx = \Phi\left(\frac{\xi_\tau - \hat{a}_1}{\hat{b}_1}\right). \tag{6.3.9}$$

在给定 $Y_{\tau\Delta}^{(1)}, Y_{(\tau-1)\Delta}^{(2)}$ 的条件下，

$$Y_{\tau\Delta}^{(2)} \sim N\left(Y_{(\tau-1)\Delta}^{(2)} + a_2 + \rho\frac{b_2}{b_1}(\xi_{\tau\Delta} - a_1), b_2\sqrt{(1-\rho^2)}\right),$$

于是

$$Z_\tau^{(2)}(\hat{\theta}) \equiv \int_{-\infty}^{Y_{\tau\Delta}} p\left(y, \tau\Delta | Y_{(\tau-1)\Delta}, \hat{\theta}\right) dx = \Phi\left(\frac{\eta_\tau - \hat{a}_2 - \hat{\rho}\frac{\hat{b}_2}{\hat{b}_1}(\xi_{\tau\Delta} - \hat{a}_1)}{\hat{b}_2\sqrt{(1-\hat{\rho}^2)}}\right). \tag{6.3.10}$$

上述运算可调用配书光盘中的 G2_Ress 函数实现。

第 4 步. 分别对 $Z_\tau^{(1)}(\hat{\theta}), Z_\tau^{(2)}(\hat{\theta}), \left[Z_\tau^{(1)}(\hat{\theta}), Z_\tau^{(2)}(\hat{\theta})\right]$ 作广义残差拟合优度检验, 方法与 3.5 节的相同, 可调用 GR_CNFTEST 函数实现. 如果在水平 α 下, 以上三个广义残差序列的检验结果均为 "接受", 则认为 (6.3.4) 的模型设定在水平 α 下成立.

6.4 基于模型统计推断的动态金融风险度量

6.4.1 动态金融风险度量

考虑 1.2 节提出的动态金融风险度量问题, 仍设金融市场含有一种债券和 d 支股票, 其价格满足随机微分方程

$$dS_t^{(0)} = S_t^{(0)} r_t dt, \quad S_0^{(0)} = 1, \quad (6.4.1)$$

$$dS_t^{(i)} = S_t^{(i)} \left[b_i(t)dt + \sum_{j=1}^d \sigma_{ij}(t) dW_t^{(j)}\right], \quad S_0^{(i)} = s_i > 0, i = 1, \cdots, d. \quad (6.4.2)$$

现设某代理商初始投资为 x, 选择投资组合策略 $\pi_t = \left(\pi_t^{(1)}, \cdots, \pi_t^{(d)}\right)$, 则投资组合价值 $X_t^{x,\pi}$ 满足:

$$\begin{aligned} dX_t^{x,\pi} = & \left[X_t^{x,\pi} - \sum_{j=1}^d \pi_t^{(i)} S_t^{(i)}\right] r_t dt \\ & + \sum_{i=1}^d \pi_t^{(i)} S_t^{(i)} \left[b_i(t)dt + \sum_{j=1}^d \sigma_{ij}(t) dB_j(t)\right], \end{aligned} \quad (6.4.3)$$

或等价地表示为

$$d\left(\frac{X_t^{x,\pi}}{S_t^{(0)}}\right) = \frac{\pi_t'}{S_t^{(0)}} \sigma(t) dW_t, \quad X_0 = x. \quad (6.4.4)$$

记 $\mathcal{A}(x)$ 为关于初始资产 x 及终端要求 A 可容许的所有投资组合的集合①, 假定代理商面临的全部债务由未定权益 $C \in L^{1+\varepsilon}(\Omega_T, \mathcal{F}_T, P)$ 描述, 满足

$$P(C \geqslant A) = 1, \quad P(C > A) > 0,$$

---

① 给定随机变量 $A \in L^{1+\varepsilon}(\Omega, \mathcal{F}_T, P)$, 称 $\pi(\cdot)$ 为关于初始资产 x 可容许的, 如果

$$X_t^{x,\pi} \geqslant S_t^{(0)} \tilde{E}\left(\left.\frac{A}{S_t^{(0)}}\right|\mathcal{F}_t\right) A(t), \quad 0 \leqslant t \leqslant T \text{ a.s.}$$

6.4 基于模型统计推断的动态金融风险度量

如果将 C 看成是 T 时刻到期的未定权益, 根据风险中性定价原理, 只需取初始投资为

$$C(0) = \tilde{E}\left[\frac{C}{S_T^{(0)}}\right] = E\left[\frac{Z_T C}{S_T^{(0)}}\right], \tag{6.4.5}$$

式中 $\tilde{E}$ 为 (6.1.6) 式定义的风险中性测度 $\tilde{P}$ 下的期望, Z_T 由 (6.1.5) 式定义. 记 $v(t, x_1, \cdots, x_d)$ 为初始投资为 $C(0)$, t 时刻股票价格为 $x_1, \cdots, x_d$ 的投资组合价值, 再取投资组合 $\{\pi_t, 0 \leqslant t \leqslant T\}$, 满足 $\pi_i(t) = \dfrac{\partial v(t, x_1, \cdots, x_d)}{\partial x_i} x_i$, 即可为 T 时刻的债务 C 完全保值. 代理商所关心的问题之一是当初始投资 x, 满足 $A(0) \leqslant x < C$ 时, 如何找到一个可容许的动态投资组合策略 $\{\pi(t), 0 \leqslant t \leqslant T\}$, 使在 T 时刻尽可能地为债务 C 保值, 相应策略的风险有多大. 在这种情况下, 为债务 C 完全保值是不可能的, 我们选择文献 [10] 所引进的最小期望净损失作为风险测度:

$$V(x) \equiv V(x; C) \triangleq \inf_{\pi \in \mathcal{A}(x)} E\left(\frac{C - X_T^{x,\pi}}{S_t^{(0)}}\right)^+, \tag{6.4.6}$$

这是随机控制的值函数问题. 根据文献 [10], 可采用凸对偶方法求解: 考虑凸函数 $R(z) = z^+$ 的随机 Legendre-Fenchel 变换,

$$\tilde{R}(\varsigma, \omega) = \min_{z \leqslant C(\omega) - A(\omega)} [z^+ - \varsigma z] = \begin{cases} (1-\varsigma)[C(\omega) - A(\omega)], & \varsigma > 1, \\ 0, & 0 < \varsigma \leqslant 1. \end{cases} \tag{6.4.7}$$

注意到 $\forall \varsigma > 0, z^+ - \varsigma z = (1-\varsigma)z^+ - \varsigma z^-$, 易见, (6.4.7) 的最小值点为

$$z = \begin{cases} C(\omega) - A(\omega), & \varsigma > 1, \\ 0, & 0 < \varsigma < 1, \\ U(\omega), & \varsigma = 1, \end{cases} \tag{6.4.8}$$

其中, U 关于 $\mathcal{F}_T$ 可测, 且 $0 \leqslant U \leqslant C - A$, a.s.

在 (6.4.7) 中, 分别用 $C - X^{x,\pi}, \varsigma Z_T$ 代替 z, ς, 则有

$$\tilde{R}(\varsigma Z_T) = \min_{\pi} \left[(C - X_T^{x,\pi})^+ - \varsigma Z_T(C - X_T^{x,\pi})\right]$$
$$= \begin{cases} (1 - \varsigma Z_T)[C(\omega) - A(\omega)], & \varsigma Z_T > 1, \\ 0, & 0 < \varsigma Z_T \leqslant 1. \end{cases}$$

于是

$$(C - X_T^{x,\pi})^+ \geqslant \tilde{R}(\varsigma Z_T) + \varsigma Z_T(C - X_T^{x,\pi}), \quad \text{a.s.} \tag{6.4.9}$$

故有

$$V(x) = \inf_{\pi \in \mathcal{A}(x)} E\left(\frac{C - X_T^{x,\pi}}{S_T^{(0)}}\right)^+ \geqslant E\left[\frac{\tilde{R}(\varsigma Z_T)}{S_T^{(0)}}\right] + \varsigma E\left[\frac{Z_T(C - X_T^{x,\pi})}{S_T^{(0)}}\right]$$

$$= E\left[\frac{\tilde{R}(\varsigma Z_T)}{S_T^{(0)}}\right] + \varsigma \tilde{E}\left[\frac{(C - X_T^{x,\pi})}{S_T^{(0)}}\right]$$

$$= E\left[\frac{\tilde{R}(\varsigma Z_T)}{S_T^{(0)}}\right] + \varsigma (C(0) - x)$$

$$\triangleq G_0(\varsigma) + \varsigma\left[(C(0) - x) + H_0(\varsigma)\right], \tag{6.4.10}$$

式中

$$G_0(\varsigma) = E\left[\frac{C - A}{S_T^{(0)}} I_{\{\varsigma Z_T \geqslant 1\}}\right], \quad 0 < \varsigma \leqslant \infty, \tag{6.4.11}$$

$$H_0(\varsigma) = \tilde{E}\left[\frac{C - A}{S_T^{(0)}} I_{\{\varsigma Z_T \geqslant 1\}}\right], \quad 0 < \varsigma \leqslant \infty. \tag{6.4.12}$$

这两个函数都是右连续单调递增的. 给定 $x \in [A(0), C(0))$, 若取 $\varsigma = \hat{\varsigma}$, 满足

$$\inf\{\varsigma > 0 | H_0(\varsigma) \geqslant C(0) - x\} \leqslant \hat{\varsigma} \leqslant \inf\{\varsigma > 0 | H_0(\varsigma) > C(0) - x\}, \tag{6.4.13}$$

并取随机变量 $U, 0 \leqslant U \leqslant C - A$, 使得可容许投资组合 $\hat{\pi} \in \mathcal{A}(x)$ 所对应的资产价值 $X_t^{x,\hat{\pi}}$ 满足

$$X_T^{x,\hat{\pi}} = C I_{\{\hat{\varsigma} Z_T > 1\}} + A I_{\{\hat{\varsigma} Z_T > 1\}} - U I_{\{\hat{\varsigma} Z_T = 1\}},$$

且

$$\tilde{E}\left(\frac{X_T^{x,\hat{\pi}}}{S_T^{(0)}}\right) = x, \tag{6.4.14}$$

则

$$V(x) = \inf_{\pi(\cdot) \in \mathcal{A}(x)} E\left(\frac{C - X_T^{x,\pi}}{S_T^{(0)}}\right)^+ = G_0(\hat{\varsigma}). \tag{6.4.15}$$

6.4.2 动态金融风险度量值的估计

在实际中, 模型 (6.4.1), (6.4.2) 中的无风险利率 $r(\cdot)$、漂移向量 $b(\cdot)$ 与扩散矩阵 $\sigma(\cdot)$ 都是未知的, 需要根据债券和股票的市场价格估计. 假定我们有 0 时刻之前的离散时间历史价格观察值, 记作 $S_{t_j} = \left(S_{t_j}^{(0)}, S_{t_j}^{(1)}, \cdots, S_{t_j}^{(d)}\right)', j = 1, \cdots, n$, 其中 $S_{t_j}^{(i)}$ 表示 $S_i(t)$ 在 $t_j = (j - n)\Delta$ 时刻的状态. 利用第 3 章的方法, 可以得到无风险利率过程 $r(t)$ 的估计, 记作 $\hat{r}(t)$, 利用本章前三节的方法, 可以给出漂移向量

与扩散矩阵的估计 $\hat{b}(\cdot)$, $\hat{\sigma}(\cdot)$, 将这些量代入 (6.4.11)~(6.4.15), 即可得到动态风险度量值的估计.

下面对 $d=2, \sigma_{ij}(\cdot), r(\cdot)$ 为常数, $A=0, C$ 为常数的情形, 给出具体计算. 考虑二维市场模型

$$dS_t^{(1)} = S_t^{(1)}\left(\mu_1 dt + \sigma_1 dB_t^{(1)}\right),$$
$$dS_t^{(2)} = S_t^{(2)}\left(\mu_2 dt + \rho\sigma_2 dB_t^{(1)} + \sqrt{1-\rho^2}\sigma_2 dB_t^{(2)}\right), \quad (6.4.16)$$

其中 $\left(B_t^{(1)}, B_t^{(2)}\right)$ 为标准 Brown 运动.

首先, 我们要根据股票价格的历史数据, 对 (6.4.16) 的模型设定进行检验, 令 $Y_{t_k}^{(i)} = \ln S_{t_k}^{(i)}, i=1,2$, 利用 (6.3.5)~(6.3.8) 的方法估计模型参数并进行模型设定检验, 假如检验结果为接受设定模型, 则可用模型参数估计值代替式 (6.4.16) 中的参数值计算对应于 T 时刻负债 C, 初始投资为 x 的投资策略的动态风险度量值.

令

$$\theta_1 = \frac{\hat{\mu}_1 - \hat{r}}{\hat{\sigma}_1}, \quad \theta_2 = \frac{\hat{\sigma}_1(\hat{\mu}_2 - \hat{r}) - \hat{\rho}\hat{\sigma}_2(\hat{\mu}_1 - \hat{r})}{\hat{\sigma}_1\hat{\sigma}_2\sqrt{1-\hat{\rho}^2}},$$

$$\begin{aligned}Z_t &= \exp\left[-\int_0^t \theta_1 dB_u^{(1)} - \int_0^t \theta_2 dB_u^{(2)} - \frac{1}{2}\int_0^t \left(\theta_1^2 + \theta_1^2\right) du\right] \\ &= \exp\left[-\theta_1 B_t^{(1)} - \theta_2 B_t^{(2)} - \frac{1}{2}\left(\theta_1^2 + \theta_1^2\right)t\right], \quad 0 \leqslant t \leqslant T. \end{aligned} \quad (6.4.17)$$

则 $\tilde{P}(\Lambda) = \int_\Lambda Z(T)dP, \quad \Lambda \in F$ 是风险中性测度.

$$\begin{aligned}H_0(\varsigma) &= \tilde{E}\left[\frac{C-A}{S_t^{(0)}}I_{\{\varsigma Z(T)\geqslant 1\}}\right] = e^{-rT}(C-A)E\{Z_T I_{\{\varsigma Z_T \geqslant 1\}}\} \\ &= e^{-rT}(C-A)\iint_{\varsigma \exp[\gamma(u,v)]\geqslant 1} \frac{1}{2\pi T}\exp[\gamma(u,v)]dudv, \end{aligned} \quad (6.4.18)$$

其中, $\gamma(u,v) = -\theta_1 u - \theta_2 v - \frac{1}{2}\left(\theta_1^2 + \theta_1^2\right)T$ 取 $\hat{\varsigma} = \inf\{\varsigma > 0 | H_0(\varsigma) \geqslant Ce^{-rT} - x\}$.

则

$$\begin{aligned}V(x) = G_0(\hat{\varsigma}) &= E\left[\frac{C-A}{S_t^{(0)}}I_{\{\hat{\varsigma}Z_T \geqslant 1\}}\right] = e^{-rT}(C-A)P\{\hat{\varsigma}Z_T \geqslant 1\} \\ &= e^{-rT}(C-A)\iint_{\hat{\varsigma}\exp\{\gamma(u,v)\}\geqslant 1} \frac{1}{2\pi T}\exp\left[-\frac{u^2+v^2}{2T}\right]dudv. \end{aligned} \quad (6.4.19)$$

上述积分没有显式解, 在所有参数值确定之后可以通过数值积分得到最终结果. 也可以用 Monte Carlo 法直接估计 $E\{Z_T I_{\{\varsigma Z_T \geqslant 1\}}\}$ 与 $P\{\hat{\varsigma}Z_T \geqslant 1\}$. 事实上,

由 (6.4.17),
$$Z_T = \exp\left[-\theta_1 U - \theta_2 V - \frac{1}{2}\left(\theta_1^2 + \theta_1^2\right)T\right],$$

其 U, V 是两个独立的 $N(0, T)$ 分布的随机变量. 因此, 只需模拟生成 N 对 (U_i, V_i), 令
$$Z_T^{(i)} = \exp\left[-\theta_1 U_i - \theta_2 V_i - \frac{1}{2}\left(\theta_1^2 + \theta_1^2\right)T\right], \quad i = 1, \cdots, N,$$

则
$$\hat{H}_0(\varsigma) = e^{-rT}(C - A)\frac{1}{N}\sum_{i=1}^{N} Z_T^{(i)} I_{\left\{\varsigma Z_T^{(i)} \geqslant 1\right\}}, \tag{6.4.20}$$

取
$$\hat{\varsigma} = \min\left\{\varsigma > 0 \,\Big|\, \hat{H}_0(\varsigma) \geqslant C(0) - x\right\}, \tag{6.4.21}$$

则
$$\hat{V}(x) = G_0(\hat{\varsigma}) = e^{-rT}(C - A)\frac{1}{N}\sum_{i=1}^{N} I_{\left\{\hat{\varsigma} Z_T^{(i)} \geqslant 1\right\}}. \tag{6.2.22}$$

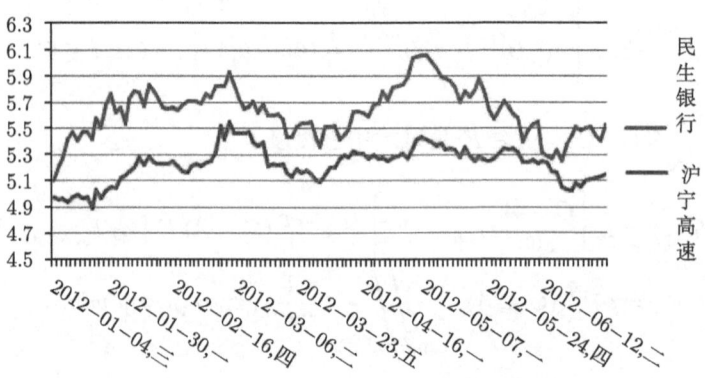

图 6.4.1 民生银行和沪宁高速股价走势

现假定某代理商准备在 2012 年 7 月 1 日, 通过组合投资收益率为 $r = 4\%$ 的债券及民生银行和沪宁高速两支股票, 为 2012 年底到期的 100 万元债务保值, 其初始资金 $x = 80$ 万元, 为计算动态风险度量 $V(x)$, 我们先根据这两只股票 2012 年上半年的日收盘数据 (如图 6.4.1) 对 (6.4.16) 的模型进行设定检验.

由 (6.3.8), 模型参数估计值分别为: $\hat{\mu}_1 = 0.1958, \hat{\mu}_2 = -0.0824, \hat{\sigma}_1 = 0.2255, \hat{\sigma}_2 = 0.1534, \hat{\rho} = 0.4532$. 依次调用配书光盘中的 G2_Ress 和 GR_CNFTEST 函数计算关于残差并进行拟合优度检验, 输出 P 值约为 $[0.5943, 0.3039, 0.3357]$, 表明二维几何 Brown 运动的模型设定可以接受.

将上述参数估计值代入 (6.4.19) 得

$$\theta_1 = 0.6907, \quad \theta_2 = -0.0411,$$

$$Z_T = \exp\left[-0.6907 B^{(1)}_{\frac{1}{2}} + 0.0411 B^{(2)}_{\frac{1}{2}} - 0.1197\right],$$

$$C(0) = \tilde{E}\left[\frac{C}{S^{(0)}_T}\right] = 100e^{-0.02} = 98.$$

由 (6.4.23)~(6.4.25) 式算得 $\hat{\varsigma} = 0.5847, \hat{H}_0(\hat{\varsigma}) = 18.522$, 于是, 在 2012 年 7 月 1 日, 初始资金 80 万, 通过组合投资收益率为 $r = 4\%$ 的债券及民生银行和沪宁高速两支股票, 为 2012 年底到期的 100 万元债务保值, 所对应的动态风险度量值为 $V(80) = 8.3317$ 万元.

附　录

A. 引理 6.1.1 证明[6]

为书写简洁, 以下证明过程中省略 $\tilde{E}^{X_{t_i}}$ 及 $E^{X_{t_i}}$ 的上标. 由 (6.1.8) 式, 利用条件 T1、Burck-hölder 不等式、Minkowski 伴随不等式、Hölder 不等式及 $\{(1+|X_s|)^2, 0 \leqslant s \leqslant T\}$ 的下鞅性得

$$\tilde{E}[|X_u - X_t|^r] = \tilde{E}\left\{\sum_{k=1}^{d}\left(\int_t^u \sum_{j=1}^{m} \sigma_{kj}(X_s)\,dW_s^{(j)}\right)^r\right\}$$

$$\leqslant \sum_{k=1}^{d}\left[\tilde{E}\left(\left[\int_t^u \sum_{j=1}^{m} \sigma_{kj}^2(X_s)ds\right]^{\frac{1}{2}}\right)\right]^{\frac{1}{r}}$$

$$\leqslant C_1^{\frac{1}{r}} \sum_{k=1}^{d}\left[\tilde{E}\left(\left[\int_t^u \sum_{j=1}^{m}(1+|X_s|)^2 ds\right]^{\frac{1}{2}}\right)\right]^{\frac{1}{r}}$$

$$\leqslant C_1^{\frac{1}{r}} \sum_{k=1}^{d}\left[\tilde{E}\left(\left[\int_t^u \sum_{j=1}^{m}(1+|X_s|)^2 ds\right]^{\frac{1}{2}}\right)\right]^{\frac{1}{r}}$$

$$\leqslant C_1^{\frac{1}{r}} \sum_{k=1}^{d}\left[\sum_{j=1}^{m}\tilde{E}\left(\int_t^u (1+|X_s|)^2 ds\right)^{\frac{1}{2}}\right]^{\frac{1}{r}}$$

$$\leqslant C_1^{\frac{1}{r}} \sum_{k=1}^{d} \left[\sum_{j=1}^{m} \left(\int_t^u \tilde{E}(1+|X_s|)^2 ds \right)^{\frac{1}{2}} \right]^{\frac{1}{r}}$$
$$\leqslant C_1^{\frac{1}{r}} d \cdot \tilde{E}(1+|X_T|)^2 m^{\frac{1}{r}} (u-t)^{\frac{r}{2}}.$$

记
$$K_1(r,d,m) = C_1^{\frac{1}{r}} d \cdot \tilde{E}(1+|X_T|)^2 m^{\frac{1}{r}}.$$

则有
$$\tilde{E}[|X_u - X_t|^r] \leqslant K_1(r,d,m)(u-t)^{\frac{r}{2}}.$$

引理证毕.

B. 定理 6.1.1 的证明[6]

由 (6.1.12), 利用 Hölder 不等式, 对任意 $\mathcal{F}_t$ 停时 $\tau \in \Upsilon$,

$$\tilde{E}[|e_n^{kl}(\tau,\omega)|^r]$$
$$\leqslant \sup_{t \in \Upsilon} \tilde{E}\left(\left| \frac{n}{T} \int_t^{t+\frac{T}{n}} a_{kl}(X_u) du - a_{kl}(X_t) \right|^r \right)$$
$$\leqslant \frac{n}{T} \sup_{t \in \Upsilon} \tilde{E}\left(\int_t^{t+\frac{T}{n}} \left| \sum_{j=1}^{m} (\sigma_{kj}(X_u)\sigma_{lj}(X_u) - \sigma_{kj}(X_t)\sigma_{lj}(X_t)) \right|^r du \right)$$
$$\leqslant \frac{2^m n}{T} \sup_{t \in \Upsilon} \tilde{E} \int_t^{t+\frac{T}{n}} \left(\sum_{j=1}^{m} |\sigma_{kj}(X_u)\sigma_{lj}(X_u) - \sigma_{kj}(X_u)\sigma_{lj}(X_t)| \right)^r du$$
$$+ \frac{2^m n}{T} \sup_{t \in \Upsilon} \tilde{E} \int_t^{t+\frac{T}{n}} \left(\sum_{j=1}^{m} |\sigma_{kj}(X_u)\sigma_{lj}(X_t) - \sigma_{kj}(X_t)\sigma_{lj}(X_t)| \right)^r du. \quad \text{(B.1)}$$

由 Minkowski 不等式,

$$\left(\tilde{E}\left(\sum_{j=1}^{m} |\sigma_{kj}(X_u)\sigma_{lj}(X_u) - \sigma_{kj}(X_u)\sigma_{lj}(X_t)| \right)^r \right)^{\frac{1}{r}}$$
$$\leqslant \sum_{j=1}^{m} \left(\tilde{E}|\sigma_{kj}(X_u)[\sigma_{lj}(X_u) - \sigma_{lj}(X_t)]|^r \right)^{\frac{1}{r}}$$
$$\leqslant \sum_{j=1}^{m} \left[\tilde{E}|\sigma_{kj}(X_u)|^{2r} \right]^{\frac{1}{2r}} \left[\tilde{E}|\sigma_{lj}(X_u) - \sigma_{lj}(X_t)|^{2r} \right]^{\frac{1}{2r}}$$
$$\leqslant C_1 C_2 \sum_{j=1}^{m} \left[\tilde{E}|1+|X_u||^{2r} \right]^{\frac{1}{2r}} \left[\tilde{E}|X_u - X_t|^{2r} \right]^{\frac{1}{2r}}$$
$$\leqslant K_2(r,d,m,C)(u-t)^{\frac{1}{2}},$$

其中
$$K_2(r,d,m,C) = C_1 C_2 m \left[\tilde{E}|1+|X_T||^{2r}\right]^{\frac{1}{2r}} [K_1(2r,d,m)]^{\frac{1}{2r}}.$$

于是
$$\tilde{E}\int_t^{t+\frac{T}{n}} \left(\sum_{j=1}^m |\sigma_{kj}(X_u)\sigma_{lj}(X_u) - \sigma_{kj}(X_u)\sigma_{lj}(X_t)|\right)^r du$$
$$\leqslant K_2^r(r,d,m) \frac{2}{r+2} \left(\frac{T}{n}\right)^{\frac{r}{2}+1}. \tag{B.2}$$

同理
$$\tilde{E}\int_t^{t+\frac{T}{n}} \left(\sum_{j=1}^m |\sigma_{kj}(X_u)\sigma_{lj}(X_t) - \sigma_{kj}(X_u)\sigma_{lj}(X_t)|\right)^r du$$
$$\leqslant K_2^r(r,d,m) \frac{2}{r+2} \left(\frac{T}{n}\right)^{\frac{r}{2}+1}. \tag{B.3}$$

结合 (B.2)~(B.2), 得
$$\tilde{E}[|e_n^{kl}(\tau,\omega)|^r] \leqslant \frac{2^{m+1}n}{T} K_2^r(r,d,m) \frac{2}{r+2} \left(\frac{T}{n}\right)^{\frac{r}{2}+1} \triangleq K(r,d,m,C)\left(\frac{T}{n}\right)^{\frac{r}{2}},$$

其中,
$$K(r,d,m,C) = \frac{2^{m+2}}{r+2} K_2^r(r,d,m,C)$$
$$= \frac{2^{m+2}}{r+2} d^{\frac{1}{2r}} C_1^{\frac{1}{2r^2}+1} C_2 m^{\frac{1}{2r^2}+1} \left[\tilde{E}(1+|X_T|)^{2r} \tilde{E}(1+|X_T|)^2\right]^{\frac{1}{2r}}.$$

定理证毕.

参考文献

[1] Genon-Catalot V and Jacod J. On the estimation of the diffusion coefficient formulti-dimensional diffusion processes[J]. Ann. Inst. H. Poincaré Probab. Statist., 1993, 29: 119-151.

[2] Aït-Sahalia Y. Closed-form likelihood expansions for multivariate diffusions[J]. Ann. Statistics, 2008, 36: 906-937.

[3] Brugière P. Estimation de la variance d'un processus de diffusion dans le cas multidimensionnel[J]. C. R. Acad. Sci. Paris Série I, 1991, 312: 999-1004.

[4] Brugière P. Théorème de limite centrale pour un estimateur nonparamétrique dela variance d'un processus de diffusion multidimensionnelle[J]. Ann. Inst. Henri Poincaré, 1993, 29: 357-389.

[5] Bernt K. Stochastic differential equations–An introduction with applications, Fourth edition[G]. Springer-Verlag, 1995.

[6] 陈萍, 冯予. 漂移向量与扩散矩阵的非参数估计模型 [J]. 数学年刊, 2011, 32(4):497-506.

[7] Meyn S P and Tweedie R L. Stability of Markovian processes II. Continuous-time processes and sampled chains[J]. Adv. Appl. Prob., 1993, 25: 487-517.

[8] Severve S E. Stochastic Calculus for Finance II[M]. New York: Springer, 2008

[9] Hong Y and H Li. Nonparametric specification testing for continuous-time models with applications to interest rate term structures [J]. Rev. Financial Stud., 2005, 18: 37-84.

[10] Cvitanic J, Karatzas I. On dynamic measures of risk[J]. Finance and Stochastics, 1999, 3: 451-482.

第7章 随机波动率模型的统计分析

对 Black-Scholes 模型的一种常用的修正就是将波动率定义为由与驱动标的股票价格的 Brown 运动不同的第二个 Brown 运动驱动的扩散过程 Y_t 的函数,即股票价格过程 S_t 满足如下随机微分方程

$$dS_t = \mu_t S_t dt + \sigma(Y_t) S_t dB_t,$$

式中,漂移率 μ_t 是常数或时间的函数,B_t 为 Brown 运动,$\{Y_t, t \in [0,T]\}$ 称为波动率过程. 随机波动率的假设使得 Black-Scholes 模型更加一般化,能够解释 Black-Scholes 理论无法追踪的真实世界的模式,随机波动率不仅克服了 Black-Scholes 的"微笑效应",也同样适用于隐含波动率的"期限结构". 因此不管对于金融专家还是交易者来说,随机波动率模型都值得关注.

波动率过程 Y_t 常被假定为由市场因素决定的过程,例如个股价格的波动率可认为是关于大盘指数的随机设计样本点的回归[1],也可以看作是某种设定的由其他随机源驱动的扩散过程. 一些常用的模型有:

对数正态模型 (LN): $dY_t = c_1 Y_t dt + c_2 Y_t dW_t$;

Ornstein-Uhlenbeck 模型 (OU): $dY_t = \alpha(m - Y_t)dt + \beta dW_t, 0 \leqslant t \leqslant T$;

Cox-Ingersoll-Ross(CIR) 模型: $dY_t = \alpha(m - Y_t)dt + \beta\sqrt{Y_t}dW_t, 0 \leqslant t \leqslant T$.

我们将由标的股票价格过程 $\{S_t, t \in [0,T]\}$ 和波动率过程 $\{Y_t, t \in [0,T]\}$ 组成的随机过程组称为随机波动率模型. 其中,波动率过程满足 Ornstein-Uhlenbeck 模型的称为 OU 随机波动率模型;而波动率过程满足 Cox-Ingersoll-Ross 模型的称为 CIR 随机波动率模型.

文献中常要求波动率过程满足常返性,即波动率过程具有不变分布,且过程从任何初值出发取到其不变分布的均值所用的时间很短. 常返性意味着过程 Y_t 满足的微分方程形如

$$dY_t = \alpha(m - Y_t)dt + \cdots + dW_t.$$

易见,上述三个模型中,LN 模型不是常返的,而 OU 与 CIR 模型都是.

在这类波动率模型中,方程的系数一般表示为过程变量的函数,含有未知参数. 因而,这类模型的统计推断问题对应着扩散方程的参数统计推断问题. 它与一般扩散方程的统计推断有所区别,因为描述波动率的扩散过程是不可观察的,我们首先必须设法根据股票价格的样本轨道来构造波动率过程的"样本",然后用构造出来的"样本"对波动率模型进行推断.

7.1 随机波动率模型的非参数估计

7.1.1 波动率样本的构造

设标的股票在 t 时刻的价格为 S_t, 满足随机微分方程:

$$dS_t = \mu_{1t} S_t dt + \sqrt{Y_t} S_t dB_{1t}, \qquad (7.1.1)$$

其中波动率过程 Y_t 满足:

$$dY_t = \mu_2(Y_t) dt + \sigma_2(Y_t)\left(\rho dB_{1t} + \sqrt{1-\rho^2} dB_{2t}\right), \quad 0 \leqslant t \leqslant T, \qquad (7.1.2)$$

式中 $\{(B_{1t}, B_{2t})\}$ 为二维 Brown 运动.

设 $S_{t_i}, i=1,\cdots,n$ 是标的股票价格 S_t 在 $[0,T]$ 时段内观察间隔为 $\Delta_n = \dfrac{T}{n}$ 的等间隔观察值. 为了对波动率过程进行估计, 需根据标的股票价格 S_t 的观察值 $S_{t_i}, i=1,\cdots,n$ 构造波动率过程 Y 的样本. 根据第 4 章的分析, 对于扩散过程, 可以用 $\dfrac{n}{T}(S_{t_{i+1}} - S_{t_i})^2$ 作为扩散项 $(\sqrt{Y_t} S_t)^2$ 的样本, 于是

$$Y_{t_i} \approx \frac{(S_{t_{i+1}} - S_{t_i})^2}{\Delta_n S_{t_i}^2}, \quad i=1,\cdots,n-1. \qquad (7.1.3)$$

但上式对分母中的 $S_{t_i}^2$ 的波动非常敏感, 造成样本偏差很大. 针对这个问题, 我们在文献 [2] 中提出了一种新的思路 —— 利用 Itô 公式, 通过对过程 $\{S_t, t \geqslant 0\}$ 的变换, 消去 (7.1.3) 分母中的 $S_{t_i}^2$. 模拟分析表明[3], 对于波动率的估计, 变换后的估计精度有所提高.

令 $X_t = \ln S_t$, 记 $Z_t = (X_t, Y_t)^\tau$, 则由 Itô 公式, (7.1.1)~(7.1.2) 可表示为如下二维扩散过程

$$dZ_t = u(Z_t)dt + v(Z_1)dB_t, \qquad (7.1.4)$$

式中,

$$u(Z_t) = \begin{pmatrix} \mu_{1t} - \frac{1}{2} Y_t \\ \mu_2(Y_t) \end{pmatrix} \quad v(Z_t) = \begin{pmatrix} \sqrt{Y_t} & 0 \\ \rho\beta\sqrt{Y_t} & \sigma_2(Y_t) \end{pmatrix}, \quad B_t = \begin{pmatrix} B_{1t} \\ B_{2t} \end{pmatrix}.$$

以 $\mathcal{F}_t$ 表示由 $\{B_s, 0 \leqslant s \leqslant t\}$ 生成的 σ 代数, Q 表示由过程 Z_t 在 F_T 上导出的测度, 为了得到 Y_t 的样本, 需先消去漂移项 μ. 令

$$B_1^*(t) = B_{1t} + \int_0^t \frac{\mu}{\sqrt{Y_s}} ds,$$

7.1 随机波动率模型的非参数估计

$$B_{2t}^* = B_{2t} + \int_0^t \gamma_s ds,$$

式中 $\gamma_t, t \in [0,T]$ 是任意 $\mathcal{F}_t$ 适可测过程. 不妨取

$$\theta_t^{(1)} = \frac{\mu_{1t t}}{\sqrt{Y_t}}, \quad \theta_t^{(2)} = \gamma_t = -\frac{\rho}{\sqrt{1-\rho^2}}\theta_t^{(1)},$$

根据 Girsanov 定理, 定义 Q 的等价测度 $P^{*(\gamma)}$ 为

$$\frac{dP^{*(\gamma)}}{dP} = \exp\left\{-\frac{1}{2}\int_0^T (\theta_s^{(1)})^2 + (\theta_s^{(2)})^2 \mathrm{d}s - \int_0^T \theta_s^{(1)} dB_{1s} - \int_0^T \theta_s^{(2)} dB_{2s}\right\},$$

则 (B_{1t}^*, B_{2t}^*) 在测度 $P^{*(\gamma)}$ 下为二维 Brown 运动. 方程 (7.1.5) 可改写为

$$\begin{aligned} dX_t &= \sqrt{Y_t}dB_{1t}^*,\\ dY_t &= \mu(Y_t) + \sigma(Y_t)\left[\rho dB_{1t}^* + \sqrt{1-\rho^2}dB_{2t}^*\right]. \end{aligned} \tag{7.1.5}$$

以下讨论均在概率测度 $P^{*(\gamma)}$ 下进行. 由

$$X_{t_{i+1}} - X_{t_i} = \int_{t_i}^{t_{i+1}} \sqrt{Y_t}dB_{1t}^*, \quad i = 1,\cdots,n-1.$$

利用 Itô 公式得

$$\frac{1}{\Delta_n}(X_{t_{i+1}} - X_{t_i})^2 = \frac{1}{\Delta_n}\int_{t_i}^{t_{i+1}} Y_t dt + \frac{1}{\Delta_n}\int_{t_i}^{t_{i+1}} (X_t - X_{t_i})\sqrt{Y_t}dB_{1t}^*.$$

记

$$\varepsilon_i = \frac{1}{\Delta_n}\int_{t_i}^{t_{i+1}}(X_t - X_i)\sqrt{Y_t}dB_{1t}^*.$$

由 Itô 积分的性质知, $\varepsilon_i, i = 1,\cdots,n$ 为鞅差序列, 且

$$E\varepsilon_i = \frac{2n}{T}E\int_{t_i}^{t_{i+1}}(X_t - X_{t_i})X_t\sqrt{Y_t}dB_{1t}^* = 0,$$

于是有如下近似式:

$$\tilde{Y}_{t_i} \approx \frac{1}{\Delta_n}(X_{t_{i+1}} - X_{t_i})^2, \quad i = 1,\cdots,n-1. \tag{7.1.6}$$

不过, 经验分析亦表明, 对于高频数据, 用 (7.1.7) 构造瞬时波动率的样本偏差仍然很大. 文献 [4] 对积分波动率 $\int_0^t \sigma_s^2 ds$ 的估计提出了一种纠偏方案——TSRV 估计, 通过结合 "平均" 与 "全局" 这两个时间尺度构造积分波动率的估计量如下:

$$\int_0^t \sigma_s^2 ds \approx [X,X]_t^{\mathrm{avg}} - [X,X]_t^{(\mathrm{all})}, \tag{7.1.7}$$

其中 $[X,X]_t^{(\text{all})} = \sum_{t_{i+1}\leqslant t}(X_{t_{i+1}}-X_{t_i})^2$, $[X,X]_t^{\text{avg}} = \dfrac{1}{K}\sum_{k=1}^{K}[X,X]_t^{(k)}$, $[X,X]_t^{(k)} = \sum_{t_i,t_{i+k}\leqslant t}(X_{t_{i+k}}-X_{t_i})^2$.

文献 [5] 指出, 当取 $K = n^{\frac{2}{3}}$ 时, 积分波动率的上述 TSRV 估计量的收敛速度为 $n^{-\frac{1}{6}}$.

易见 $[X,X]_t^{(\text{all})}$ 相当于用 (7.1.7) 式作为瞬时波动率的样本. 而根据 (7.1.7), 可得瞬时波动率的 TSRV 估计为

$$Y_{t_i}^{\text{TSRV}} \approx \frac{1}{\Delta_n}\int_{t_i}^{t_{i+1}}\sigma_s^2 ds \approx \frac{1}{\Delta_n}\left([X,X]_{t_{i+1}}^{\text{avg}} - [X,X]_{t_{i+1}}^{(\text{all})} - [X,X]_{t_i}^{\text{avg}} + [X,X]_{t_i}^{(\text{all})}\right). \tag{7.1.8}$$

不过, 经验分析亦表明, 瞬时波动率的 TSRV 估计的偏差虽然比 (7.1.7) 要小, 但仍存在很多极端值, 使得瞬时波动率的重构效果仍然很差. 注意到随机误差和瞬时波动率过程的变化频率往往不同, 我们还可以通过小波分析达到重构波动率过程轨道的目的.

小波分析的原理已在 2.3 节作了介绍, 对波动率样本的小波分析按如下步骤进行: 首先由 (7.1.7) 构造瞬时波动率的初级样本, 然后选择适当的小波对初级样本数据进行 N 层分解. 最后作逆变换重构瞬时波动率过程的样本, 于是得到瞬时波动率的小波估计为

$$Y_{t_i}^{\text{WAV}} = \sum_{k\in Z}\hat{\alpha}_{j_0 k}\phi_{j_0 k}(t_i) + \sum_{j=j_1}^{J}\sum_{k\in Z}\hat{\beta}_{jk}\psi_{jk}(t_i), \tag{7.1.9}$$

式中

$$\hat{\alpha}_{j_0 k} = \frac{1}{n}\sum_{j=1}^{n}\phi_{j_0 k}(t_j)\tilde{Y}_{t_i}, \quad \hat{\beta}_{jk} = \frac{1}{n}\sum_{i=1}^{n}\psi_{jk}(t_i)\tilde{Y}_{t_i}, \tag{7.1.10}$$

其中 $\tilde{Y}_{t_i}$ 由 (7.1.6) 给出.

图 7.1.1 给出了当波动率过程满足 CIR 模型时, 以上三种瞬时波动率估计的效果对比. 从图 (a) 中可见, 由 (7.1.6) 构造的初始样本有许多极端值, 偏差最大. TSRV 估计效果稍好, 但仍然偏离原始轨道较远, 而图 (b) 用小波法重构波动率过程的样本轨道与原始轨道的演化几乎同步, 重构效果最好 (注意图 (a) 中纵轴的尺度是图 (b) 的 10 倍).

例 7.1.1 CIR 随机波动律模型的参数估计.

文献中常用 OU 模型来描述随机波动率的演化规律, 因为 OU 过程是正态过程, 便于研究. 其缺点是正态随机变量可能取到负值, 不能保证 $P\{Y_t < 0\} = 0$, 因而在模型中, 波动率参数常取为 Y_t 的正函数[6,7], 如 $|Y_t|$ 或 e^{Y_t}. CIR 模型能够克

7.1 随机波动率模型的非参数估计

服这一缺陷,从而可直接用 CIR 过程本身来表示波动率,但同时由于模型的非正态性,也给研究带来了困难. 波动率模型参数的估计对模型设定检验及建立在模型设定基础上的进一步金融问题的分析是至关重要的.

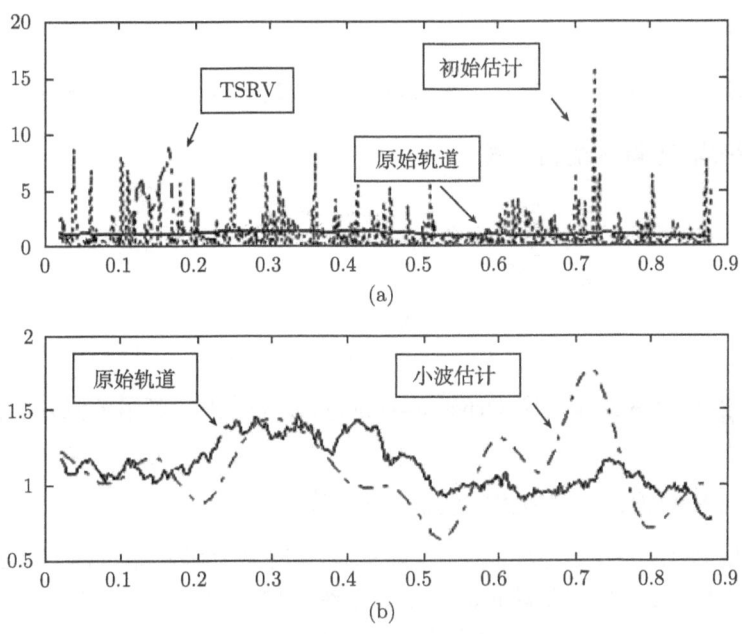

图 7.1.1 三种波动率样本重构法效果对比

设波动率过程 $\{Y_t\}$ 满足 CIR 模型:

$$dY_t = \alpha(m - Y_t)dt + \beta\sqrt{Y_t}(\rho dB_{1t} + \sqrt{1-\rho^2}dB_{2t}), \quad 0 \leqslant t \leqslant T. \quad (7.1.11)$$

考虑由 (7.1.1) 和 (7.2.11) 组合而成的 CIR 随机波动率模型,为简单起见,不妨设 $\mu_{1t} = \mu$ 为常数. 我们需要根据标的股票价格观察值 $S_{t_i}, i = 1, \cdots, n$ 估计模型参数 $\theta = (\mu, \alpha, m, \beta, \rho)$.

首先,根据股票价格过程的漂移率 μ 的市场意义,它代表股票价格在单位时间内的平均增长率,即

$$\mu = E\left(\frac{S_t - S_s}{S_s(t-s)}\right),$$

于是,构造 μ 的矩估计量为

$$\hat{\mu} = \frac{1}{n-1}\sum_{i=1}^{n-1}\left(\frac{S_{t_{i+1}} - S_{t_i}}{S_{t_i}(t_{i+1}-t_i)}\right). \quad (7.1.12)$$

再根据 (7.1.9) 重构波动率过程的样本 $\{\hat{Y}_{t_i}, i = 1, \cdots, n\}$, 利用 1.2 节中给出的 CIR 模型参数估计法得到模型 (7.1.11) 中的参数估计 $\hat{\alpha}, \hat{m}, \hat{\beta}$.

最后估计参数 ρ, 将 $d\ln X_t$ 与 dY_t 相乘得

$$d\ln S_t \cdot dY_t = \beta\rho\sqrt{Y_t}dt,$$

上式离散化为

$$(\ln S_{t_{i+1}} - \ln S_{t_i})(Y_{t_{i+1}} - Y_{t_i}) = \beta\rho\sqrt{Y_{t_i}}\Delta_n, \quad i = 0, 1, \cdots, n-1,$$

对上式求平均, 可得 ρ 的估计式

$$\hat{\rho} = \frac{\sum_{i=0}^{n-1}(\ln S_{t_{i+1}} - \ln S_{t_i})(Y_{t_{i+1}} - Y_{t_i})}{\hat{\beta}\Delta_n \sum_{i=0}^{n-1}\sqrt{Y_{t_i}}}. \tag{7.1.13}$$

注 当波动率过程满足 Ornstein-Uhlenbeck 过程时, 可用类似方法得到模型参数的估计[8].

7.1.2 基于随机设计非参数回归模型的波动率估计

在模型 (7.1.1)~(7.1.2) 中, 有两个随机源, 其中驱动波动率过程 (7.1.2) 的随机源是无法直接观察的, 这是随机波动率模型统计推断的难点, 但在某些情形, 可以通过其他途径获得这种随机源的部分信息. 例如, 当模型 (7.1.1)~(7.1.2) 用来描述标的股票价格的演化规律时, 注意到股票价格的波动在很大程度上受大盘指数变动的影响, 我们有理由推测, 大盘指数的数据中应该隐含着驱动个股随机波动率过程的随机源的部分信息. 在这种情形下, 可将模型 (7.1.1)~(7.1.2) 改写为[1]

$$\begin{cases} dS_t = \mu_{1t}S_t dt + \sqrt{Y_t}S_t dB_{1t}, \\ E\left(\int_t^{t+\Delta} Y_u du \Big| V_t\right) = \mu_2 + \rho(\sigma_2/\sigma_g)(g(V_t) - \mu_g) \equiv \mu_{2.1} + \theta g(V_t), \quad 0 \leqslant t \leqslant T, \end{cases} \tag{7.1.14}$$

式中 S_t 表示个股价格, $V_t = \log(I_{t+\Delta}/I_t)$ 表示大盘指数 I_t 在 t 时刻的瞬时变动,

$$\mu_2 = E\left(\int_t^{t+\Delta} Y_u du\right), \sigma_2^2 = \text{Var}\left(\int_t^{t+\Delta} Y_u du\right), \quad \mu_g = E[g(V_t)],$$
$$\sigma_g^2 = \text{Var}[g(V_t)], \quad \rho = \text{corr}(g(V_{t_i}), Y_{t_i}).$$

记 $\theta = \rho(\sigma_2/\sigma_g)$, $\mu_{2.1} = \mu_2 - \theta\mu_g$, 则 (7.1.14) 的第二式可表示为如下简洁的形式:

$$E\left(\int_{t_i}^{t_{i+1}} Y_u du \Big| V_{t_i}\right) = \mu_{2.1} + \theta(V_{t_i} - \mu)^2. \tag{7.1.15}$$

7.1 随机波动率模型的非参数估计

令 $Z_i = \ln\left(S_{t_{i+1}}/S_{t_i}\right)$，由 Itô 公式，(7.1.14) 的第一式可化为

$$(Z_i - \mu)^2 = \int_{t_i}^{t_{i+1}} Y_t dt + 2\int_{t_i}^{t_{i+1}} Z_t\sqrt{Y_t}dB_t. \tag{7.1.16}$$

由于

$$E(Z) = \mu + E\left[\int_t^{t+\Delta}\sqrt{Y_u}dB_u\right] = \mu, \quad E\left[\int_t^{t+\Delta} Z_u\sqrt{Y_u}dB_u\right] = 0,$$

故令 $\hat{\mu} = \dfrac{1}{n}\sum\limits_{i=1}^{n} Z_i$，则可将 $(Z_i - \hat{\mu})^2, i=1,\cdots,n$ 看作 $\int_t^{t+\Delta} Y_u du$ 的样本.

根据文献 [1] 的实证分析，假定一年有 m 个交易日，取 $\Delta = \dfrac{1}{m}, t_i = i\Delta$，则

$$\left\{V_{t_i} = \log\left(I_{t_{i+1}}/I_{t_i}\right), i = 1, 3, \cdots, 2\left[\dfrac{n}{2}\right] - 1\right\}$$

可近似看作广义 Logistic 分布 $\mathrm{GL}(b_1, \mu_1, \sigma_1)$ 的 i.i.d 样本. 且在给定 $V_{t_i} = x$ 的条件下，$y = \int_t^{t+\Delta} Y_u du$ 近似服从形态参数为 b_2，尺度参数为 $a(x) = (\mu_{2.1} + \theta g(x))/b_2$ 的 Gamma 分布. 于是有似然函数

$$L = L_x L_{y|x} = \prod_{i=1}^{n} \dfrac{b_1}{\sigma_1} \dfrac{(Z_i - \hat{\mu})^{2(a(V_{t_i})-1)}\exp\left\{-\dfrac{(V_{t_i} - \mu_1)}{\sigma_1} - \dfrac{(Z_i - \hat{\mu})^2}{b_2}\right\}}{b_2^{a(V_{t_i})}\Gamma(a(V_{t_i}))\left[1 + \exp\left\{-\dfrac{(V_{t_i} - \mu_1)}{\sigma_1}\right\}\right]^{b_1+1}}. \tag{7.1.17}$$

对于上述似然函数，我们无法通过似然方程同时解出其中的所有参数，文献 [1] 结合最小二乘法和修正似然法，通过如下两步分批估计参数：

第 1 步. 利用修正似然法[9] 估计参数 μ_1, σ_1，得

$$\hat{\mu}_1 = K_1 - D\hat{\sigma}_1, \tag{7.1.18}$$

$$\hat{\sigma}_1 = \dfrac{-B_1 + \sqrt{B_1^2 + 4nC_1}}{2\sqrt{n(n-1)}}, \tag{7.1.19}$$

式中，

$$B_1 = (b_1 + 1)\sum_{i=1}^{n}\left[\alpha_i - (b_1+1)^{-1}\right](V_{(i)} - K_1), \quad C_1 = (b_1+1)\sum_{i=1}^{n}\beta_i(V_{t_i} - K_1)^2,$$

$$D_1 = \dfrac{1}{m}\sum_{i=1}^{n}\left[\alpha_i - (b_1+1)^{-1}\right], \quad K_1 = \dfrac{1}{m}\sum_{i=1}^{n}\beta_i V_{(i)}, \quad m = \sum_{i=1}^{n}\beta_i,$$

$$\alpha_i = \frac{\exp\{-s_i\}}{1+\exp\{-s_i\}} + \beta_i s_i, \quad \beta_i = \frac{\exp\{-s_i\}}{[1+\exp\{-s_i\}]^2},$$

$$s_i = -\ln\left(q_i^{-1/b_1} - 1\right), \quad q_i = \frac{i}{n+1},$$

式中 $V_{(i)}$ 表示 $\{V_{t_i}\}$ 的顺序统计量. 形态参数 b_1 满足:

$$\hat{b}_1 = \arg\max_i \left|F_i - \hat{F}_i\right|. \tag{7.1.20}$$

第 2 步. 估计模型中的其他参数 $\mu_{2.1}, \theta, b_2, \rho$. 关于这些参数的似然方程过于复杂, 通过修正似然法或数值计算, 工作量均很可观, 我们采用文献 [1] 给出的最小二乘似然法来估计它们:

$$\left(\hat{\mu}_{2.1}, \hat{\theta}\right) = \arg\min_{\mu_{2.1}, \theta} \sum_{i=1}^{n} \left((Z_i - \hat{\mu})^2 - \mu_{2.1} - \theta g\left(V_{t_i}\right)\right)^2, \tag{7.1.21}$$

$$\hat{b}_2 = \arg\max_{b_2} \left\{ \sum_{i=1}^{n} \left(\frac{\alpha(V_{t_i})}{b_2} - 1\right) \ln(Z_i - \hat{\mu})^2 - \frac{1}{b_2} \sum_{i=1}^{n} (Z_i - \hat{\mu})^2 \right.$$

$$\left. - \sum_{i=1}^{n} \frac{\alpha(V_{t_i}) \ln b_2}{b_2} - \sum_{i=1}^{n} \ln \Gamma\left(\frac{\alpha(V_{t_i})}{b_2}\right) \right\}, \tag{7.1.22}$$

式中, $\alpha(x_i) = \hat{\mu}_{2.1} + \hat{\theta} g(x_i)$, 相关系数 ρ 取其矩估计:

$$\hat{\rho} = \frac{\sum_{i=1}^{n}(x_i - \bar{x})(y_i - \bar{y})}{\sqrt{\sum_{i=1}^{n}(x_i - \bar{x})^2 \sum_{i=1}^{n}(y_i - \bar{y})^2}}. \tag{7.1.23}$$

利用上述参数估计, 可以在给定自变量 x 的条件下得出因变量 Y 的置信区间. 实证分析表明, 给定大盘指数 x 的条件下, 某些个股 (如中信证券) 的波动率服从分布 $\Gamma\left(\left(\hat{\mu}_{2.1} + \hat{\theta} g(x)\right)/\hat{b}_2, \hat{b}_2\right)$, 于是, Y 的 $1-\alpha$ 置信区间为

$$D(\alpha, g(x)) = \left[\Gamma_{1-\alpha/2}\left(\left(\hat{\mu}_{2.1} + \hat{\theta} g(x)\right)/\hat{b}_2, \hat{b}_2\right), \Gamma_{\alpha/2}\left(\left(\hat{\mu}_{2.1} + \hat{\theta} g(x)\right)/\hat{b}_2, \hat{b}_2\right)\right]. \tag{7.1.24}$$

在金融中, 波动率 Y 的置信区间是非常重要的, 例如, 在不完备市场情形, 衍生证券定价的两个重要参数就是波动率变动的上下界[10].

例 7.1.2 关于 "中信证券" 价格波动率的实证分析. 考虑中信证券股价波动率与上证 A 股大盘指数变动之间的关系. 采样时段为 2003 年 7 月 6 日至 2006 年

12 月 29 日. 根据文献 [1] 的实证分析, 可假定上证 A 股指数的日对数增量服从广义 Logistic 分布 $\mathrm{GL}(b_1(t), \mu_1(t), \sigma_1(t))$, 而在给定大盘指数对数增量 v 的条件下, 中信证券的波动率 Y_t 满足模型 (7.1.15), 且积分波动率服从形态参数为 b_2, 尺度参数 $a(v) = (\mu_{2.1} + \theta v^2)/b_2$ 的 Γ 分布. 利用上面介绍的参数估计方法可得到模型参数的估计值. 表 7.1.1 给出了几个时间点上的计算结果:

表 7.1.1 中信证券股价积分波动率模型的条件参数估计值

时间	$\mu_1(t)$	$\sigma_1(t)$	$\mu_{2.1}$	θ	b_2	ρ	$\mu_1(t)$
03-6-6	−0.001	0.005	0.0001	3.0379	0.0004	0.7381	5.79
03-11-20	−0.001	0.007	0.0001	3.6856	0.0010	0.6648	4.71
04-3-7	−0.007	0.008	0	3.9575	0.0011	0.6703	4.78
05-7-13	0.004	0.004	0.0002	2.4848	0.0007	0.6431	4.44
06-6-5	0.0025	0.005	0.0003	1.4226	0.0010	0.4343	2.55

以上几个时间点选择的是大盘走势出现变化的临界点, 参数估计所采用的数据是两个时间点之间的数据. 从表上可以看出, 尽管上证 A 股指数的日对数增量分布的参数与大盘走势有一定的关系, 但回归模型的参数变化不大, 表明中信证券股价积分波动率与上证 A 股指数的日对数增量之间的回归函数关系是稳定的, 不受大盘走势的影响.

7.2 随机波动率模型的检验

考虑随机波动率模型的设定检验问题, 记模型中的参数集为 $\theta \in \Theta$, 转移密度集 $\{p(x, t|y, s, \theta), \theta \in \Theta\}$. 记标的股票价格过程 S_t 的转移密度为 $p_0(x, t|y, s)$, 当模型设定正确时, 存在某一 $\theta_0 \in \Theta$, 使得 $p_0(x, t|y, s) = p(x, t|y, s, \theta_0)$, 对于几乎所有的 $t > s$ 成立. 若按照 3.5 节的思路, 我们要检验的假设应该是

$$H_0 : p_0(x, t|y, s) = p(x, t|y, s, \theta_0), \tag{7.2.1}$$

对某 $\theta_0 \in \Theta$, 几乎所有的 t 成立. 相应的备择假设为

$$H_A : p_0(x, t|y, s) \neq p(x, t|y, s, \theta), \tag{7.2.2}$$

对所有的 $\theta \in \Theta$, 某些 $t > s$ 成立.

由于随机波动率模型包含两个过程, 模型的主要参数在波动率过程而不是股票价格过程, 故设定模型下标的股票价格过程 S_t 的转移密度 $p(x, t|y, s, \theta)$ 很难确定. 注意到随机波动率模型的设定是针对波动率过程而非标的股票价格过程, 因而, 模型设定检验应该避开股票价格过程而直接对波动率过程的转移密度进行检验. 当

然, 随机波动率模型下波动率过程是不可观察的, 其样本轨道仍需由股票价格过程的样本轨道来构造, 构造方法在 6.1 节已经说明. 此时, 仍记波动率过程 Y_t 的转移密度为 $p_0(x,t|y,s)$, $p(x,t|y,s,\theta)$ 表示波动率过程在设定模型下的转移密度, 于是我们要检验的假设仍用 (7.2.1)~(7.2.2) 表示, 但检验的对象是波动率过程 Y_t 而非股票价格过程 S_t. 我们将 3.5.2 节的基于条件密度的广义残差拟合优度检验法推广到对波动率过程的检验. 首先用 (3.5.19) 式的动态概率积分变换构造广义残差序列, 不过, 由于随机波动率过程的样本不是直接观察得到的, 因而无法得到精确的广义残差序列, 只能得到广义残差序列的近似 $\left\{\hat{Z}_\tau(\theta)\right\}$. 记观察间隔为 Δ, $t_i = i\Delta$, 令

$$\hat{Z}_\tau(\theta) = \int_{-\infty}^{\hat{Y}_{\tau\Delta}} \hat{p}\left(x, \tau\Delta|\hat{Y}_{(\tau-1)\Delta}, (\tau-1)\Delta, \hat{\theta}\right)dx, \quad i = 1, \cdots, n. \tag{7.2.3}$$

在 3.5.2 节已指出, 在原假设 H_0 下, 广义残差序列 $\{Z_\tau \equiv Z_\tau(\theta_0)\}_{\tau=1}^n$ 应为独立同分布的 $U[0,1]$ 随机变量序列.

综上所述, 我们可按如下步骤对随机波动率的模型设定进行广义残差拟合优度检验:

第 1 步. 根据股票价格观察序列, 用 (7.1.9) 式的小波分析方法重构波动率过程的样本;

第 2 步. 利用所构造出的波动率过程样本, 得到设定模型参数的估计量 $\hat{\theta}$;

第 3 步. 计算设定模型波动率过程的转移密度;

第 4 步. 按 (7.2.3) 式计算模型的广义残差序列 $\left\{\hat{Z}_\tau\right\}_{\tau=1}^n$;

第 5 步. 进行广义残差拟合优度检验: 将矩形 $[0,1] \times [0,1]$ 做 m^2 等分, 记 $n_{ij}^{(k)}$ 为样本点 $\left\{\hat{Z}_\tau, \hat{Z}_{\tau-k}\right\}$ 落在第 i 行第 j 列的网格 D_{ij} 中的频数, 在 $\left\{\hat{Z}_\tau, \hat{Z}_{\tau-k}\right\}$ 服从 $[0,1] \times [0,1]$ 上的均匀分布的假设下, $P\left\{\left(\hat{Z}_\tau, \hat{Z}_{\tau-k}\right) \in D_{ij}\right\} = \dfrac{1}{m^2}$, 检验统计量应满足:

$$K(k) = \sum_{j=1}^m \sum_{i=1}^m \frac{\left(n_{ij}^{(k)} - n/m^2\right)^2}{n/m^2} \sim \chi^2\left(m^2 - 1\right). \tag{7.2.4}$$

以上给出了随机波动率模型的参数估计与模型设定检验的基本思路. 从直观上来看, 由于波动率过程的样本并不是直接观察而得, 而是基于股票价格的观察值, 通过对 (7.1.6) 式的对数收益平方数据进行小波分析间接得到的重构数据. 尽管瞬时波动率的小波估计轨道与原始轨道比较接近, 但样本重构过程还是在一定程度上破坏了相邻数据间的概率结构, 波动率样本的小波重构只能在相对于原抽样间隔较大的尺度下重现瞬时波动率的演化趋势, 而不能完全复原波动率过程的原始轨道. 下面关于 CIR 随机波动率模型的模拟分析表明, 如果直接用间隔 Δ_n 的样本重构数据进行 CIR 模型设定检验, 则检验的 p 值为 0, 只能拒绝原假设. 但假如对重

7.2 随机波动率模型的检验

构数据进行重抽样, 如每隔 5 个数据采样一次, 相当于 $5\Delta_n$ 的采样间隔, 则基于这种重抽样的数据再进行模型设定检验, 多数情况下能得到大于 0.5 的 p 值. 为了考察以上参数估计与假设检验法的可行性, 下面作一个数值模拟分析, 分三个步骤进行:

第 1 步. 模拟产生 CIR 随机波动率过程的 1 条样本轨道, 设定参数为 $\mu = 0.5, \alpha = 2.8583, m = 0.6124, \beta = 1.4795, \rho = 0.642$(这种参数设定主要是为了与 6.3 节的实证分析相一致). 方法是先调用配书光盘中的 "CIR 过程样本轨道模拟函数 CIR_SAMPLE" 模拟产生 1050 个 CIR 过程的模拟值 $\{Y_{t_i}, i = 1, \cdots, 1050\}$, 作为波动率过程的样本. 然后利用如下递推公式产生股票价格过程的 1050 个模拟值 $\{S_i, i = 1, \cdots, 1050\}$. 这里取 $S_{t_0} = 1, \mu = 0.1$,

$$\ln S_{t_{i+1}} = \ln S_{t_i} + \left(\mu - \frac{1}{2} y_{t_i}\right)\Delta + \sqrt{Y_{t_i}} Z_{1i}, \quad i = 1, \cdots, 1049, \tag{7.2.5}$$

式中 Z_{1i} 相当于 (7.1.6) 中的 Brown 运动 B_{1t} 的增量, 它与驱动波动率过程的 Brown 运动 B_{1t} 增量的相关系数为 ρ. 易证

$$Z_{1i} \sim N\left(\rho Z_{2i}, \Delta\left(1 - \rho^2\right)\right), \tag{7.2.6}$$

其中 $Z_{2i} = \dfrac{2}{\beta}\left(\sqrt{y_{t_{i+1}}} - \sqrt{y_{t_i}}\right)$.

事实上, 令 $Y_t^* = \dfrac{2}{\beta}\sqrt{Y_t}$, 则由 Itô 公式,

$$dY_t^* = \frac{\alpha\left(m - Y_t\right) + \beta}{\beta\sqrt{Y_t}} dt + dB_{2t}.$$

于是, 近似有 $Z_{2i} = \left(Y_{t_{i+1}}^* - Y_{t_i}^*\right) \sim N(0, \Delta)$, 且 (Z_{1i}, Z_{2i}) 服从相关系数为 ρ 的二维正态分布, 在 Z_{2i} 已知的条件下, $Z_{1i} \sim N\left(\rho Z_{2i}, \Delta\left(1 - \rho^2\right)\right)$.

将 $\{S_{t_i}, i = 1, \cdots, 1050\}$ 看作过程 $S_t, t \geqslant 0$ 的连续样本轨道, 为了避免模拟初值的影响, 抛弃前 50 个数据, 从 $\{S_{t_i}, i = 51, \cdots, 1050\}$ 中等间隔地抽取容量为 n 的样本, 得离散化观察数据 $\{S_i, i = 1, \cdots, n\}$. 其中 S_i 对应时刻 $t_i = \dfrac{50 + i}{n}$ 的状态.

注 将样本 $\{S_{t_i}, t_i \in [0, 1]\}$ 的生成过程分为样本轨道模拟和提取样本两步进行, 主要是为了避免当采样间隔时间较大时, 递推产生的标的股票价格模拟数据失真.

第 2 步. 基于样本 $\{S_i, i = 1, \cdots, n\}$, 由 (7.1.9) 式生成波动率过程的初始样本值 $\{\tilde{Y}_i, i = 1, \cdots, n\}$, 选用 MATLAB 中的 sym8 小波对 $\{\tilde{Y}_i, i = 1, \cdots, n\}$ 进行小波分析, 选取近似参数为 6, 细节参数为 4, 得到重构的瞬时波动率样本轨道 $\{\hat{Y}_i, i = 1, \cdots, n\}$.

第 3 步. 基于 $\{\hat{Y}_i, i = 1, \cdots, n\}$, 用 1.2 节给出的极大似然法得到未知参数的估计值为 $\alpha = 0.740, m = 0.119, \beta = 0.742$.

第 4 步. 基于 $\{\hat{Y}_i, i = 1, \cdots, n\}$, 调用配书光盘中的 "CIR 模型广义残差序列函数 CIR_Ress" 和 "广义残差序列拟合优度检验函数 CNFTEST", 对 CIR 模型进行广义残差拟合优度检验. 检验统计量的值为 $K(1) = 4702.4$, 检验的 p 值为 0.

从模拟分析结果从表面上来看, 我们很难基于 $\{\hat{Y}_i, i = 1, \cdots, n\}$ 获得波动率过程的有用信息, 其原因如下: 虽然对瞬时波动率过程的小波重构轨道与瞬时波动率的原始轨道演化趋势接近, 但仍无法完全复原小尺度相邻数据间的概率结构, 因而在检验时采用完整的轨道重构数据作为样本一般会拒绝 CIR 模型设定. 但从直观上猜测, 大尺度下相邻数据间的概率结构仍应保留, 为此, 我们采取重抽样的方法, 例如每隔 5 个数据采样一次, 再用上述方法进行检验. 模拟分析表明, 在 80% 的情况下都能接受 CIR 模型设定. 有些情况下即使对一种重抽样方法所获得的样本得到拒绝 CIR 模型设定的结论, 但换一种抽样方式 (例如原来抽取第 $1, 5, 10, \cdots$ 个样本点, 现在改为抽取第 $2, 6, 11, \cdots$ 个样本点) 可能就能通过检验. 将上述模拟分析的第 4 步改为:

对 $\{\hat{Y}_i, i = 1, \cdots, n\}$ 每隔 5 个数据采样一次, 得到间隔为 $5\Delta_n$ 的重抽样数据 $\left\{\hat{Y}'_i, i = 1, \cdots, \left[\frac{n}{5}\right]\right\}$, 基于这些重抽样数据, 得到未知参数的极大似然估计值为 $\hat{\alpha} = 9.87, \hat{m} = 1.14, \hat{\beta} = 1.97$, 进一步对 CIR 模型进行广义残差拟合优度检验. 检验统计量的值为 $K(1) = 14$, 检验的 p 值为 0.0818. 上述参数估计结果虽然仍有一定的偏差, 但比全样本情况要好得多, 而且检验结果是接受原假设. 多次重复以上模拟分析可以发现, 检验的接受率约为 70%. 表明上述检验法在一定程度上有过度拒绝原假设模型设定的现象, 这主要是由于瞬时波动率过程的间接观察造成的. 要想提高检验的水平和功效, 必须进一步提高瞬时波动率过程估计的精度.

7.3 随机波动率模型下衍生证券的半参数定价

7.3.1 CIR 随机波动率模型下的衍生证券定价

假设标的资产价格 S_t 和波动率过程 Y_t 满足如 (7.2.1) 与 (7.2.2) 所示的 CIR 随机波动率模型, 即

$$dS_t = \mu S_t dt + \sigma(Y_t) S_t dB_{1t},$$

$$dY_t = \alpha(m - Y_t)dt + \beta\sqrt{Y_t}(\rho dB_{1t} + \sqrt{1-\rho^2} dB_{2t}), \quad 0 \leqslant t \leqslant T. \quad (7.3.1)$$

在上述模型参数设定的情况下, 文献[1] 给出了在股票价格为 $S_t = S$, 波动率值为 $Y_t = v$ 时, 敲定价格为 K, 到期时间为 T 的欧式看涨衍生证券的理论价格为

7.3 随机波动率模型下衍生证券的半参数定价

$$C(S,v,t) = SP_1 - Ke^{-r(T-t)}P_2, \tag{7.3.2}$$

式中

$$P_j = \frac{1}{2} + \frac{1}{\pi}\int_0^\infty Re\left[\frac{e^{-i\phi\ln K}f_j(x,v,\tau;\phi)}{i\phi}\right]d\phi, \quad j=1,2, \tag{7.3.3}$$

$$f_j(x,v,\tau;\phi) = e^{C_j(\tau;\phi)+D_j(\tau;\phi)v+ix\phi}, \tag{7.3.4}$$

$$\begin{cases} C_j(\tau;\phi) = ir\phi\tau + \dfrac{\alpha m}{\sigma^2}\left\{(b_j - i\rho\sigma\phi + d_j)\tau - 2\ln\left[\dfrac{1-g_je^{d_j\tau}}{1-g_j}\right]\right\}, \\ D_j(\tau;\phi) = \dfrac{b_j - i\rho\sigma\phi + d_j}{\sigma^2}\left[\dfrac{1-e^{d_j\tau}}{1-g_je^{d_j\tau}}\right], \\ g_j = \dfrac{b_j - i\rho\sigma\phi + d_j}{b_j - i\rho\sigma\phi - d_j}, \\ d_j = \sqrt{(i\rho\sigma\phi - b_j)^2 - \sigma^2(i2u_j\phi - \phi^2)}, \end{cases} \tag{7.3.5}$$

其中, $u_1 = \dfrac{1}{2}, u_2 = -\dfrac{1}{2}, b_1 = \alpha + \lambda - \rho\sigma, b_2 = \alpha + \lambda$, 参数 λ 表示波动率风险价格. r 为无风险利率, $T-t$ 为衍生证券的存续期.

7.3.2 实证分析 —— DELL 公司衍生证券价格分析

在标的股票价格、执行价格、无风险利率和存续期已知的情况下, 只要知道了衍生证券定价公式中各个参数的值, 就可以根据衍生证券定价公式计算出衍生证券的理论价格. 所以, 在对衍生证券进行定价之前, 要先根据历史股票价格, 用 6.2 节给出的方法对模型中的参数进行估计. 然后将估计值代入到 (7.3.2)~(7.3.5) 的定价公式中进行衍生证券定价. 为了考察随机波动率模型进行衍生证券定价的效果, 本节将根据真实的市场数据进行实证分析, 对 CIR 随机波动率模型与传统的 Black-Scholes 模型的定价结果进行比较.

以下为 2006 年 3 月 27 日关于 DELL 公司的不分红股票的美式看涨衍生证券的各种数据 (在存续期内不分红的股票的美式看涨衍生证券等同于欧式看涨衍生证券).

表 7.3.1 的第一个子表显示: 在纳斯达克上市的 DELL 公司的股票在前一交易日 (即 2006 年 3 月 24 日) 的收盘价为 30.06 美元. 表 7.3.1 的其他几个子表中的第一列为衍生证券的品种名称, 第二列为当日成交的衍生证券的执行价格, 第三列为衍生证券的当日收盘价, 并且每个子表分别对应着不同的到期日. 根据表 7.3.1 所提供的信息, 将代入衍生证券定价公式的股票价格均取为 $S = 30.06$, 并将无风险利率均取为 $r = 0.048206$(从当日芝加哥衍生证券交易所网站获得). 为了估计 Black-Scholes 模型中的波动率和 CIR 模型中的随机波动率过程, 再选取 2006 年 3 月 27 日之前 200 个交易日的 DELL 公司股票每个交易日的收盘价 (数据由 wind 资讯提供).

表 7.3.1 关于衍生证券的数据(来源于：www.nasdaq.com)

公司	代号	市场	成交价	净变动/%
DELL 股份有限公司.	DELL	纳斯达克	30.06	−0.28 ▼ −0.92%

DELL 公司期权数据							
股票缩写	敲定价	收盘价	净利	叫买价	买单数量	收卖价	卖单数量	成交量
2006 年 4 月								
DLQDY	27.50	2.70	−0.50	2.70	96	2.80	873	154
DLQDF	30.00	0.76	−0.17	0.70	1423	0.76	781	1448
2006 年 5 月								
DLQEE	25.00	5.28	−0.20	5.28	230	5.40	1078	85
DLQEY	27.50	2.97	−0.28	2.97	557	3.10	466	42
DLQEF	30.00	1.30	−0.15	1.25	1109	1.30	1351	377
2006 年 8 月								
DLYHD	20.00	10.60		10.40	984	10.60	899	0
DLQHY	27.50	3.80	−0.20	3.70	1046	3.80	50	19
DLQHF	30.00	2.15	−0.20	2.10	258	2.15	60	388
2006 年 12 月								
DLYKD	20.00	11.10		10.70	673	11.10	794	0
DLQKX	22.50	8.70	—	8.40	958	8.70	560	109
DLQKE	25.00	6.41	−0.60	6.20	2097	6.41	530	564
DLQKY	27.50	4.40	−0.40	4.40	1331	4.50	591	305
DLQKF	30.00	2.80	−0.50	2.80	497	2.90	607	113
2007 年 1 月								
VPZAD	20.00	11.40	−0.10	10.90	1058	11.40	479	10
VPZAX	22.50	9.00	0.60	8.70	365	9.00	614	3
VPZAE	25.00	6.70	−0.30	6.70	1108	6.80	522	8
VPZAY	27.50	4.80	−0.30	4.70	1091	4.80	511	15

对于 Black-Scholes 模型，首先根据 $\{S_i, i = 0, 1, \cdots, 199\}$ 计算出股票价格的历史波动率

$$\hat{\sigma} = \sqrt{\frac{1}{400/252} \sum_{i=0}^{198} \left((\ln S_{i+1} - \ln S_i) - \frac{1}{199} \sum_{i=0}^{198} (\ln S_{i+1} - \ln S_i) \right)^2} = 0.1959,$$

将之代入 Black-Scholes 公式，就可以得到 Black-Scholes 模型对于每种衍生证券的定价结果.

对于 CIR 随机波动率模型，首先根据 $\{S_i, i = 0, 1, \cdots, 199\}$，由 (7.2.8) 得到波动率的样本值 $\{v_i, i = 0, 1, \cdots, 198\}$ 和 $v = v_{198} = 0.0218$. 再根据 6.1 节的参数估计的方法得到模型中参数估计值：$\alpha = 2.8583, m = 0.6124, \beta = 1.4795, \rho = 0.642$. 然后将这些参数代入到 (7.3.2)~(7.3.5) 式，就可以得到 CIR 随机波动率模型对于每种衍生证券的定价结果. 计算结果见表 7.3.2.

表 7.3.2 Black-Scholes 模型和 CIR 随机波动率模型的定价结果

衍生证券品种	执行价格/美元	市场价格/美元	存续期/年	P_B	P_S
DLQDY	27.5	2.70	0.071	2.6770	2.6454
DLQDF	30.0	0.76	0.071	0.7088	0.7254
DLQEE	25.0	5.28	0.148	5.2414	5.2597
DLQEY	27.5	2.97	0.148	2.8589	2.7405
DLQEF	30.0	1.30	0.148	1.0427	1.0907
DLYHD	20.0	10.60	0.397	10.4393	10.3375
DLQHY	27.5	3.80	0.397	3.4496	3.5770
DLQHF	30.0	2.15	0.397	1.7995	2.2039
DLYKD	20.0	11.10	0.647	10.6772	10.6725
DLQKX	22.5	8.70	0.647	8.2819	8.3624
DLQKE	25.0	6.41	0.647	5.9947	6.2012
DLQKY	27.5	4.40	0.647	3.9757	4.4460
DLQKF	30.0	2.80	0.647	2.3885	3.2083
VPZAD	20.0	11.40	0.819	10.8422	10.9619
VPZAX	22.5	9.00	0.819	8.4867	8.5834
VPZAE	25.0	6.70	0.819	6.2620	6.3521
VPZAY	27.5	4.80	0.819	4.3076	5.1593

表中 P_B 和 P_S 分别表示 Black-Scholes 模型和 CIR 随机波动率模型的定价结果. 从表中的数据, 比较两个模型的定价结果与真实市场价格之间的差异程度. 记 $P^{(i)}$ 为第 i 个品种的市场价格, $P_B^{(i)}$ 为 Black-Scholes 模型对第 i 个品种的定价结果, $P_S^{(i)}$ 为 CIR 随机波动率模型对第 i 个品种的定价结果, 令

$$e_B^{(i)} = P_B^{(i)} - P^{(i)}, \quad e_S^{(i)} = P_S^{(i)} - P^{(i)}, \quad i = 1, \cdots, 17,$$

通过计算可得

$$\sum_{i=1}^{17} e_S^{(i)2} = 1.3474, \quad \sum_{i=1}^{17} e_B^{(i)2} = 2.2395.$$

因为 $\sum_{i=1}^{17} e_S^{(i)2} < \sum_{i=1}^{17} e_B^{(i)2}$, 即 CIR 随机波动率模型的定价误差比 Black-Scholes 模型小, 所以可以得到如下结论: 对于基于 DELL 股票的无分红美式看涨衍生证券, CIR 随机波动率模型的定价效果优于 Black-Scholes 模型.

参 考 文 献

[1] Chen P, Wang J D. Application in stochastic volatility models of nonlinear regression with stochastic design[J]. Appl. Stoch. Mod. Bus. Ind, 2010, 26: 142-156.

[2] 陈萍. 随机波动率模型的统计推断及其衍生证券的定价 [D]. 南京理工大学博士学位论文, 2004.

[3] 朱文佳, 陈萍. 关于扩散方程估计方法的改进. 数学理论与应用 [J], 2010, 30(3):27-32.

[4] Zhang L, Mykland P A, and AIt-Sahalia, Y. A tale of two time scales: determining integrated volatility with noisy high-frequency data[J]. J. Amer. Stat. Assoc, 2005, 472: 1394-1411.

[5] Scott L O. Option pricing when the variance changes randomly: theory, estimation and an application [J]. J. Financial Quant. Annl., 1987, 22: 419-438.

[6] Stein E M and Stein J C. Stock pricing distributions with stochastic volitility:an analytic approach[J]. Rev. Financial Stud., 1991, 4(4): 727-752.

[7] Fouque J P, Papanicolaou G, Sipcar K R. Derivatives in financial markets with stochastic volatility[G]. UK: Cambridge University Press, 2000.

[8] 刘广应, 陈萍, 杨洋. Ornstein-Uhlenbeck 随机波动率模型的参数估计 [J]. 经济数学, 2007, 24(3): 248-253.

[9] Sazak H S, Tiku M L, and Islam M Q. Regression analysis with a stochastic design variable[J]. Inter. Stat. Rev., 2006, 74(1): 77-88.

[10] Avellaneda M, Levy A, Paras A. Pricing andhedging derivative in markets with uncertain volatilities[J]. Appl. Math. Finace., 1995, 2:73-88.

[11] Heston S L A. Closed-form solution of options with stochastic volatility with applications to bond and currency options [J]. Rev. Financial Stud., 1993, 6(2): 327-343.

索　引

A

阿基米德 Copula, 31

B

备择假设, 108
标准 Brown 运动, 55
波动率, 38
波动率矩阵, 3

C

长期均值, 38
初始样本, 65, 101
初始样本轨道, 59, 71, 101

D

带宽, 15
单因子假设, 84
单因子模型, 79
等价概率测度, 102
动态风险度量, 149
动态金融风险度量, 2
对偶 Copula, 32
多分辨分析, 21, 22
多维扩散模型, 127

E

二维价格序列, 79
二元正态 Copula, 30
二元 t-Copula, 30

F

"分时段"的处理方式, 101, 102
反向递推, 86
方差常弹性模型, 40
非参数定价, 85
非参数估计, 66, 71, 98
非参数估计的通用模型, 60
非参数估计模型, 66, 98, 128
非参数回归模型, 10
非参数检验, 113
非时齐, 108
非线性小波估计, 86, 87
分段几何 Brown 运动, 109, 110
分段节点, 117
分段样本, 110
分红率, 78
风险中性测度, 74, 81, 82
风险中性分布, 73
风险中性概率测度, 73
风险中性概率分布, 84
风险中性密度, 83
风险中性密度 (SPD), 72

G

广义部分线性, 79
广义残差拟合优度检验, 46, 49, 51, 108
广义残差序列, 47, 49, 108-111
广义几何 Brown 运动, 113
广义加性模型, 26, 79
广义 Black-Scholes 偏微分方程, 83

H

核估计, 11, 68
核密度估计, 11
合样本, 110
后退拟合算法, 26

回归函数的核估计, 13

J

几何 Brown 运动, 35
几何布朗运动, 80
几何 Brown 运动, 1, 43
加权最小二乘, 17
加性模型, 25, 26
检验统计量, 110
交叉核实法, 15
经验分布估计, 73
局部常数估计, 17
局部多项式, 61, 87
局部多项式法, 80, 86
局部多项式估计, 16, 69, 102
局部多项式回归, 18
局部多项式密度估计, 18
局部最小加权二乘估计, 103
均值回复速度, 38

K

看跌期权, 82
可能行权时刻, 85
扩散矩阵, 128
扩散系数, 55, 61, 62, 101
扩散系数的核估计, 60

L

列联表拟合优度检验法, 108

M

美式期权, 85
密度函数, 23
模拟轨道, 86
模型设定, 117
模型设定检验, 45, 52

O

欧拉逼近, 84

欧拉逼近法, 88

P

漂移率向量, 3
漂移系数, 55, 66, 68, 69, 71
漂移系数的小波估计, 70
漂移向量, 133

Q

期货价格, 78
期权定价, 3
敲定价, 75
全样本, 110

S

上证指数时变性, 114
生存 Copula, 32
时变扩散系数, 98, 101, 104, 106
时变性, 109, 110, 113
时间节点, 118
市场测度, 73, 74
随机波动率, 155, 160
随机设计模型, 10
随机设计样本点, 100
随机误差序列, 10, 130

T

条件密度估计, 19
条件期望, 129
同业拆借利率, 88
投资目标设计, 1, 2

W

无风险利率, 3, 73, 78

X

线性增长条件, 55, 98
小波估计, 19, 23, 62, 71, 104, 106
小波系数, 22, 86

小波修正样本, 59, 65, 66, 101
小波修正样本轨道, 71, 101

Y

延续值, 86
衍生证券定价, 166
一维扩散模型, 55
原假设, 108
鞅, 129

Z

正交序列法, 20
正则估计量, 84
正则估值法, 73, 84, 88
直方图密度估计, 11
终端期权值, 86
转移密度, 109
自适应估计量, 87
最优执行时刻, 85

其他

AIT 检验, 49, 51
Besov 空间, 21, 22
CEV 模型, 40, 45
CEV 模型下, 88
CIR 模型, 38, 44
CIR 随机波动率模型下, 166
Copula 函数, 28
Cox-Ingersoll-Ross 模型, 38
Cox-Stuart 趋势检验, 113
Girsanov 定理, 82, 99
HONG 检验, 49
HONG 检验法, 51
Kendall 秩相关系数, 31
Kolmogrov 向后方程, 82
Lipschitz 条件, 55, 99
minimax 收敛速度, 64
Novikov 条件, 56
NW 估计, 13
NW 估计量, 69
Ornstein-Uhlenbeck 过程, 36
OU 过程, 36
Radon-Nikodym 导数, 74
SPD, 74, 75
Vasicek 模型, 36, 44
T 时期收益, 73, 74
λ 分位数, 16

配书光盘使用说明

1. 提供书中有关扩散过程统计推断的功能函数.
2. 运行环境 MATLAB 7.0
3. 函数列表：

A. 样本轨道模拟函数

A-1 几何 Brown 运动样本轨道模拟函数
功能：模拟生成几何 Brown 运动样本轨道.
输入参数：采样间隔 dt, 数据个数 n, 漂移率 mu, 波动率 sig, 初值 X0>0.
输出：几何 Brown 运动样本轨道 X;
调用格式：X=GEO_Brown (n,dt,mu,sig,X0).

A-2 OU 过程轨道模拟函数
功能：模拟生成 OU 过程样本轨道.
输入参数：采样间隔 dt, 数据个数 n, 模型参数 (β,θ,σ), r0——初值.
输出：OU 过程样本轨道 r;
调用格式：r=OU_SAMPLE (n,dt,beta,theta,sig, r0).

A-3 CIR 过程样本轨道模拟函数
功能：模拟产生 CIR 过程样本轨道;
输入参数：n——样本容量, delta——采样间距, (alpha0,m0,beta0)- 模型参数 (α, m, β), YT0——初值 (>0).
输出：YT——模拟产生的 CIR 过程样本轨道;
调用格式：YT=CIR_SAMPLE(n,delta,alpha0,m0,beta0,YT0).

A-4 CEV 过程样本轨道模拟函数
功能：模拟产生 CEV 过程样本轨道;
输入参数：n——样本容量, dt——采样间距, (mu,sig,beta)——模型参数 (μ, σ, β), S0——初值. 其中 $\sigma > 0, \beta \neq 1$.
输出：YT——模拟产生的 CIR 过程样本轨道;

调用格式：S=CEV_SAMPLE(n,dt,mu,sig,beta,S0).

A-5 二维几何 Brown 运动样本轨道模拟函数

功能：模拟生成二维几何 Brown 运动样本轨道.

输入参数：采样间隔 dt, 数据个数 n, 漂移率 mu1, mu2 波动率 sig1, sig2, 相关系数 r, 初值 x0,y0(>0).

输出：二维几何 Brown 运动样本轨道 x,y(行向量).

调用格式：[x,y]=GEO_Brown2(n,dt,mu1,sig1,mu2,sig2,r,x0,y0).

A-6 CIR&几何 Brown 运动样本轨道模拟函数

功能：模拟生成二维扩散过程的样本轨道，其中第一分量过程为 CIR 过程，第二分量过程为几何 Brown 运动. 模型为

$$\begin{cases} dX_t^{(1)} = \alpha(m - X_t^{(1)})dt + \beta\sqrt{X_t^{(1)}}dB_t^{(1)}, \\ dX_t^{(2)} = \mu X_t^{(2)}dt + \sigma X_t^{(2)}(\rho dB_t^{(1)} + \sqrt{1-\rho^2}dB_t^{(2)}\beta). \end{cases}$$

输入参数：数据个数 n, 采样间隔 delta, 参数集 theta=$[\alpha, m, \beta, \mu, \sigma, \rho]$, 初值 x0, y0(> 0).

输出：$n \times 2$ 矩阵 $X = [X^{(1)}, X^{(2)}]$;

调用格式：X=CIR_GEM_SAMPLE(n,delta,theta,x0,y0);

注：运行时需将 CIR_SAMPLE 放在工作子目录下.

B. 典型模型的参数估计函数

B-1 几何 Brown 运动模型参数估计函数

功能：对几何 Brown 运动 $dX_t = \mu X_t dt + \sigma X_t dB_t$, 基于离散样本轨道, 估计模型参数;

输入参数：X—— 一几何 Brown 运动样本数据, delta—— 采样间距;

输出：[mu,sig]——(μ, σ) 的参数估计;

调用格式：[mu,sig]=GBM_PAR(X,delta).

B-2 Vasicek 模型 (OU) 参数估计函数

功能：对 Vasicek 模型 $dr_t = \beta(\theta - r_t)dt + \sigma B_t$, 基于离散样本轨道, 估计模型参数;

输入参数：y—— 一 OU 过程样本数据 (行向量);

输出：[beta,theta,sig]——(β, θ, σ) 的参数估计;

调用格式：[beta,theta,sig]=OU_PAR(y).

B-3 CIR 模型参数的最小二乘估计函数
功能：对 CIR 过程 $dr_t = \alpha(m - r_t)dt + \beta\sqrt{r_t}dB_t$，基于离散样本轨道，用最小二乘法估计模型参数；

输入参数：y——一 CIR 过程样本数据，delta——采样间距；

输出：参数 (α, m, β) 的最小二乘估计．

调用格式：[alpha,m,beta]=CIR_LSE(y,delta).

B-4 CIR 模型似然函数计算
功能：对 CIR 过程 $dr_t = \alpha(m - r_t)dt + \beta\sqrt{r_t}dB_t$，基于离散样本轨道，计算指定参数对应的似然函数；

输入参数：x——一 CIR 过程样本数据，delta——采样间距,alpha,m,beta——模型参数 (α, m, β)；

输出：lik——似然函数；

调用格式：[alpha,m,beta]=CIR_LSE(y,delta); lik=CIRLNP(x,delta,alpha,m,beta).

B-5 CVE 模型参数估计函数
功能：对 CEV 过程 $dS_t = \mu S_t dt + \sigma S_t^\beta dB_t, 0 \leqslant \beta < 2$，基于离散样本轨道，估计模型参数 (μ, σ, β)；

输入参数：S——一 CEV 过程样本数据，delta——采样间距；

输出：MU,SIG,BETA——模型参数估计 (μ, σ, β)；

调用格式：[MU,SIG,BETA]=CEV_PAR(S,delta).

B-6 二维几何 Brown 运动模型下动态风险度量函数
功能：用蒙特卡洛法计算二维几何 Brown 运动模型下动态风险度量子函数 $H_0(\varsigma)$；

输入参数：XI——ς, T——债务到期时间,theta1, theta2——(5.4.19) 式中的 θ_1, θ_2, r——连续计息的无风险利率，C——到期债务值，A——最低偿还额；

输出：H0——$H_0(\varsigma)$, ZT——(5.4.19) 式中的 Z_T 的模拟值，INT——示性函数 $I_{\{\varsigma Z_T \geqslant 1\}}$ 的模拟值；

调用格式：[H0,ZT,INT]=DMR2H0(XI,T,theta1,theta2,r,C,A).

C. 扩散过程的非参数估计函数

C-1 扩散系数小波估计函数 1

功能：基于一维扩散过程的扩散系数初始样本，用小波法沿样本轨道估计扩散系数；

输入参数：YT—— 一维扩散过程样本，delta—— 采样间距；

输出：扩散系数小波估计函数 ——SIG=[X,SIG(X)]，其中 X—— 一维扩散过程样本点，按升序排列，SIG(X)—— 扩散系数在对应样本点处的小波估计值；

调用格式：[YTM,SIG]=SIG_WAV(YT,delta)。

C-2 扩散系数小波估计函数 2

功能：基于一维扩散过程扩散系数的小波修正样本，用小波法沿样本轨道估计扩散系数；

输入参数：YT—— 一维扩散过程样本，delta—— 采样间距；

输出：YTM—— 扩散系数样本的小波修正，在样本点处扩散系数估计量 ——SIG=[X,SIG(X)]；

其中 X—— 一维扩散过程样本点，按升序排列，SIG(X)—— 扩散系数在对应样本点处的小波估计值；

调用格式：[YTM,SIG]=SIG_WAVM(YT,delta)。

C-3 扩散系数小波估计函数 3

功能：基于一维扩散过程的扩散系数小波修正样本，用小波法估计给定点的扩散系数

输入参数：YT—— 一维扩散过程样本，delta—— 采样间距；x—— 待估计点；

输出：扩散系数估计量 ——SIG(x)；

调用格式：SIGx=SIG_WAVx(YT,delta)。

C-4 漂移系数小波估计函数 1

功能：基于一维扩散过程漂移系数的初始样本用小波法沿样本轨道估计漂移系数；

输入参数：YT—— 一维扩散过程样本，delta—— 采样间距；

输出：在样本点处漂移系数估计量 -MU=[X,MU(X)]；其中 X—— 一维扩散过程样本点，按升序排列，MU(X)—— 扩散系数在对应样本点处的小波估计值；

调用格式：[YTM,MU]=DIRFT_WAV(YT,delta).

C-5 漂移系数小波估计函数 2
功能：基于一维扩散过程漂移系数的小波修正样本，用小波法沿样本轨道估计漂移系数；
输入参数：YT—— 一维扩散过程样本, delta—— 采样间距；
输出：YTM—— 漂移系数样本的小波修正，在样本点处漂移系数估计量—— MU=[X,MU(X)]; 其中 X—— 一维扩散过程样本点，按升序排列, MU(X)—— 扩散系数在对应样本点处的小波估计值；
调用格式：[YTM,MU]=DIRFT_WAVM(YT,delta).

C-6 漂移系数小波估计函数 3
功能：基于一维扩散过程的扩散系数小波修正样本，用小波法估计指定点的漂移系数；
输入参数：YT—— 一维扩散过程样本, delta—— 采样间距; x—— 待估计点；
输出：漂移系数估计值 ——MU(x);
调用格式：MUx=DIRFT_WAVx(YT,delta).

C-7 时变扩散系数小波估计函数
功能：基于时变扩散过程的扩散系数小波修正样本，用小波法估计样本点的扩散系数；
输入参数：x—— 时变扩散过程样本 (行向量), delta—— 采样间距; gam—— 分时参数 (gam=0, 按默认方式选取);
输出：SIG—— 三列矩阵: $[t_i, x_{t_i}, \sigma(t_i, x_{t_i})], i=1,\cdots, n-\left[\dfrac{2\gamma_n}{\text{delta}}\right]$;
调用格式：SIG=TDSIG_WAVM(x,delta,gam).

C-8 二元函数加性模型估计函数
功能：用后退拟合算法拟合二元加性模型对二元函数作非参数估计；
输入参数：因变量 eta; 自变量 (x,y);
输出：AE—— 因变量 eta(x(i),y(i)), i=1,$\cdots$,n 的估计；
调用格式：AE=ADD2_MOD(eta,x,y).

C-9 二维扩散过程漂移向量和对称扩散矩阵估计函数
功能：用加性模型对二维扩散过程漂移向量 μ 和对称扩散矩阵 a 作非参数

估计;

输入参数: 二维扩散过程样本轨道 $X[X^{(1)}, X^{(2)}]$, 采样间隔 delta;

输出: MU1,MU2——漂移向量 $(\mu_1(x_{t_i}, y_{t_i})), \mu_1(x_{t_i}, y_{t_i}), i=1, \cdots, n-1$ 的估计, AE11,AE12,AE22——对称扩散矩阵 α 的元素

$$a_{11}(x_{t_i}, y_{t_i}), a_{12}(x_{t_i}, y_{t_i}), a_{22}(x_{t_i}, y_{t_i}), \quad i=1, \cdots, n-1$$

的估计;

调用格式: [MU1,MU2,AE11,AE12,AE22]=DIM2_DIFFUSION(X,delta).

注: 运行时需将 ADD2_MOD 放在工作子目录下.

D. 模型设定检验函数

D-1 几何 Brown 运动广义残差序列函数

功能: 生成几何 Brown 运动模型设定下的广义残差序列.

输入参数: 待检验过程的样本轨道 X;

输出: 广义残差序列 c.

调用格式: c=G_Ress (X).

D-2 广义残差序列拟合优度检验函数

功能: 用列联表 χ^2 拟合优度检验法对广义残差序列进行拟合优度检验;

输入参数: 广义残差序列 c, 检验步长 k;

输出: 检验统计量值 KA, 检验的 p 值 P;

调用格式: [KA,P]=GR_CNFTEST(c,k).

D-3 CIR 模型广义残差序列函数

功能: 生成 CIR 模型设定下的广义残差序列.

输入参数: 待检验过程的样本轨道 y, 采样间距 delta;

输出: 广义残差序列 ztu;

调用格式: ztu=CIR_Ress(y,delta,alpha,m,beta).

D-4 二维几何 Brown 运动广义残差序列函数

功能: 生成二维几何 Brown 运动模型设定下的广义残差序列.

输入参数: 待检验过程的样本轨道 x, y, 采样间距 delta;

输出: 二维广义残差序列 z1,z2;

调用格式: [z1,z2]=G2_Ress(x,y,delta).

D-5 多维广义残差序列拟合优度检验函数

功能：用列联表 χ^2 拟合优度检验法对多维广义残差序列进行拟合优度检验；

输入参数：广义残差序列矩阵 z, 检验步长 k; 其中 z 为 $n \times d$ 矩阵. n 为样本容量, d 为维数；

输出：检验统计量值 KA, 检验的 p 值 P(都是 $d+1$ 维向量, 前 d 个分量表示各分量过程的模型设定检验的检验统计量和 p 值, 最后一个分量代表联合广义残差序列检验 p 值).

调用格式 [KA,P]=MULGR_CNFTEST(z,k).

注：运行时需将 GR_CNFTEST 放在工作子目录下.

E. 样本数据处理函数

E-1 波动率过程样本轨道的小波估计

功能：对随机波动率模型, 用小波分析法生成波动率过程的样本轨道；

输入参数：XT—— 随机波动率模型中基础扩散过程样本, delta—— 采样间距；

输出：y—— 波动率过程样本轨道的小波估计；

调用格式：y=WAV_MOD(XT, delta).

E-2 波动率过程样本轨道的 TSRV 估计；

功能：对随机波动率模型, 用 TSRV 法生成波动率过程的样本轨道；

输入参数：XT—— 随机波动率模型中基础扩散过程样本, delta—— 采样间距；

输出：y—— 波动率过程样本轨道的 TSRV 修正；

调用格式：y=TSRV_MOD(XT, delta).

F. 期权的非参数定价函数

F-1 正则估值法中无约束优化问题求解；

功能：计算 (4.4.10) 式中关于 γ^* 的级数之和的表达式, 用于求解无约束优化问题, 得到的最小值；

输入参数：x(即 γ^*);

输出：f(关于 γ^* 的级数之和的表达式);

调用格式：f = OPT(x).

F-2 正则估值法中风险中性概率分布估计；

功能：根据正则估值法 (4.4.9) 式, 计算风险中性概率分布估计 $\hat{\pi}^*$;

输入参数：n, T, gamma(即 γ^*);

输出参数: pai(即 $\hat{\pi}^*$);
调用格式: pai = CAL(n,T,gamma).

F-3 期权的正则定价法

功能: 根据正则法 (4.4.11) 式, 计算欧式看涨期权价格的估计值;
输入参数: n, T, k0(股价最后一个值的倍数: 0.9,1,1.1);
输出参数: U;
调用格式: U = estimate(n,T,k0).

F-4 CEV 模型下的期权定价

功能: 计算 CEV 模型下欧式看涨期权理论价格;
输入参数: 距到期时间 T, 当前股价的倍数 K0;
输出参数: C;
调用格式: function C= TH(T,K0).